Inhaltsverzeichnis

W0341612

Dieses Arbeitsheft gehört: ______________________

Potenzen und Wurzeln

Lineare Funktionen und Gleichungssysteme

Berechnungen an Pyramiden und Kegeln

Wahrscheinlichkeitsrechnung

Quadratische Funktionen und Gleichungen

Das Kapitel „Satz des Pythagoras“ ist erhältlich unter www.ccbuchner.de/medien (60044-1).

Quadrat- und Kubikzahlen berechnen

1 Ergänze fehlende Basen oder Exponenten.

a) $2^{\square} = 4$ b) $2^{\square} = 8$ c) $\square^3 = 125$ d) $10^{\square} = 1000$

e) $4^{\square} = 64$ f) $\square^3 = 216$ g) $\square^2 = 10000$ h) $25^{\square} = 625$

i) $0{,}1^{\square} = 0{,}01$ j) $\left(\frac{1}{2}\right)^{\square} = 0{,}25$ k) $\square^3 = \frac{1}{27}$ l) $\square^3 = 0{,}001$

2 Richtig oder falsch? Kreuze an und korrigiere gegebenenfalls.

	richtig	falsch
a) Die Basis einer Quadratzahl ist immer 2.	○	○
b) Eine Kubikzahl ist das Produkt aus drei gleichen Faktoren.	○	○
c) Es gibt Zahlen, die sowohl Quadrat- als auch Kubikzahlen sind.	○	○
d) Es gibt unendlich viele Quadratzahlen.	○	○
e) Die Reihe der Quadratzahlen steigt schneller als die Reihe der Kubikzahlen.	○	○

____

____

3 Berechne bzw. vereinfache schrittweise ohne Taschenrechner.

a) $5^2 + 3^2 =$ ____________ b) $1^3 - 11^2 =$ ____________

c) $4^3 + 4^3 + 4^3 =$ ____________ d) $(22 - 19) \cdot 7^2 =$ ____________

e) $69 - 3^2 \cdot 2^3 =$ ____________ f) $5^2 + 2 \cdot 5^2 =$ ____________

g) $-36 + 6^2 - 12 =$ ____________ h) $(19 - 7)^2 - 13^2 =$ ____________

i) $24a^3 : 4 - 15a^3 =$ ____________ j) $5 \cdot 2x + 2x^2 + 3x^2 =$ ____________

k) $3 \cdot (y^2 - 15) - 7 + y^2 =$ ____________

l) $10x^2 - (-10x^2 + x^3) =$ ____________

4 Ordne dem Volumen V eines Würfels seine Kantenlänge a und den Flächeninhalt A einer Seitenfläche zu. Nummeriere die Spalten entsprechend und achte auf die Einheiten. Ein Beispiel ist angegeben.

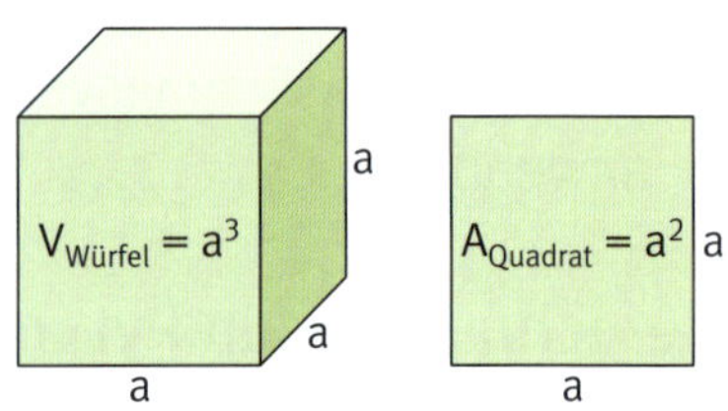

1	$V = 27\ cm^3$
2	$V = 1\ mm^3$
3	$V = 1\ dm^3$
4	$V = 3{,}375\ m^3$
5	$V = 1{,}331\ cm^3$
6	$V = 1728\ m^3$
7	$V = 64\ mm^3$
8	$V = 343\ cm^3$

	a = 12 m
1	a = 0,3 dm
	a = 7 cm
	a = 15 dm
	a = 0,04 dm
	a = 1 mm
	a = 10 cm
	a = 1,1 cm

	$A = 1\ mm^2$
1	$A = 9\ cm^2$
	$A = 100\ cm^2$
	$A = 1{,}21\ cm^2$
	$A = 225\ dm^2$
	$A = 0{,}49\ dm^2$
	$A = 0{,}16\ cm^2$
	$A = 144\ m^2$

Potenzen mit natürlichen Exponenten berechnen

1 Vervollständige die Tabelle.

	Potenzschreibweise	Multiplikationsaufgabe	Potenzwert
a)	7^3		
b)	1^5		
c)		$3 \cdot 3 \cdot 3 \cdot 3 \cdot 3$	
d)		$(-2) \cdot (-2) \cdot (-2) \cdot (-2)$	
e)			0,0001
f)			−1 000 000

2 Schreibe als Potenz bzw. als Term mit Potenzen.

a) $(-3) \cdot (-3) \cdot (-3) =$
b) $10 \cdot 10 + 10 \cdot 10 =$
c) $2 + 4 + 8 =$
d) $\frac{1}{5 \cdot 5 \cdot 5} =$
e) $\frac{1}{9} \cdot \frac{1}{9} \cdot \frac{1}{9} \cdot \frac{1}{9} =$
f) $(x + 3) \cdot (x + 3) =$
g) $-7 \cdot 7 \cdot 7 =$
h) $y \cdot y \cdot y \cdot y \cdot y \cdot y =$
i) $a \cdot b \cdot a \cdot b \cdot c \cdot a =$

3 Richtig oder falsch? Kreuze an.

	richtig	falsch
a) $7^4 = 4 \cdot 4 \cdot 4 \cdot 4 \cdot 4 \cdot 4 \cdot 4$	○	○
b) Julia rechnet in ihren Hausaufgaben $2^5 = 10$ und $1^9 = 9$.	○	○
c) Die Potenz $(\frac{1}{3})^6$ hat den gleichen Wert wie die Potenz $\frac{1}{3^6}$.	○	○
d) Der Wert der Potenz $0{,}5^6$ ist größer als Wert der Potenz $0{,}5^5$.	○	○
e) $2^4 = 4^2$, also sind Basis und Exponent bei einer Potenz stets austauschbar, das Ergebnis bleibt gleich.	○	○

4 Überlege dir zuerst, ob die Basis a der Potenz positiv oder negativ ist. Kreuze deine Antwort in der Tabelle an. Berechne dann.

a) $-4^6 =$
b) $(-4)^6 =$
c) $-0{,}4^3 =$
d) $(-0{,}4)^3 =$
e) $(-1)^{18} =$
f) $1^{18} =$
g) $(-\frac{2}{5})^2 =$
h) $-(\frac{2}{5})^2 =$
i) $-\frac{2^2}{5} =$
j) $-1^{18} =$
k) $-(-0{,}3)^4 =$
l) $-(-0{,}3^4) =$

	a)	b)	c)	d)	e)	f)	g)	h)	i)	j)	k)	l)
$a > 0$: Basis ist positiv	X											
$a < 0$: Basis ist negativ												

5 Setze für x und y passende Zahlen ein, sodass eine wahre Aussage entsteht ($y \neq 0$).

a) $2^x = x^2$ ________
b) $15^x = 15$ ________
c) $2^x = 32$ ________
d) $x^y < 10$ ________

Potenzgesetze anwenden

1 Vereinfache die Terme, indem du Potenzgesetze anwendest. Berechne dann den Potenzwert.

	Gleiche Basis		Gleicher Exponent
a)	$10^3 \cdot 10^4 =$	i)	$2^3 \cdot 3^3 =$
b)	$2^3 \cdot 2^2 =$	j)	$10^2 \cdot 5^2 =$
c)	$5^2 \cdot 5^4 =$	k)	$2^6 \cdot 5^6 =$
d)	$3^2 \cdot 3^2 =$	l)	$5^4 \cdot 4^4 =$
e)	$10^4 : 10^3 =$	m)	$15^2 : 5^2 =$
f)	$2^6 : 2^4 =$	n)	$14^4 : 7^4 =$
g)	$3^2 : 3^1 =$	o)	$20^2 : 4^2 =$
h)	$7^4 : 7^2 =$	p)	$10^7 : 10^7 =$

2 Schreibe als Potenz mit negativem Exponenten oder als Bruch mit Potenz. Vereinfache die Brüche.

a) $\frac{1}{6^4} =$ b) $\frac{1}{2 \cdot 2 \cdot 2} =$ c) $\frac{5}{5 \cdot 5 \cdot 5 \cdot 5} =$

d) $5^{-5} =$ e) $2^{-4} =$ f) $1^{-9} =$

g) $20 \cdot 5^{-2} =$ h) $12 \cdot 6^{-2} =$ i) $32 \cdot 2^{-5} =$

3 Überprüfe die Richtigkeit der Gleichungen. Verbessere Fehler.

	a) $5^7 : 5^{-3} = 5^{10}$	b) $5^{-3} : 5^3 = 1$	c) $(5^5)^3 = 5^8$	d) $5^{-3} \cdot 5^5 = 5^2$	e) $5^2 : 5^{-3} = 5^{-1}$
	◯ richtig ◯ falsch	◯ richtig ◯ falsch	◯ richtig ◯ falsch	◯ richtig ◯ falsch	◯ richtig ◯ falsch
Korrektur					

4 Ergänze die Leerstellen so, dass wahre Aussagen entstehen.

a) $2^3 \cdot 2^5 = 2^{\square}$ b) $5^{13} : 5^9 = 5^{\square}$ c) $(-3)^2 : (-3)^5 = (-3)^{\square}$

d) $0{,}5^{\square} \cdot 0{,}5^7 = 0{,}5^4$ e) $9^{-3} \cdot 9^{-4} = 9^{\square}$ f) $(-9)^{-9} \cdot (-9) = \square^{\square}$

g) $(\frac{2}{7})^{-3} \cdot (\frac{2}{7}) \cdot (\frac{2}{7})^3 = \square^{\square}$ h) $(-\frac{6}{19})^7 : (-\frac{6}{19})^{-4} = \square^{\square}$ i) $\frac{3}{11} : (\frac{3}{11})^{-2} = \square^{\square}$

j) $\square^{19} \cdot 0{,}3^{-7} = \square^{12}$ k) $8^{14} : \square^{\square} = 8^3$ l) $(-7)^{-4} : \square^{\square} = (-7)^2$

5 Fasse unter Anwendung der Potenzgesetze zu einer Potenz zusammen.

a) $(-0{,}7)^9 \cdot 5^9 =$ b) $0{,}4^{-2} \cdot (-3)^{-2} =$

c) $0{,}5^{12} : 10^{12} =$ d) $(\frac{2}{9})^7 : (-4)^7 =$

e) $(8^4)^3 =$ f) $(8^3)^4 =$

g) $(2^{-3})^{-4} =$ h) $(\frac{1}{3})^{-3} =$

1 Schreibe jeden Term als eine Potenz.

a) $a^2 \cdot a =$ b) $a^3 \cdot b^3 =$ c) $a^3 : a =$ d) $a^{-2} \cdot a^4 =$

e) $a^4 : b^4 =$ f) $a^9 : a^9 =$ g) $(a^3)^6 =$ h) $(a^{-3})^{-5} =$

2 Färbe wertgleiche Karten mit der gleichen Farbe.

$x \cdot x + x \cdot 1$	$x^2 + x$	$2x^3 : x$	$2x^2$	$x^2 + x^2$
$x \cdot x \cdot x + x$	$x^3 + x$	$2 \cdot x \cdot x$	$x^3 : x^3$	x^0
$x^3 - x^3$	0	$0 \cdot (x \cdot x + x \cdot x)$	$x^3 - x + x + x$	

3 Schreibe als Potenz mit negativem Exponeten oder als Bruch mit Potenz.

a) $\frac{1}{a^3} =$ b) $\frac{1}{ab \cdot ab \cdot ab \cdot ab} =$ c) $\frac{a}{a^3} =$

d) $a^{-n} =$ e) $a^2 \cdot b^{-3} =$ f) $a^n \cdot b^{-n} =$

4 Ordne jedem orangefarbenen Kärtchen das passende blaue Kärtchen zu. In der Reihenfolge der Aufgaben 1–12 ergibt sich ein Lösungswort.

1 $a^2 \cdot a^2 \cdot a^3$	2 $a^8 : a^5$	$9a^2x^7$ N	$\frac{1}{27x^6}$ E
3 $5a^8 : 10a^6$	4 $4a^3 \cdot 25b^3$	0 I	$6x^3 + \frac{12}{x}$ E
5 $4a^{-1} \cdot 2a^3$	6 $-15^3 : 5^3$	a^7 H	$100(ab)^3$ B
7 $(18x)^5 : 24^5$	8 $(3x^2)^{-3}$	$\frac{1}{2}a^2$ R	-3^3 T
9 $(2^{-3})^2$	10 $-5x^2 + 14x^2 - 9x^2$	$(\frac{3x}{4})^5$ F	$8a^2$ S
11 $2x^2(3x + 6x^{-3})$	12 $9x^3a^2x^4$	$(\frac{1}{2})^6$ R	a^3 E

Lösungswort: ___ ___ ___ ___ ___ ___ ___ ___ ___ ___ ___ ___
1 2 3 4 5 6 7 8 9 10 11 12

5 Vereinfache die Terme, indem du Potenzgesetze anwendest.

a) $(a^2)^3 =$ $((-a)^3)^2 =$ $((ab)^2)^3 =$

b) $c(c + c^2) =$ $c(1 + c) =$ $cd(c + d) =$

c) $\frac{s^3 \cdot t^3}{s^2 \cdot t^2} =$ $\frac{16s^3 5s^4}{25t^4 8t^3} =$ $\frac{12s^8}{49t^6} : \frac{6s^8}{7t^6} =$

d) $u^3 + 5u^2 = u^2 \cdot ($ $)$ $u^3 - u^4 =$ $\cdot ($ $)$ $10u^2 + 10uv^2 =$ $\cdot ($ $)$

Große Zahlen mit Zehnerpotenzen schreiben

1 Schreibe die Zahlen ohne und mit Zehnerpotenzen (ZP).

Zahl	Eins	Zehn	Hundert	Tausend	Zehntausend	Hunderttausend
ohne ZP						
mit ZP						

2 Murat ordnet der Größe nach. Überprüfe und vervollständige Teilaufgabe a). Arbeite bei b) dann ebenso.

a) $2{,}34 \cdot 10^5$ $234 \cdot 10^4$ $23{,}4 \cdot 10^3$ $0{,}234 \cdot 10^9$ $0{,}0234 \cdot 10^{12}$

$23{,}4 \cdot 10^3$ $(= 2{,}34 \cdot 10^4)$ < $2{,}34 \cdot 10^5$ < $234 \cdot 10^4$ $(= 2{,}34 \cdot 10^6)$ <

b) $0{,}032 \cdot 10^5$ $32 \cdot 10^7$ 32 000 000 $0{,}00032 \cdot 10^9$ $320 \cdot 10^2$

3 Berechne mit dem Taschenrechner und gib das Ergebnis auch in Standardschreibweise an. Runde ggf. auf zwei Stellen nach dem Komma.

a) $500^3 =$ In Standardschreibweise: $\cdot 10$

b) $24\,500 \cdot 55\,000 =$ In Standardschreibweise: $\cdot 10$

c) $12\,345 \cdot 12\,345 =$ In Standardschreibweise: $\cdot 10$

4 a) Man weiß heute schon viel über die Entstehung des Lebens auf der Erde. Vervollständige die Tabelle.

Ereignis der Erdgeschichte	vor ca. ... Jahren	in Standardschreibweise
1. Entstehung der Erde		$4{,}6 \cdot 10^9$
2. erste Lebensformen	3,7 Milliarden	
3. erste Lebewesen auf dem Land	480 000 000	
4. erste Dinosaurier		$2{,}3 \cdot 10^8$
5. erste Urmenschen		$4 \cdot 10^6$
6. erste menschliche Werkzeuge	2,5 Millionen	
7. erster Homo Sapiens		$3 \cdot 10^5$

b) Um die Abfolge dieser Ereignisse der Erdgeschichte im Vergleich deutlich werden zu lassen, sollen die Angaben in einer Zeitleiste dargestellt werden. Gib die Jahresangaben in cm an, wobei 1×10^8 einem Zentimeter entspricht.

Entstehung der Erde	2.	3.	4.	5.	6.	7.
46 cm						

1 Schreibe die Zahlen ohne und mit Zehnerpotenzen (ZP).

Zahl	Zehntel (Dezi-)	Hundertstel (Zenti-)	Tausendstel (Milli-)	Zehn-tausendstel	Hundert-tausendstel	Millionstel (Mikro-)
ohne ZP						
mit ZP						

2 Anife ordnet der Größe nach. Überprüfe und vervollständige Teilaufgabe a). Arbeite bei b) dann ebenso.

a) $4{,}7 \cdot 10^{-4}$ $0{,}47 \cdot 10^{-6}$ $0{,}0047 \cdot 10^{-8}$ $470 \cdot 10^{-3}$ $0{,}47 \cdot 10^{-1}$

$470 \cdot 10^{-3}$ (= $4{,}7 \cdot 10^{-1}$) > $0{,}47 \cdot 10^{-1}$ (= $4{,}7 \cdot 10^{-2}$) > $4{,}7 \cdot 10^{-4}$ >

b) $88 \cdot 10^{-5}$ $8{,}8 \cdot 10^{-5}$ 0,00000088 $0{,}88 \cdot 10^{-1}$ $8800 \cdot 10^{-11}$

3 Berechne mit dem Taschenrechner und gib das Ergebnis auch in Standardschreibweise an.

a) $0{,}009^3$ = ______ = ______ $\cdot$ 10

b) 0,00000009 : 0,000045 = ______ = ______ $\cdot$ 10

c) 0,00012 $\cdot$ 0,0024 = ______ = ______ $\cdot$ 10

4 a) Nur unter einem starken Mikroskop kann man solch kleine Dinge erkennen. Vervollständige die Tabelle und sortiere der Größe nach (1: am größten; 8: am kleinsten).

	Größenangabe in Metern	in Zehnerpotenzschreibweise	Rangfolge
Pockenvirus	0,00000025		
Dicke eines Haares		$7 \cdot 10^{-5}$	
Bakterie	0,0000006		
Sehnerv	0,04		
rotes Blutkörperchen		$7 \cdot 10^{-6}$	
Gehörknöchelchen		$3{,}3 \cdot 10^{-3}$	
Dicke einer Wimper	0,00015		
Herpesvirus		$1{,}8 \cdot 10^{-8}$	

b) Vergleiche die Größe / Dicke von ...
(1) Sehnerv und Gehörknöchelchen, (2) Wimper und Haar, (3) Bakterie und Herpesvirus.

Ein Sehnerv ist ca. ______ -mal so ______ wie ein Gehörknöchelchen.

1 Vor langer Zeit wurde in Indien das Brettspiel Schach erfunden. Der indische Kaiser Sheram wollte den Erfinder dieses Spieles, Zeta, unbedingt belohnen, da er großen Gefallen an diesem Spiel gefunden hatte. Zeta sollte als Belohnung einen Wunsch äußern und dabei nicht zu bescheiden sein. Dieser sagte darauf: „Gebieter, gib mir für das erste Feld des Schachbrettes 1 Reiskorn, 2 Körner für das zweite Feld, 4 für das dritte und für jedes weitere Feld doppelt so viele Körner wie für das vorhergehende.“. Der Kaiser hielt dies für eine sehr bescheidene Belohnung.

a) Vervollständige die Tabelle. Runde ggf. auf zwei Stellen nach dem Komma.

	Potenzschreibweise	Anzahl der Reiskörner
1. Feld		
2. Feld		
3. Feld		
7. Feld		
15. Feld		
30. Feld		
64. Feld		

b) Wie viele Tonnen Reis würden die Körner des letzten Feldes ergeben, wenn 20 000 Körner 1 kg wiegen?

c) Wie lang würde ein Eisenbahnzug werden, wenn jeder Wagen 20 m lang ist und 40 t Reis aufnehmen kann?

2 Rechne mit Zehnerpotenzen in Standardschreibweise.

a) Wie viele Meter hoch wird ein Stapel im Wert von 1 000 000 000 €?

b) Berechne das Gewicht des Stapels in kg.

c) Welche Fläche könntest du mit diesen Geldscheinen auslegen?

Gewicht: 1,02 g
Dicke: 0,1 mm
Länge: 147 mm
Breite: 82 mm

1 Vervollständige die Tabelle.

a)

Quadratzahl	144			676
Quadratwurzel		14	22	

b)

Kubikzahl	216	512	1331	
Kubikwurzel				13

2 Bestimme die Wurzel im Kopf.

a) $\sqrt{225} =$ ___ b) $\sqrt{36^2} =$ ___ c) $\sqrt[3]{343} =$ ___ d) $\sqrt[3]{18^3} =$ ___

e) $\sqrt{\frac{4}{324}} =$ ___ f) $\sqrt[3]{\frac{27}{216}} =$ ___ g) $\sqrt[3]{8^2} =$ ___ h) $\sqrt{100^3} =$ ___

3 Wie lautet die Wurzel aus der gegebenen Zahl? Kreuze an.

a)	$\sqrt{121} = 11$	$\sqrt{1{,}21} =$	◯ 11,1	◯ 1,1	◯ 1,01	◯ 0,11
b)	$\sqrt{16} = 4$	$\sqrt{0{,}16} =$	◯ 40	◯ 4,4	◯ 0,4	◯ 0,04
c)	$\sqrt{9} = 3$	$\sqrt{0{,}0009} =$	◯ 0,3	◯ 0,03	◯ 0,003	◯ 0,0003
d)	$\sqrt{625} = 25$	$\sqrt{0{,}0625} =$	◯ 25,0	◯ 2,5	◯ 0,25	◯ 0,025
e)	$\sqrt[3]{27} = 3$	$\sqrt[3]{0{,}027} =$	◯ 0,3	◯ 0,03	◯ 0,003	◯ 0,0003
f)	$\sqrt[3]{1000} = 10$	$\sqrt[3]{0{,}000001} =$	◯ 1,0	◯ 0,1	◯ 0,01	◯ 0,001

Er-Aufgaben Höhere Wurzeln berechnen

4 Ergänze jeweils die fehlende Zahl.

a) $\sqrt[5]{3125} =$ ___ b) $\sqrt[7]{12^0} =$ ___ c) $\sqrt[4]{9^2} =$ ___

d) $\sqrt[\square]{512} = 2$ e) $\sqrt[\square]{\frac{1024}{243}} = \frac{4}{3}$ f) $\sqrt[\square]{0{,}00001} = 0{,}1$

g) $\sqrt[7]{\square} = 3$ h) $\sqrt[4]{\square} = 0{,}2$ i) $\sqrt[4]{\square} = \frac{2}{3}$

5 Finde wertgleiche Kärtchen und nummeriere sie mit derselben Nummer.

$\sqrt[5]{16807}$	$3:10$	$10000^{\frac{1}{2}}$	$\sqrt[5]{0{,}00032}$	$0{,}00032^{\frac{1}{5}}$	7	$0{,}3 \cdot 10$	$2187^{\frac{1}{7}}$
$0{,}027^{\frac{1}{3}}$	$10000^{\frac{1}{4}}$	$\sqrt[3]{0{,}027}$	100	$512^{\frac{1}{3}}$	$\sqrt[4]{10000}$	$2:10$	$\sqrt[3]{8}$
$\sqrt[3]{512}$	8	$\sqrt[7]{2187}$	$16807^{\frac{1}{5}}$	$4 \cdot 0{,}5$	$0{,}1 \cdot 100$	$8^{\frac{1}{3}}$	$\sqrt[2]{10000}$

1 Die Stadtwerke in Cottbus erhöhen die Strompreise zum nächsten Jahr.

STADTWERKE
Jährlicher
Grundpreis: 80 €
Preis pro kWh: 27 Ct

a) Berechne die Gesamtkosten bei einem Verbrauch von 500 kWh (2350 kWh).

Kosten bei 500 kWh: ______

Kosten bei 2350 kWh: ______

b) Stelle die zugehörige Funktiononsgleichung auf, mit der man die Gesamtkosten für jeden Verbrauch in Kilowattstunden berechnen kann.

______

c) Ermittle den Stromverbrauch in Kilowattstunden, wenn die Gesamtkosten 485 € betragen.

2 Drei Autovermietungen bieten dasselbe Fahrzeug zu unterschiedlichen Konditionen an.

1 **cardrive**
80 € pro Tag

2 **carfahr**
50 € pro Tag
1 € je 10 km

3 **mietcar**
20 € pro Tag
3 € je 10 km

a) Vervollständige die Tabelle.

km pro Tag	0	20	40	60	80	100	120	140
Preis pro Tag cardrive (€)								
Preis pro Tag carfahr (€)								
Preis pro Tag mietcar (€)								

b) Zeichne für jedes Angebot den Graphen. Notiere an den Geraden die zugehörigen Funktionsgleichungen.

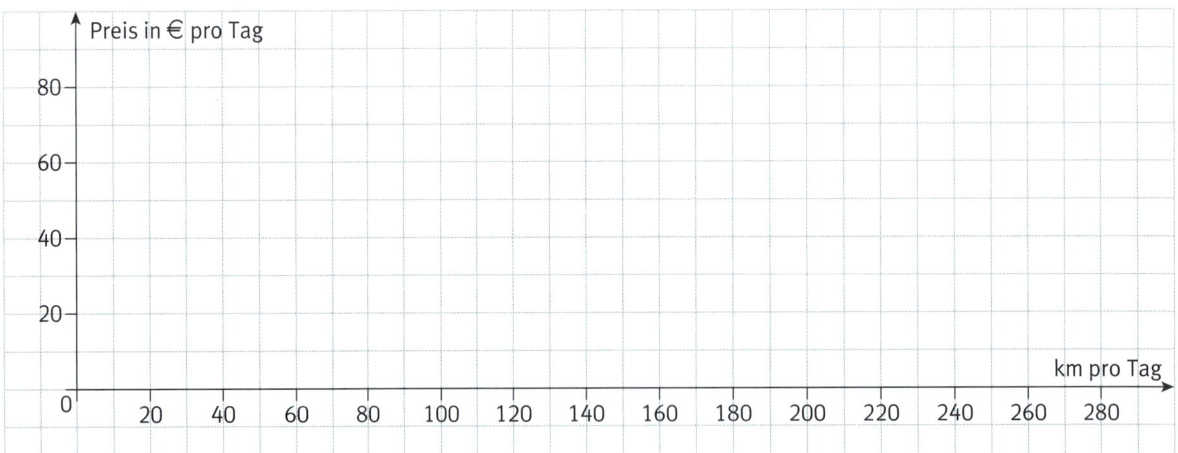

c) Entscheide und begründe, welche Autovermietung jeweils am günstigsten ist. Kreuze an.

Aussage	cardrive	carfahr	mietcar
A Das Auto soll für einen Umzug innerhalb der Stadt für drei Tage gemietet werden.			
B Das Auto wird für drei Tage für einen Transport nach Spanien und zurück gebraucht.			
C Mit dem Auto möchte man eine Tagesfahrt über ungefähr 500 km unternehmen.			
D Das Auto soll für einen Tag gemietet werden. Die zu fahrende Strecke beträgt hin und zurück jeweils etwa 100 km.			

1 a) Gib jeweils die Steigung der Geraden und die Funktionsgleichung an.

1
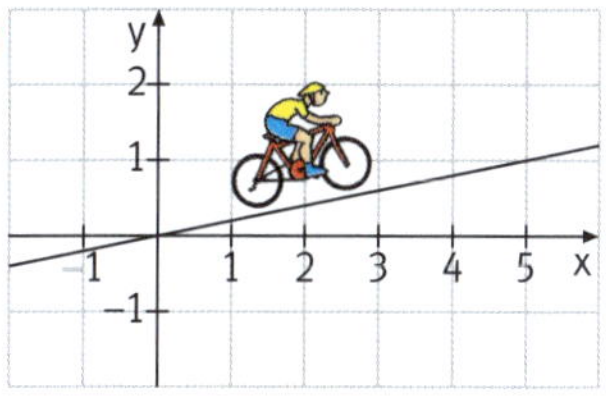

m_1 =

$f_1(x)$ =

2
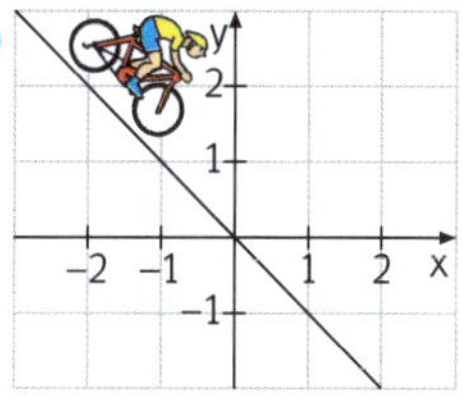

m_2 =

$f_2(x)$ =

3
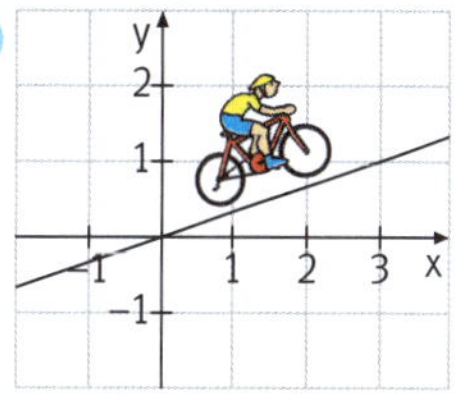

m_3 =

$f_3(x)$ =

4
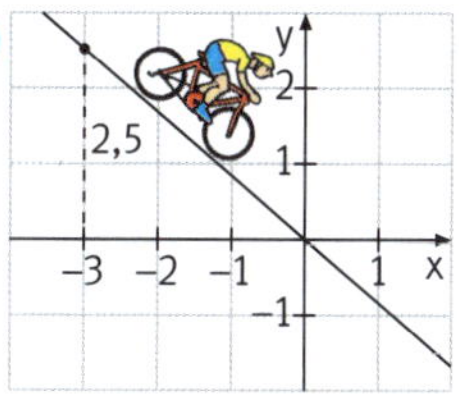

m_4 =

$f_4(x)$ =

b) Aus den Skizzen anderer „Radwege“ haben sich weitere Steigungen ergeben:

Weg 1	Weg 2	Weg 3	Weg 4	Weg 5	Weg 6
$m_1 = -0{,}25$	$m_2 = \frac{1}{4}$	$m_3 = 0$	$m_4 = -0{,}8$	$m_5 = -2$	$m_6 = -\frac{4}{5}$

1 Bei welchen Wegen fährt der Radfahrer ...

bergab? ____________ bergauf? ____________ in der Ebene? ____________

2 Welche Wege sind gleich steil? ____________

2 a) Zeichne die Graphen in das Koordinatensystem und vervollständige die Tabelle durch Ablesen.

	Funktionsgleichung	m	n	Verlauf	Nullstelle
1	$f(x) = y = x + 3$			steigend	
2	$f(x) = y = \_\_\_ x - 2$	$-\frac{1}{2}$			
3	$f(x) = y = \_\_\_ x + \_\_\_$	$-\frac{3}{4}$	3		
4	$f(x) = y = \frac{4}{3}x - \_\_\_$		–2		
5	$f(x) = y = \_\_\_ x + 2{,}5$				2

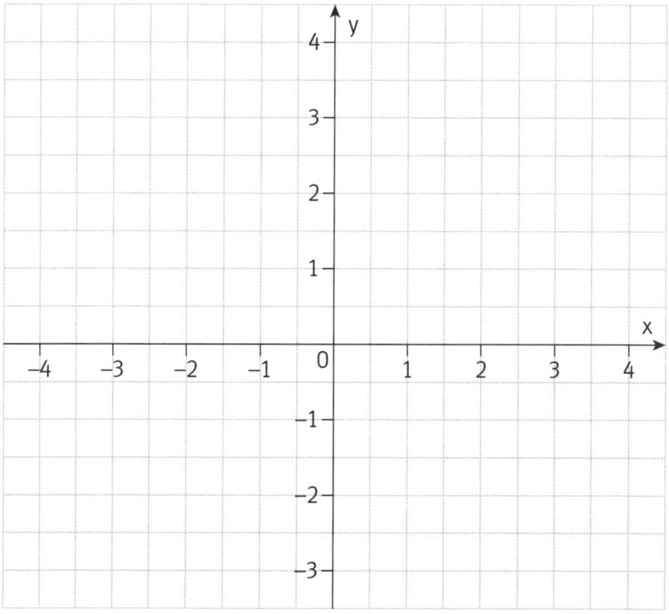

b) Bestimme die Nullstellen der Funktionen 1 bis 4 rechnerisch.

1 Berechne zuerst im Kopf die fehlenden Koordinaten eines Punkts auf dem Graphen. Zeichne dann die Graphen farbig in das Koordinatensystem.

$f_1(x) = -\frac{1}{6}x$	A (3 | ______)
$f_2(x) = 2{,}5x$	B (1 | ______)
$f_3(x) = \frac{2}{3}x + 1$	C (______ | 3)
$f_4(x) = -3x + 0{,}5$	D (______ | −2,5)
$f_5(x) = 2{,}5$	E (−2 | ______)

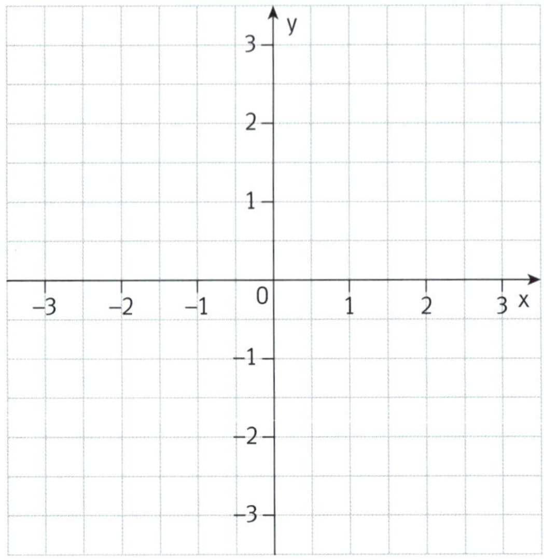

2 Zeichne die Geraden mithilfe von g und h und verschiedenen Farben in das Koordinatensystem. Gib jeweils die Funktionsgleichung an.

a) Ursprungsgerade durch A (−2 | −3)

$f_1(x) =$

b) Gerade durch den Punkt B (2 | −1,5) und der Steigung m = −0,5

$f_2(x) =$

c) Parallele zu $g(x) = 1{,}5x + 1{,}5$ durch C (−1 | −1)

$f_3(x) =$

d) Senkrechte zu $h(x) = \frac{3}{4}x$ durch D (1,5 | −1)

$f_4(x) =$

e) Gerade durch E (0 | 3,5) und F (4 | 2,5)

$f_5(x) =$

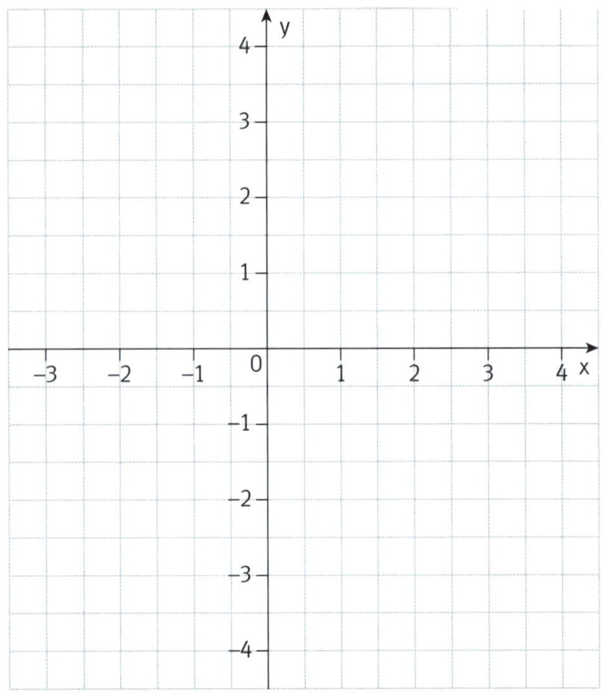

3 Ein Forscherteam untersucht den Einfluss des Klimawandels auf das Wachstum von Korallenriffen im Südpazifik. Der Graph zeigt die gradlinige Bewegungsbahn eines Forschers in einer Taucherglocke.

a) Ergänze die Koordinaten der Punkte T_1 und T_2 im Koordinatensystem.

b) Bestimme die Funktionsgleichung, die den Weg der Taucherglocke beschreibt und notiere diese an der Geraden.

c) Ermittle zeichnerisch und rechnerisch ggf. auf einem Extrablatt. Wie weit muss das Schiff noch vorwärts fahren, damit der Taucher bei gleichbleibendem Weg aufgenommen werden kann?

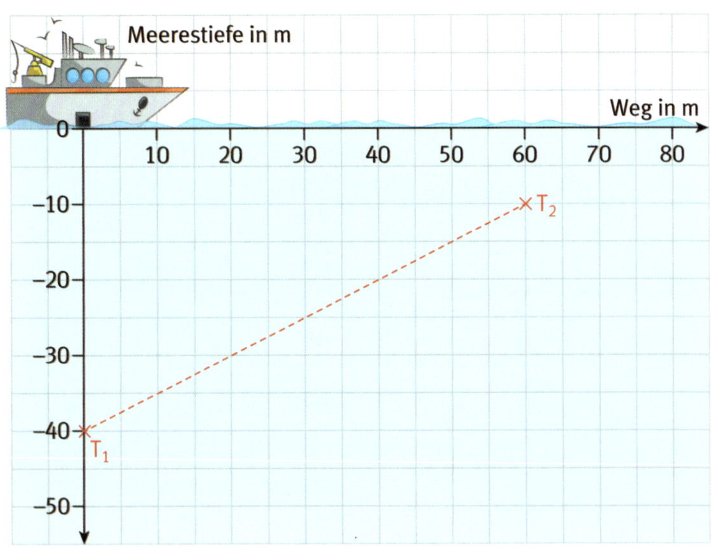

1 Eine Gerade verläuft jeweils durch die Punkte P und Q. Kreuze an, welche Steigung sie hat.

a)	P (0 | 1), Q (–1 | 0)	◯ m = 1	◯ m = –1	◯ m = 0	◯ m nicht definiert
b)	P (–1 | 1), Q (1 | –1)	◯ m = 1	◯ m = –1	◯ m = 0	◯ m nicht definiert
c)	P (–1 | 1), Q (–1 | 0)	◯ m = 1	◯ m = –1	◯ m = 0	◯ m nicht definiert
d)	P (0 | –1), Q (–1 | 0)	◯ m = 1	◯ m = –1	◯ m = 0	◯ m nicht definiert
e)	P (–1 | –1), Q (0 | –1)	◯ m = 1	◯ m = –1	◯ m = 0	◯ m nicht definiert

2 Eine Gerade verläuft jeweils durch die Punkte P und Q. Berechne zunächst jeweils die Steigung der Geraden und bestimme dann die Funktionsgleichung.

a)	P (3 | 2) Q (5 | 4)		m = _____ n = _____
b)	P (–1 | 0) Q (2,5 | 7)		m = _____ n = _____
c)	P (–5 | –6) Q (3 | –2)		m = _____ n = _____
d)	P (–3 | $-\frac{1}{2}$) Q (–2 | –3,5)		m = _____ n = _____

3 Familie Ergül zieht von Cottbus nach Berlin. Sie leiht sich einen Möbelwagen. Der Preis setzt sich aus einer Grundgebühr und dem Kilometergeld zusammen. Für 120 km zahlen sie 103 €. Fabian leiht sich bei derselben Firma ein Auto, um innerhalb Berlins seinen Umzug zu organisieren. Seine neue WG ist nur 10 km weit entfernt und er zahlt 59 €.

Nicola muss beruflich von Berlin nach Bamberg ziehen (Entfernung: 400 km). Was wird sie der Umzug mit diesem Unternehmen kosten?

a) Stelle aus den Angaben zwei Wertepaare auf: (_____ | _____) und (_____ | _____)

b) Stelle die Funktionsgleichung auf und bestimme die Höhe der Grundgebühr und des Kilometergeldes.

c) Berechne die Kosten für Nicolas Umzug.

1 Löse die Gleichungen nach y auf. Zeichne die zugehörige Gerade in das Koordinatensystem.

a) $3x + 2y = 8$ b) $-4y + 8x = 12$ c) $\frac{3}{4}x + \frac{1}{2}y = \frac{1}{4}$

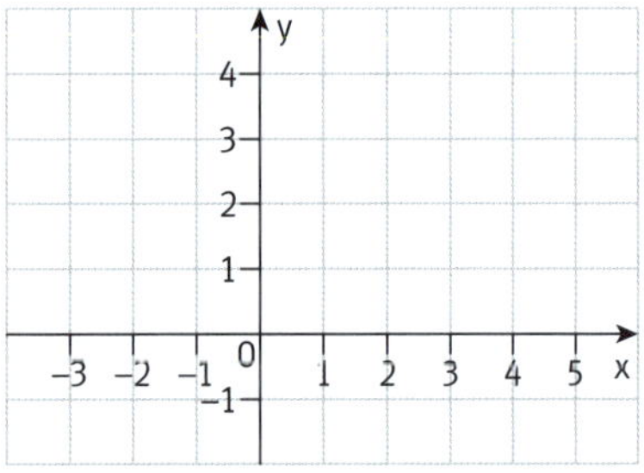

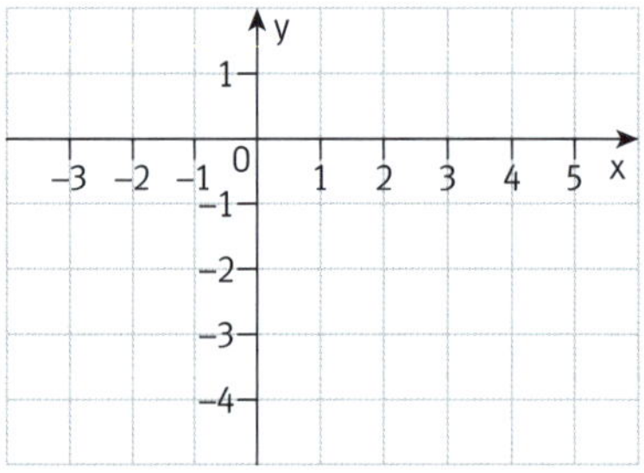

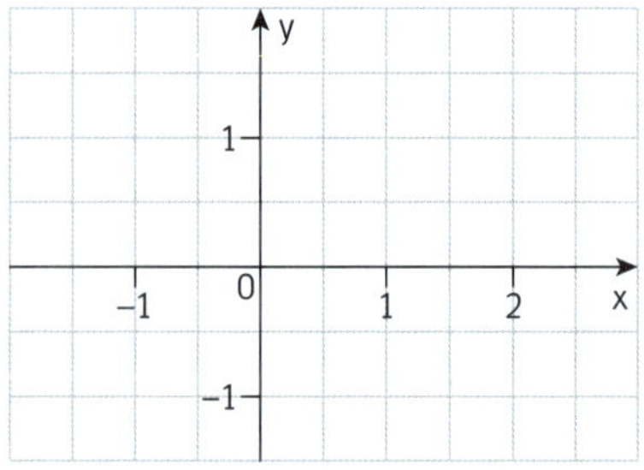

2 Kreuze an, welches Zahlenpaar jeweils Lösung der Gleichung ist.

a) $3x = -2y + 2$
- ◯ (–2 | 4)
- ◯ (–2 | 3)
- ◯ (4 | –2)
- ◯ (–2 | –4)

b) $4x = 5y - 2$
- ◯ (–2 | 2)
- ◯ (2 | 2)
- ◯ (–2 | –2)
- ◯ (7 | 6)

c) $-3x + y = -9$
- ◯ (0 | 3)
- ◯ (3 | 0)
- ◯ (2 | –3)
- ◯ (–3 | 2)

d) $3 \cdot (x + 2) = y$
- ◯ (1 | 7)
- ◯ (0 | 6)
- ◯ (1 | –7)
- ◯ (–2 | 0)

3 Die Zahlenpaare sollen die Gleichung $3x - 6y = -9$ lösen. Ergänze die fehlenden Werte.

a) (1 | ______)   b) (______ | 3)   c) (5 | ______)   d) (______ | 10)

4 Vervollständige die Tabelle und zeichne anschließend die zugehörige Gerade in das Koordinatensystem.

a) $8y - 4x = -16$

x		0	2	
y	–3			0

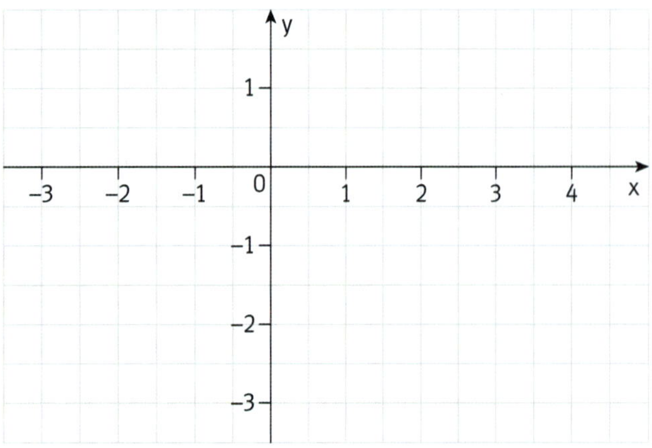

b) $2 \cdot (2x + y) = 8$

x		1	0
y	0		

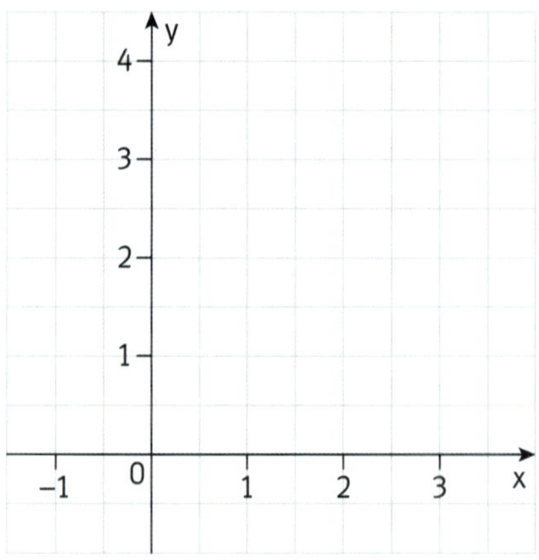

1 Bei der Fußballweltmeisterschaft 2018 in Russland wurden in 64 Spielen insgesamt 169 Tore geschossen. Bester Torschütze des Turniers war Harry Kane aus Großbritannien, als bester deutscher Torschütze wird Marco Reus aufgeführt.

I Zusammen haben Harry Kane und Marco Reus sieben Tore geschossen.

II Harry Kane hat fünf Tore mehr als Marco Reus geschossen.

Wie viele Tore hat jeder von ihnen geschossen?

a) Vervollständige dazu zunächst die Tabellen. Markiere die Lösung.

I	HK	1					
	MR					2	
II	HK	5					
	MR						

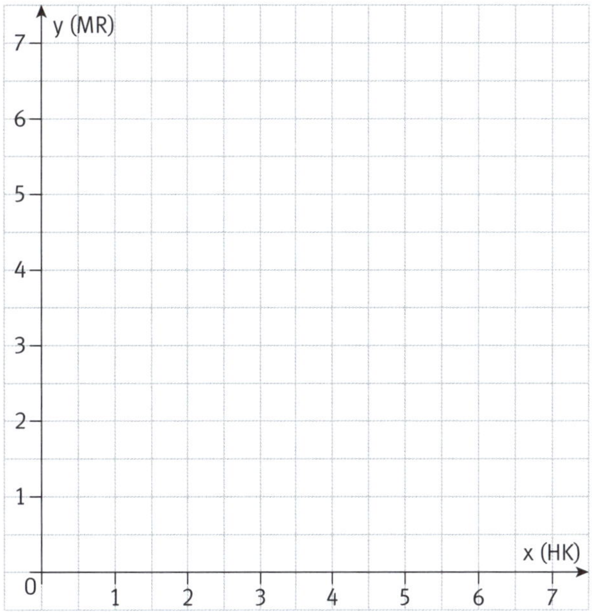

b) Überprüfe deine Lösung, indem du die Wertepaare in das Koordinatensystem einträgst.

2 Bestimme den Einzelpreis eines Kugelschreibers und eines Tagebuchs.

I

II

a) Notiere für die Abbildungen I und II jeweils eine Gleichung über der Tabelle. Wofür stehen die Variablen x und y?

x: ______________________________

y: ______________________________

b) Vervollständige dann die Tabellen und überprüfe deine Lösung, indem du die Wertepaare in das Koordinatensystem einträgst. Formuliere einen Antwortsatz.

I

Gleichung:		
x	y	Probe
0		
1		
2		
3		
4		

II

Gleichung:		
x	y	Probe
0		
1		
2		
3		
4		

Antwort: ______________________________

1 Gegeben ist das folgende lineare Gleichungssystem:

I $2x + 2y = 6$
II $2x - 2y = 4$

a) Löse die Gleichungen jeweils nach y auf.

I $y =$ ______

II $y =$ ______

b) Bestimme die Lösungsmenge des linearen Gleichungssystems grafisch.

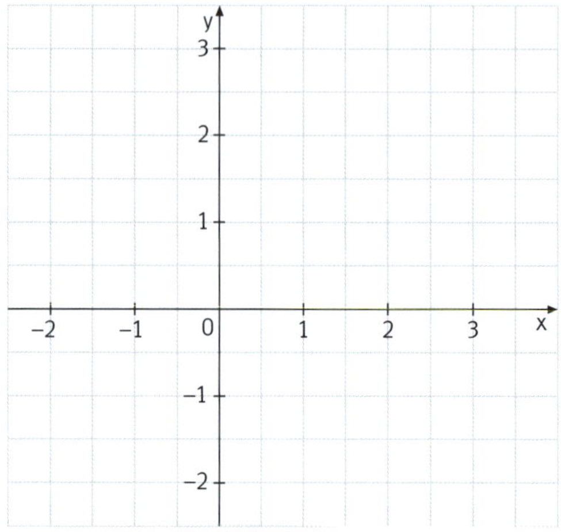

$\mathbb{L} = \{$ ______ $\}$

c) Mache die Probe, indem du die Lösung in beide Gleichungen einsetzt.

2 a) Löse die Gleichungen jeweils nach y auf und zeichne die Graphen.

① I $2y + 4x = 12$
II $4y - 24 = -8x$

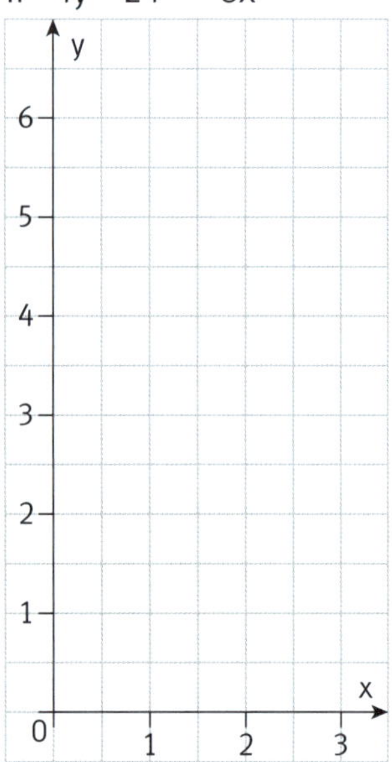

② I $-x + 7 = 2y$
II $-0{,}5x - y = -2$

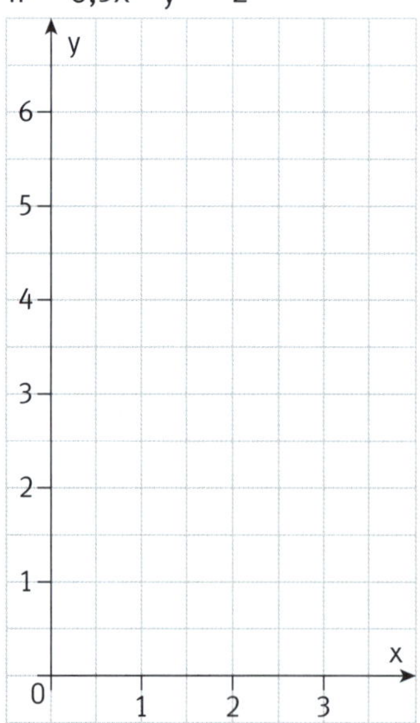

③ I $2x + 10 = 4y$
II $2x - 2y = -2$

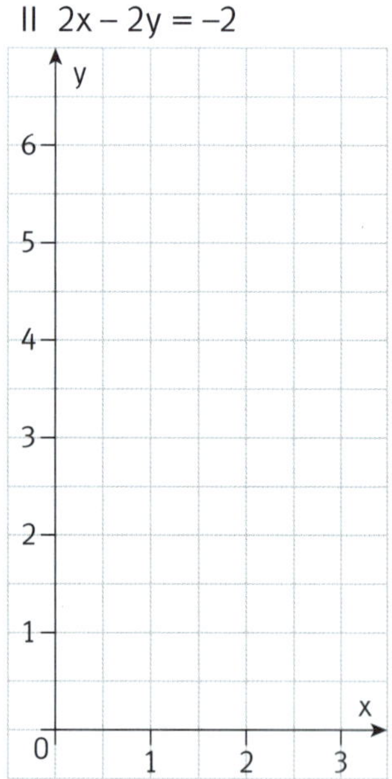

b) Kreuze an, wie viele Lösungen das Gleichungssystem hat. Notiere die Lösungsmenge.

① ○ keine Lösung
○ eine Lösung
○ unendlich viele Lösungen

$\mathbb{L} = \{$ ______ $\}$

② ○ keine Lösung
○ eine Lösung
○ unendlich viele Lösungen

$\mathbb{L} = \{$ ______ $\}$

③ ○ keine Lösung
○ eine Lösung
○ unendlich viele Lösungen

$\mathbb{L} = \{$ ______ $\}$

1 Löse die linearen Gleichungssysteme mithilfe des Gleichsetzungsverfahrens.

a) I $y = 2x + 7$

II $y = -3x - 3$

Gleichsetzen:

___ = ___

___ = ___

___ = ___

$x =$ ___

$x =$ ___ in I: $y = 2 \cdot$ ___ $+ 7$

$y =$ ___ $\mathbb{L} = \{$ ___ $\}$

b) I $7x + 10{,}5y = 31{,}5$ ⇔ I ___ = ___

II $y + 7x = 12{,}5$ ⇔ II ___ = ___

2 Entnimm der Zeichnung die Funktionsgleichungen der Geraden g und h und berechne die Koordinaten ihres Schnittpunktes.

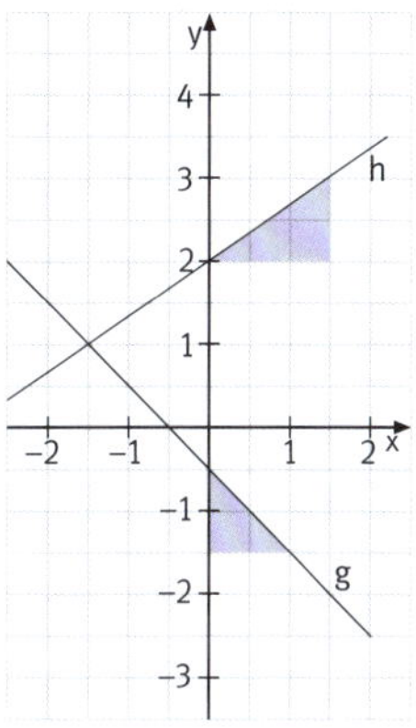

g: ______ h: ______

Gleichsetzen: ______

x = ______ y = ______ $\mathbb{L}$ = ______

3 Hier stimmt doch etwas nicht. Markiere die Fehler und verbessere anschließend.

I $3x + 5y = 11$ II $10x - 19 = y$

Verbesserung:

I $-3x + 11 = 5y$

II $10x - 19 = y$

I und II gleichsetzen:

$-3x + 11 = 10x - 19 \quad | -10x - 11$

$-13x = -30 \quad | : (-13)$

$x = \frac{30}{13}$

x einsetzen in II:

$y = 10 \cdot \frac{30}{13} - 19 = \frac{53}{13}$

$\mathbb{L} = \{(\frac{30}{13} \mid \frac{53}{13})\}$

1 Justus bezahlt eine neue Jeansjacke mit 5-€- und 10-€-Scheinen. Insgesamt benutzt er 13 Scheine.

a) Berechne den neuen Preis der Jacke. ______

b) Stelle das Gleichungssystem auf und bestimme die Anzahl der Scheine von jeder Sorte.

Justus verwendet ______ 5-€-Scheine und ______ 10-€-Scheine.

2 Im Rahmen der Gesundheitswoche einer Schule bietet eine Getränkefirma Multivitaminsaft und Orangensaft an. Bestimme mithilfe eines Gleichungssystems den Einzelpreis einer Flasche Multivitaminsaft und einer Flasche Orangensaft.

3 Berechne den Eintrittspreis für Erwachsene und Kinder für den Funparc und damit die möglichen Kosten für Vickys Eltern.

1 Entscheide, bei welchen Gleichungssystemen das Einsetzungsverfahren zur Lösung günstig ist. Wie könnte man dann einsetzen („I in II“ oder „II in I“)?

a)
I $3 = 4x + 9y$
II $x = 5y + 2$

Einsetzungsverfahren
○ günstig ○ ungünstig
○ I in II ○ II in I

b)
I $5y = 11x + 3{,}9$
II $7x - 3y = 3{,}9$

Einsetzungsverfahren
○ günstig ○ ungünstig
○ I in II ○ II in I

c)
I $3y = 2x - 7$
II $x = 3y$

Einsetzungsverfahren
○ günstig ○ ungünstig
○ I in II ○ II in I

2 Löse die Gleichungssysteme mithilfe des Einsetzungsverfahrens.

a) I $y = 3x + 12$
II $9x - 5y = -36$

I in II einsetzen:

$9x - 5 \cdot \_\_\_\_ = -36$

b) I $-0{,}27x + 13y = -12$
II $0{,}27x + 9 = 13y$

____

3 Auf einem Grillfest trinkt jedes Kind im Durchschnitt 3 Getränke und isst 2 Würstchen. Die Erwachsenen trinken hingegen jeweils 4 Getränke, essen aber jeweils nur 1 Würstchen (schließlich gibt es ja auch noch andere Leckereien!). Es werden insgesamt 110 Getränke und 45 Würstchen verzehrt.

a) Welches Gleichungssystem passt zu diesem Sachverhalt, wenn x für die Anzahl der Kinder und y für die Anzahl der Erwachsenen steht?

○ I $3x + 2x = 45$
II $4y + y = 110$

○ I $4x + y = 45$
II $2x + 3y = 110$

○ I $3x + 4y = 110$
II $2x + y = 45$

○ I $3x + 2y = 110$
II $4x + 3y = 45$

b) Berechne, wie viele Kinder und wie viele Erwachsene auf dem Grillfest waren.

4 Löse die Aufgaben aus der Geometrie mithilfe eines Gleichungssystems. Notiere die Gleichungen und nutze für die Nebenrechnungen ein Extrablatt.

a) Die Länge eines rechteckigen Grundstücks a ist um 24 m größer als die Breite b. Der Umfang beträgt 78 m.

I ____________________

II ____________________

a = ________ b = ________

b) In einem gleichschenkligen Dreieck sind die Basiswinkel (α bzw. β) jeweils um 9° größer als der Winkel an der Spitze (γ).

I ____________________

II ____________________

$\alpha = \beta =$ ________ $\gamma =$ ________

1 Vervollständige die Schrägbilder der Körper mit einer Körperhöhe von $h_K = 4$ cm.

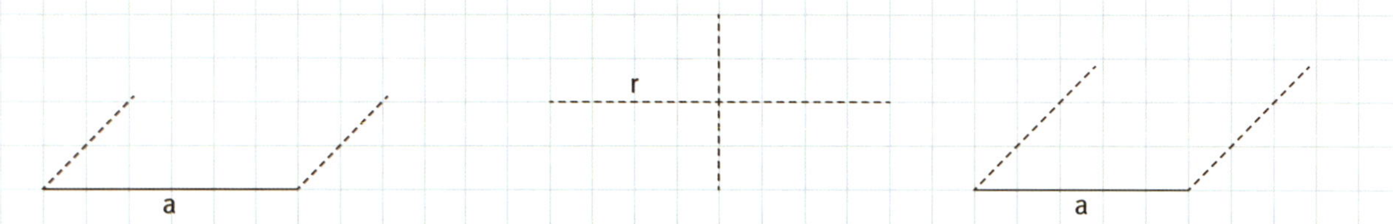

Pyramide mit quadratischer Grundfläche (a = 3 cm)

Kegel mit r = 2 cm

Pyramide mit rechteckiger Grundfläche (a = 2,5 cm, b = 4 cm)

2 Zeichne das Schrägbild

a) einer rechteckigen Pyramide mit a = 4,5 cm, b = 3 cm und $h_K = 4$ cm.

b) eines Kegels mit dem Durchmesser d = 3 cm und der Körperhöhe $h_K = 4$ cm.

3 Zeichne die Schrägbilder der beiden Türme im Maßstab 1 : 400.

a) Der Turm im Reschensee hat eine Gesamthöhe von circa 24 m. Die Spitze ist 8 m hoch. Die Grundfläche ist annähernd quadratisch mit einer Seitenlänge von 4 m.

b) Der Turm an der Stadtmauer in Tallinn hat eine Gesamthöhe von circa 32 m. Die Spitze ist 12 m hoch. Die Grundfläche hat einen Durchmesser von circa 12 m.

1 Kreuze an, ob aus den Netzen eine Pyramide oder ein Kegel gefaltet werden kann.

a)

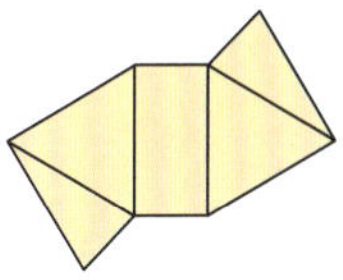

◯ ja ◯ nein

b)

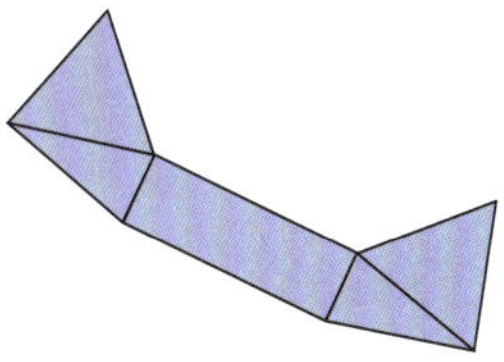

◯ ja ◯ nein

c)

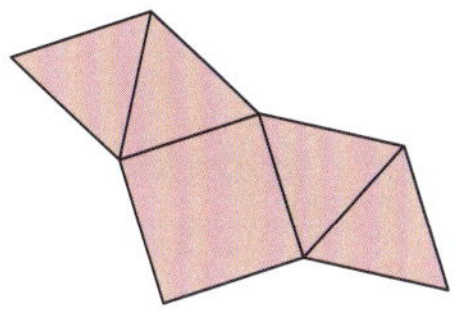

◯ ja ◯ nein

d)

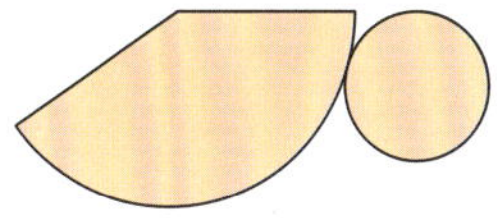

◯ ja ◯ nein

e)

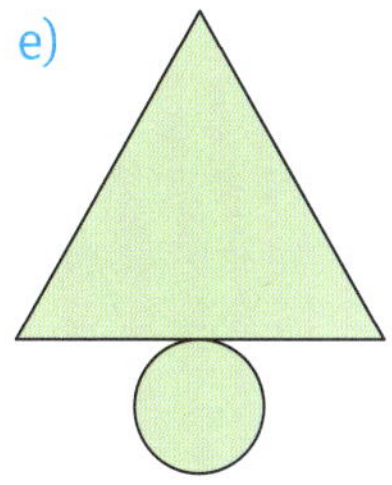

◯ ja ◯ nein

2 Ergänze die Pyramidennetze. Berechne dazu die Höhen der Seitenflächen h_s. Runde sinnvoll.

a) $a = 2$ cm; $h_K = 2{,}3$ cm

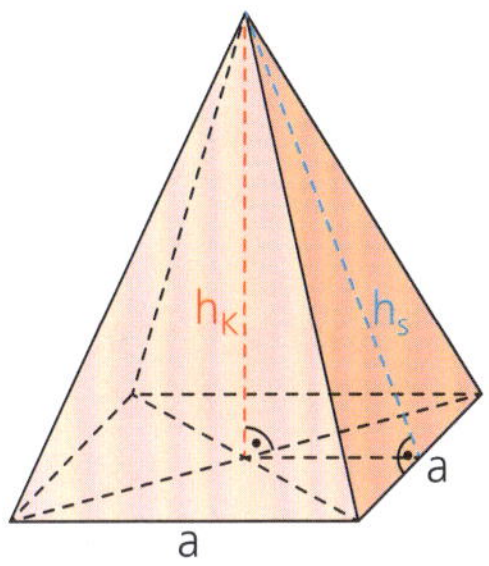

Kreuze den richtigen Rechenweg an:

◯ $h_s = \sqrt{2{,}3^2 + 2^2}$ cm

◯ $h_s = \sqrt{2{,}3^2 + 1^2}$ cm

◯ $h_s = \sqrt{2{,}3^2 - 1^2}$ cm

$h_s \approx$ ______________

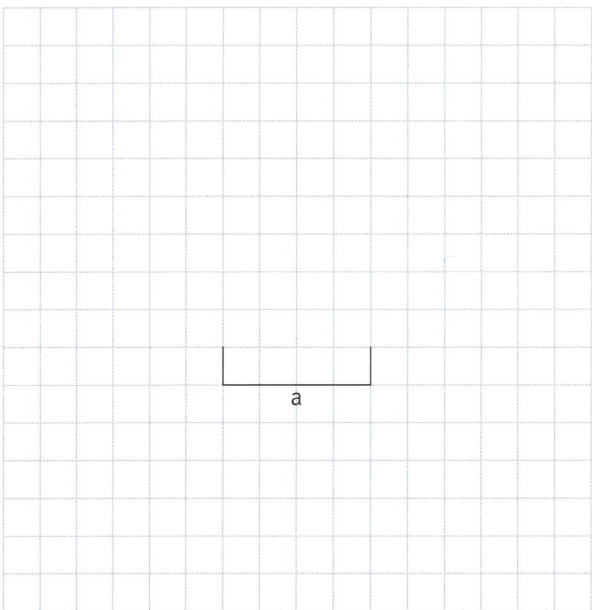

b) $a = 3$ cm; $s = 2{,}5$ cm

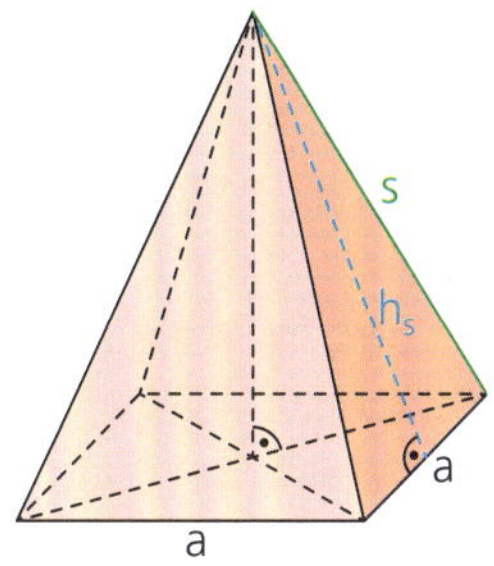

h_s = ______________

= ______________

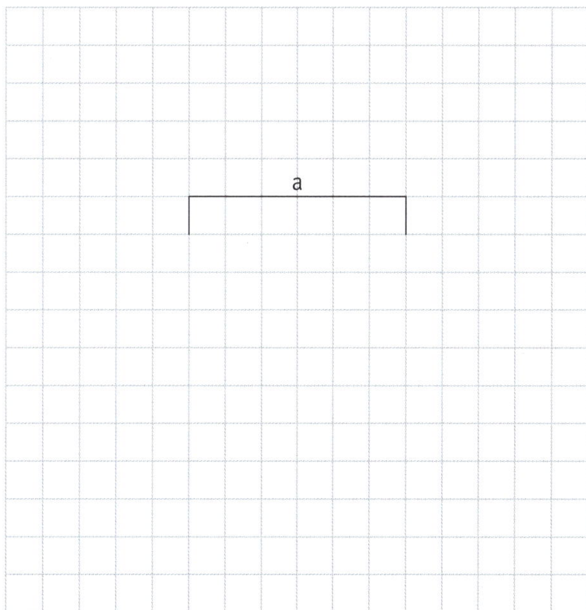

3 Vervollständige das Netz zum abgebildeten Kegel. Berechne dazu die Länge der Mantellinie s. Runde sinnvoll. Der Winkel im Kreisausschnitt beträgt 72°.

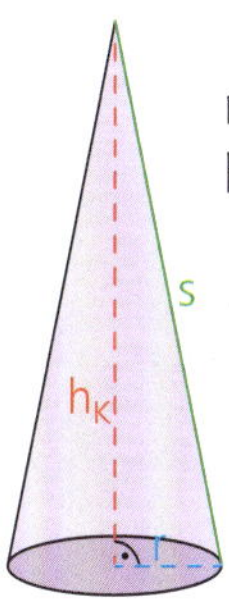

$r = 1$ cm

$h_K = 4{,}9$ cm

Kreuze den richtigen Rechenweg an:

◯ $s = \sqrt{1^2 + 4{,}9^2}$ cm

◯ $s = \sqrt{4{,}9^2 - 1^2}$ cm

$s \approx$ ______________

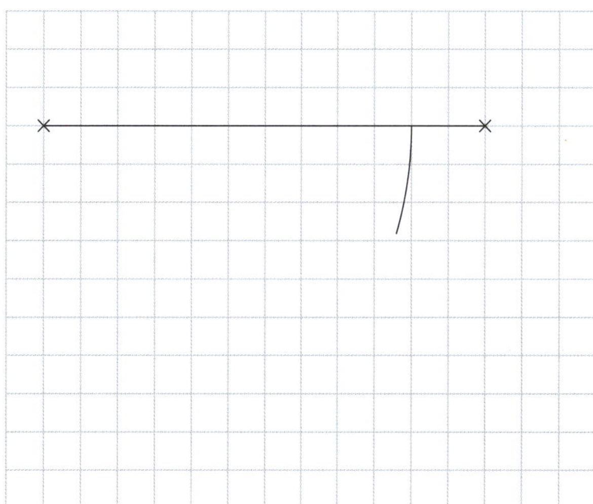

Volumen von Pyramiden berechnen

1 Berechne zuerst den Inhalt der Grundfläche, dann das Volumen der Pyramiden.

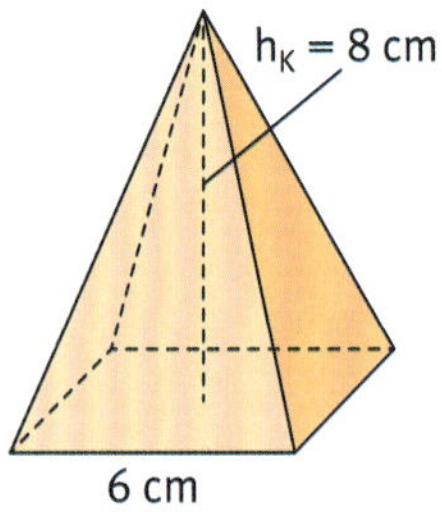

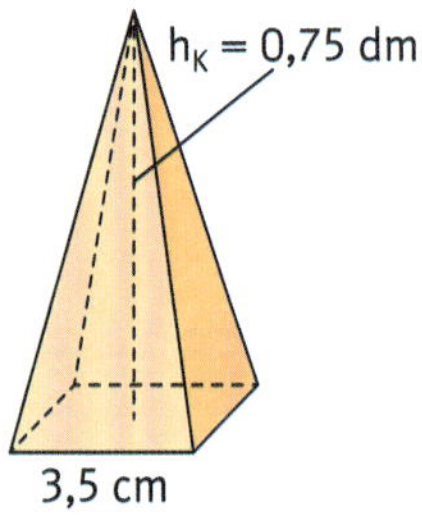

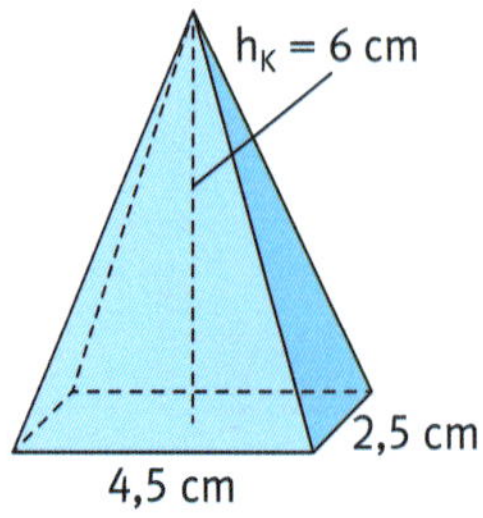

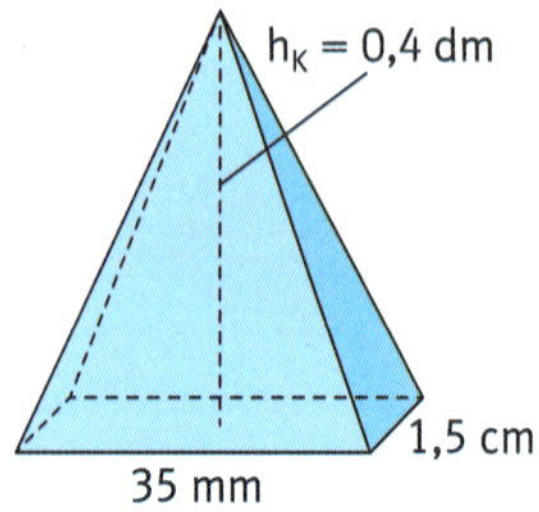

A_G				
V				

2 Eine quadratische (rechteckige) Pyramide hat die Maße $a = 26$ cm und $h_s = 28$ cm ($a = 46{,}8$ cm und $b = 24{,}6$ cm; $h_a = 51{,}5$ cm und $h_b = 55{,}2$ cm). Fehlende Maße werden mithilfe des Satz des Pythagoras berechnet.

1 Vervollständige die Skizzen, indem du die gegebenen Maße einträgst und die benötigten rechtwinkligen Dreiecke farbig einzeichnest.

2 Berechne zunächst die Körperhöhe und dann das Volumen der Pyramiden.

a) quadratische Pyramide:

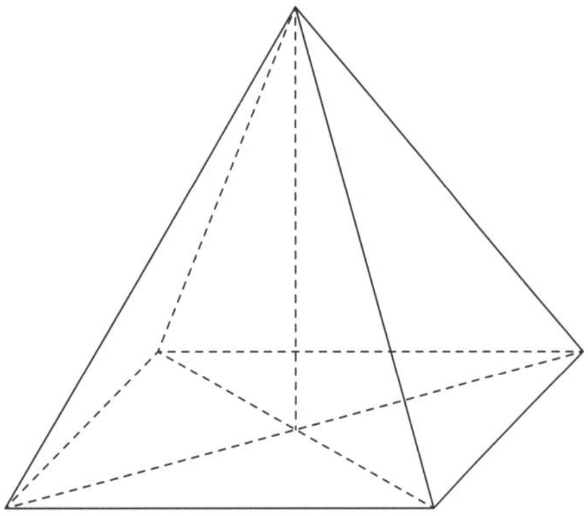

b) rechteckige Pyramide:

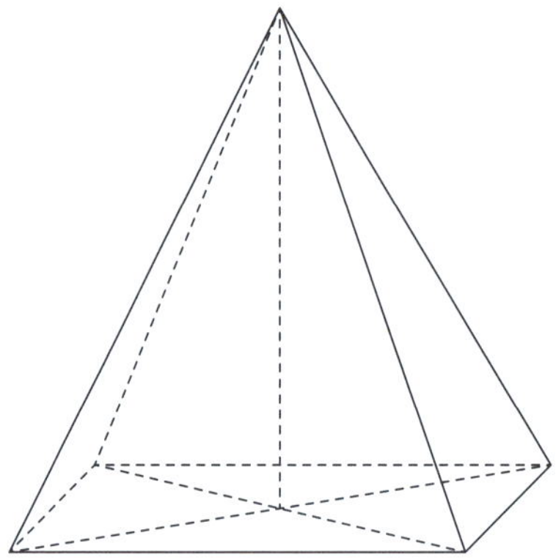

3 Berechne das Volumen der Pyramiden. Runde sinnvoll.

a)

$a = 1{,}2$ m; $h_K = 1{,}7$ m

b)

$a = 2{,}5$ cm; $h_K = 25$ mm

c)

$a = 5{,}5$ m; $h_S = 4{,}1$ m

Oberflächeninhalt von Pyramiden berechnen

1 a) Färbe die Grundfläche und die Mantelfläche im Pyramidennetz mit unterschiedlichen Farben.
b) Fülle die Tabelle aus. Kreuze an, wie man mit der Formel den Oberflächeninhalt der Pyramide berechnen kann.

Netz	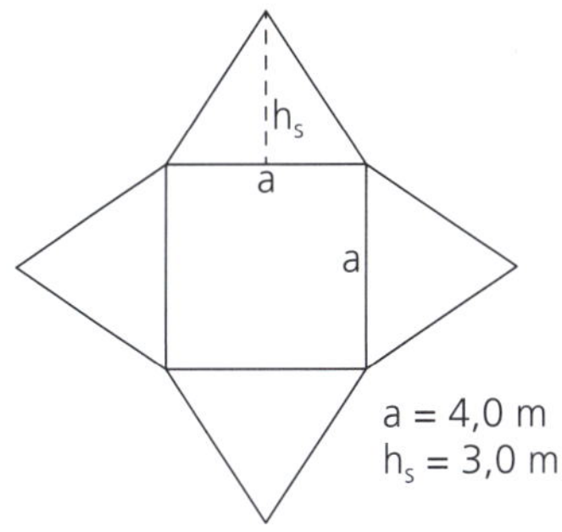	Berechnung des Oberflächeninhalts A_O	◯ $A_O = a^2 + \frac{1}{2}a \cdot s$ ◯ $A_O = a^2 + 4 \cdot (\frac{1}{2}a \cdot s)$ ◯ $A_O = a^2 + 2a \cdot h_s$ ◯ $A_O = a^2 + 2s^2$ ◯ $A_O = a^2 + 4 \cdot (\frac{1}{2}a \cdot h_s)$
A_G			
A_M			
A_O			

2 Berechne den Oberflächeninhalt der Pyramiden. Runde ggf. sinnvoll.

a)
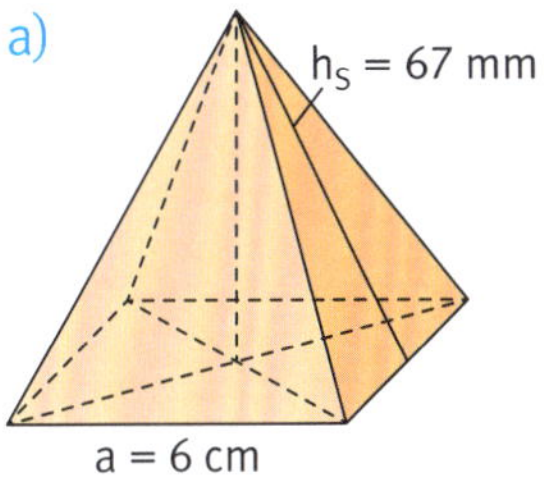

b)
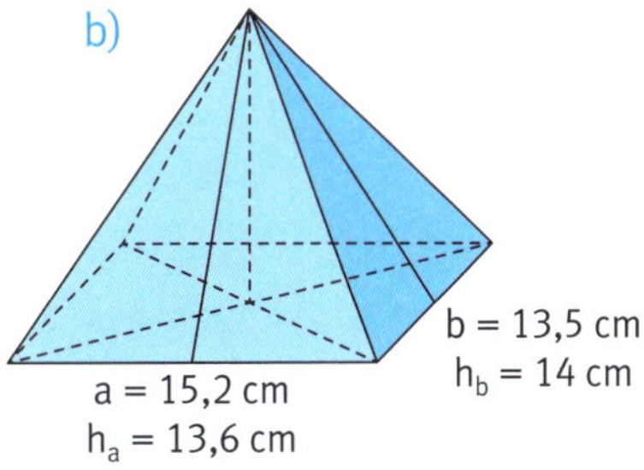

c)
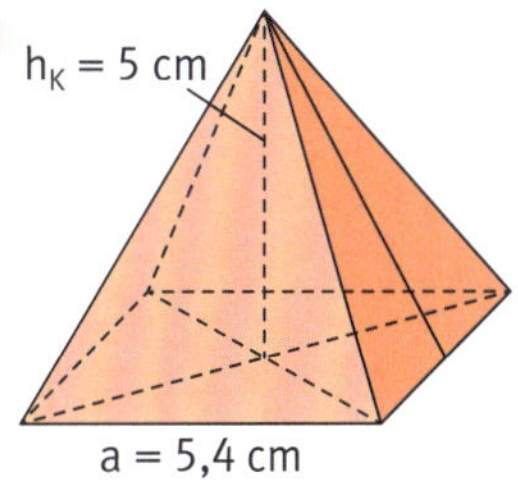

3 Überlege zunächst, welche Größe (A_M oder A_O) sinnvoll zu berechnen ist. Kreuze an und berechne dann diese Größe. Runde ggf. sinnvoll.

a) ◯ A_M ◯ A_O

$a = 5{,}5$ m; $h_S = 4{,}1$ m

b) ◯ A_M ◯ A_O

$a = 1{,}2$ m; $h_S = 18$ dm

c) ◯ A_M ◯ A_O

$a = 2{,}5$ cm; $h_K = 2{,}5$ cm

1 Berechne zuerst den Inhalt der Grundfläche, dann das Volumen der Kegel. Runde sinnvoll.

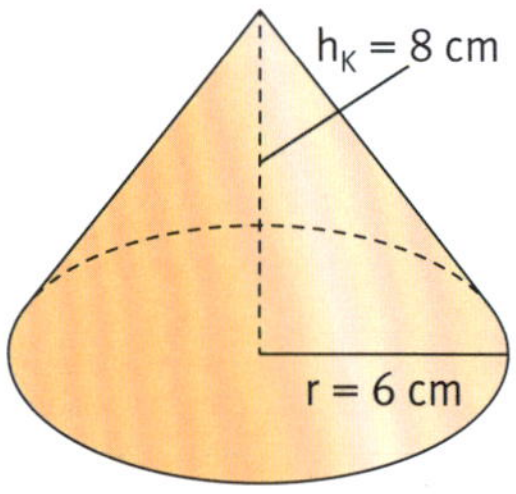

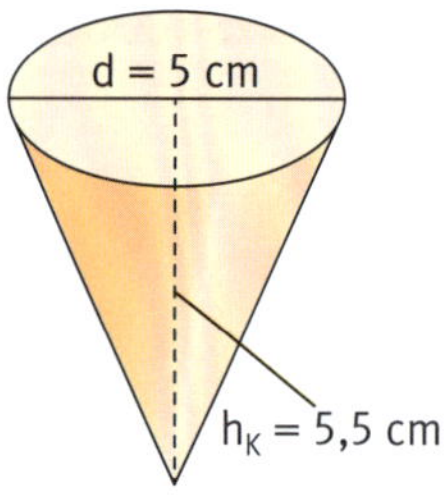

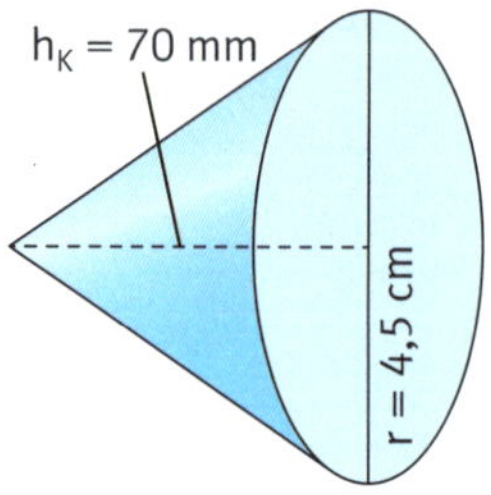

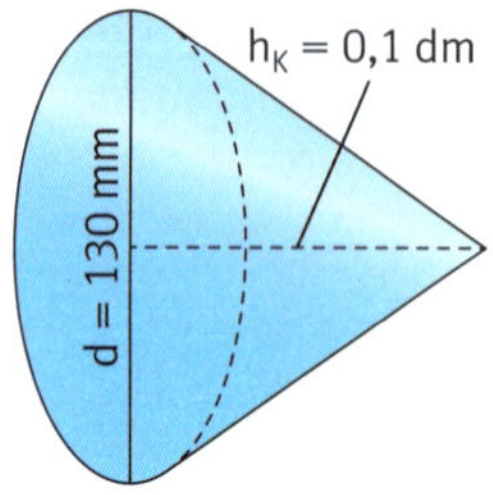

A_G				
V				

2 Der linke Kegel hat die Maße $r = 24$ cm und $s = 50$ cm, der rechte Kegel die Maße $d = 45{,}5$ cm und $s = 66{,}5$ cm. Fehlende Maße werden mithilfe des Satz des Pythagoras berechnet.

a) Vervollständige die Skizzen, indem du die gegebenen Maße einträgst und die benötigten rechtwinkligen Dreiecke farbig einzeichnest.

b) Berechne zunächst die Körperhöhe und dann das Volumen der Kegel. Runde sinnvoll.

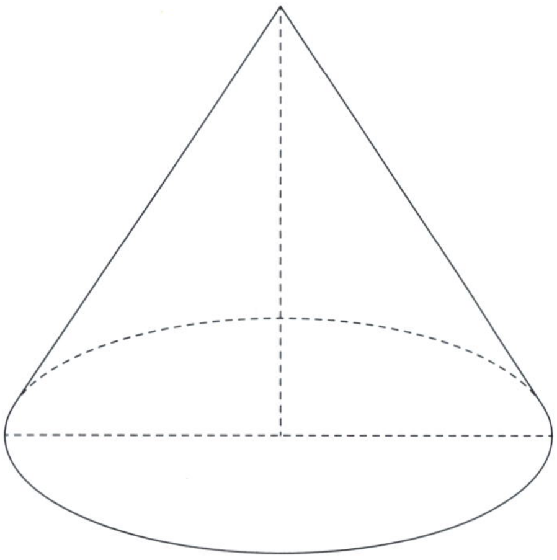

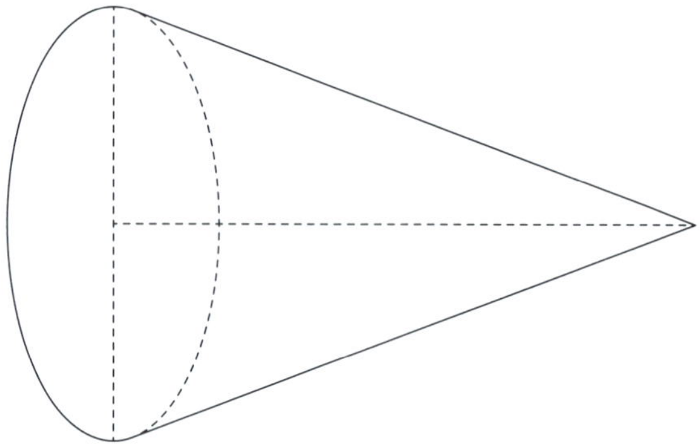

3 Berechne das Volumen der Kegel. Runde sinnvoll.

a)

$r = 25$ mm; $h_K = 66$ mm

b)

$d = 6$ cm; $h_K = 1{,}5$ dm

c)

$r = 5{,}5$ m; $s = 6{,}8$ m

Oberflächeninhalt von Kegeln berechnen

1 a) Färbe die Grundfläche und die Mantelfläche im Kegelnetz mit unterschiedlichen Farben.
b) Fülle die Tabelle aus. Kreuze an, wie man mit der Formel den Oberflächeninhalt des Kegels berechnen kann. Runde sinnvoll.

Netz	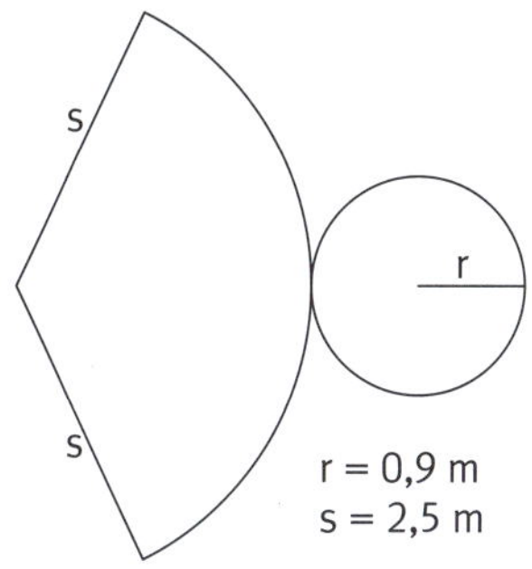 r = 0,9 m s = 2,5 m	Berechnung des Oberflächeninhalts A_O	◯ $A_O = 2\pi r^2 + \pi \cdot r \cdot s$ ◯ $A_O = \pi r^2 + \pi \cdot r \cdot s$ ◯ $A_O = \pi r^2 + 2\pi \cdot r^2$ ◯ $A_O = \pi r \cdot (r + s)$ ◯ $A_O = \pi r^2 + \pi \cdot r \cdot h_K$
A_G			
A_M			
A_O			

2 Berechne den Oberflächeninhalt der Kegel. Runde sinnvoll.

a)
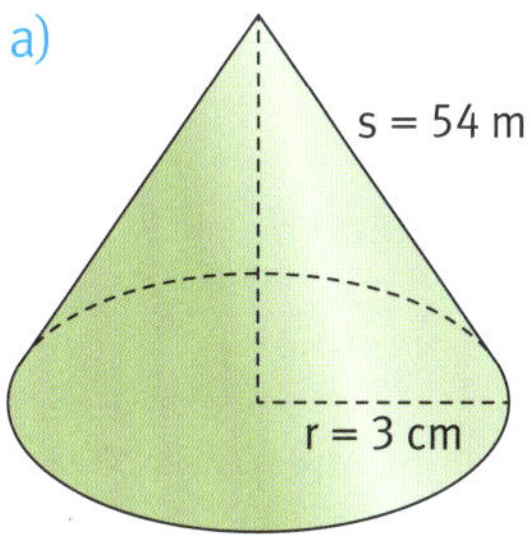

b)
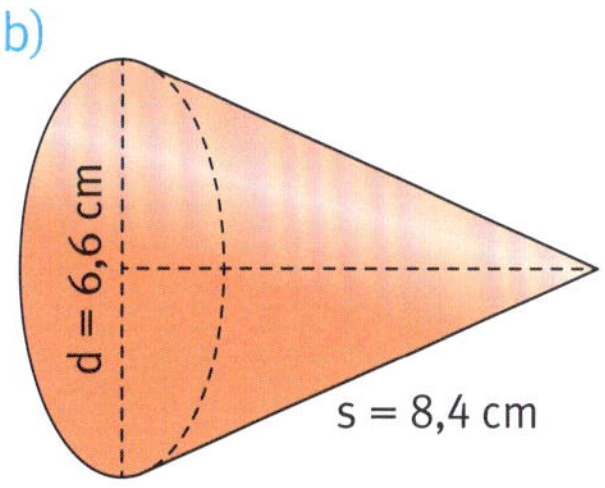

c)
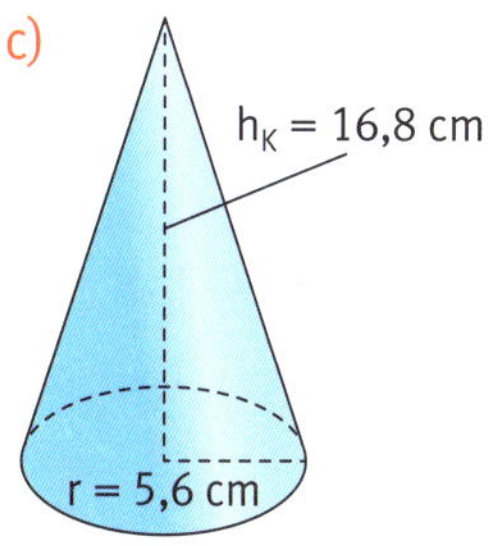

3 Überlege zunächst, welche Größe (A_M oder A_O) sinnvoll zu berechnen ist. Kreuze an und berechne dann diese Größe. Runde sinnvoll.

a) ◯ A_M ◯ A_O

$r = 5{,}5$ m; $s = 6{,}8$ m

b) ◯ A_M ◯ A_O

$r = 25$ mm; $s = 7{,}1$ cm

c) ◯ A_M ◯ A_O

$r = 3$ cm; $h_K = 15$ cm

1 Berechne fehlende Werte für eine Pyramide und einen Kegel. Runde sinnvoll. Nutze für benötigte Nebenrechnungen gegebenenfalls ein Extrablatt.

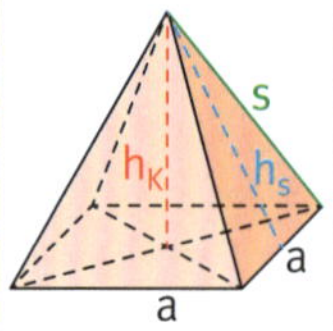

	a	h_K	h_s	s	A_G	A_M	A_O	V
a)	5,2 m		9,1 m					
b)				22,2 cm	201,6 cm²			

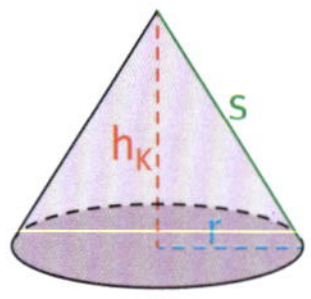

	r	h_K	s	A_G	A_M	A_O	V
c)	8,5 dm		10,9 dm				
d)			8,0 cm	72,3 cm²			

2 Mareike und Jonas machen eine Ausbildung zum Zerspannungsmechaniker. In der ersten Woche bekommt Jonas die Aufgabe, ein pyramidenförmiges Werkstück ($a = 5$ cm; $h_K = 11$ cm) aus Aluminium zu fräsen. Mareike soll ein kegelförmiges Werkstück ($d = 12$ cm; $h_K = 9$ cm) aus Eisen herstellen. Am Ende der Woche sollen beide ihre Werkstücke der Ausbildungsgruppe mit einem Steckbrief vorstellen. Nutze für Nebenrechnungen ein Extrablatt.

Stoff	Dichte ($\frac{g}{cm^3}$)
Kork	0,25
Benzin	0,75
Eis	0,9
Sand	1,6
Beton	2,2
Kalkstein	2,6
Aluminium	2,7
Glas	2,8
Granit	2,8
Eisen	7,8
Kupfer	8,9
Silber	10,5
Blei	11,3
Gold	19,3

Beschriftete Skizze:

Volumen: ____________

Masse: ____________

Oberflächeninhalt: ____________

Beschriftete Skizze:

Volumen: ____________

Masse: ____________

Oberflächeninhalt: ____________

3 Pia behauptet: „Diese beiden Körper haben das gleiche Volumen." Hat sie Recht? Überprüfe.

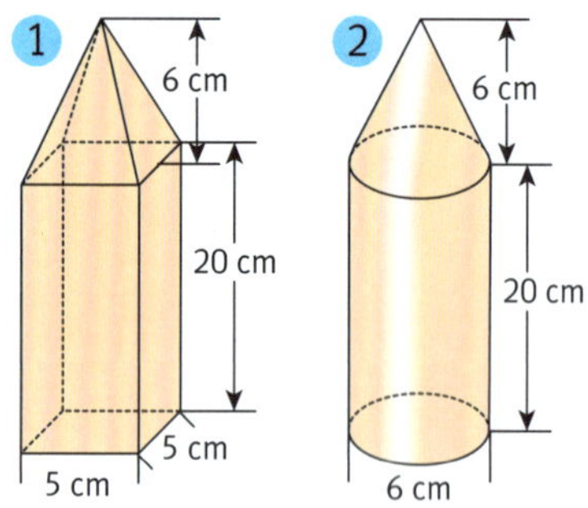

1 a) Mit welcher Formel lässt sich das Volumen der jeweiligen Pyramide berechnen. Ordne zu.

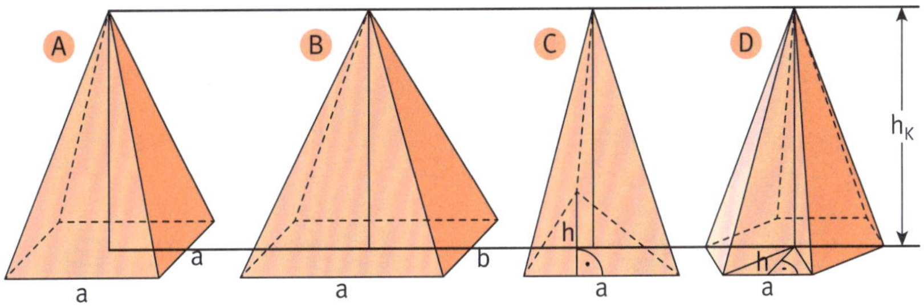

① $V = \frac{1}{2} \cdot a \cdot h \cdot h_K : 3$ (____)

② $V = \frac{1}{3} \cdot a^2 \cdot h_K$ (____)

③ $V = \frac{1}{3} \cdot \frac{a \cdot h}{2} \cdot 6 \cdot h_K$ (____)

④ $V = a \cdot b \cdot h_K : 3$ (____)

b) Welche allgemeine Formel würde für die Volumenberechnung aller Pyramiden passen? Trage ein.

$V_{Pyramide}$ = ______________________________

2 Berechne das Volumen folgender Pyramiden mit

a) dreieckiger Grundfläche
$g = 6{,}6$ cm; $h = 18$ cm; $h_K = 9{,}6$ cm

b) sechseckiger Grundfläche
$a = 6$ cm; $h = 5{,}2$ cm; $h_K = 9$ cm

3 Eine Blumenampel hat die Form einer dreiseitigen Pyramide, bei der die Grundfläche ein gleichseitiges Dreieck mit einer Seitenlänge von 24 cm ist. Die Innenhöhe der Blumenampel beträgt 35 cm.
Wie viel Erde passt in den Blumentopf, wenn er voll gefüllt ist?

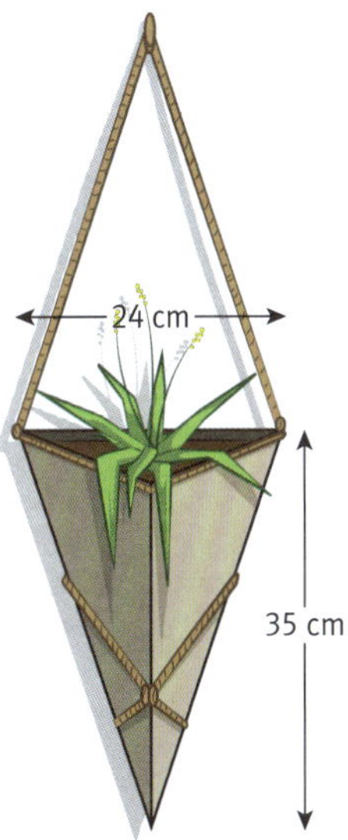

Antwort: In den Blumentopf passen etwa ____________ l Erde.

4 Für ein Kinderzelt mit Boden soll der Materialbedarf errechnet werden. Das Zelt hat eine Pyramidenform mit einem regelmäßigen Sechseck als Grundfläche. Wie viel Quadratmeter Stoff wird für solch ein Kinderzelt gebraucht, wenn die Sechseckkanten 80 cm lang sind und das Zelt 1,40 m hoch ist? Rechne 10 % Verschnitt dazu.

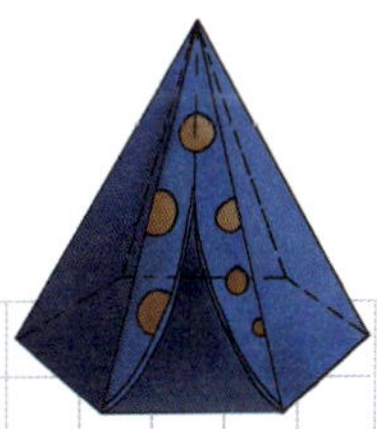

1 a) Eines dieser Glücksräder wird 800-mal gedreht. Kreuze an, mit welchem am ehesten die im Diagramm angegebenen absoluten Häufigkeiten für die einzelnen Farben erzielt werden kann.

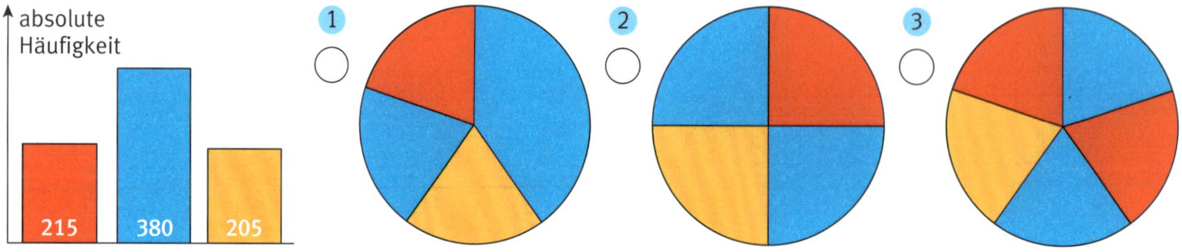

b) Bestimme mit den Werten aus dem Diagramm die relativen Häufigkeiten der einzelnen Farben in Prozent. Runde geeignet.

rot: ______ blau: ______ gelb: ______

c) Berechne für jedes Glücksrad einzeln: Wie groß ist die Wahrscheinlichkeit, bei einmaligem Drehen „nicht Rot“ zu erzielen? Gib die Wahrscheinlichkeit als Bruch und in Prozentschreibweise an.

2 An einem Glücksrad wird einmal gedreht. Das Baumdiagramm zeigt die möglichen Ausgänge dieses Zufallsversuchs.

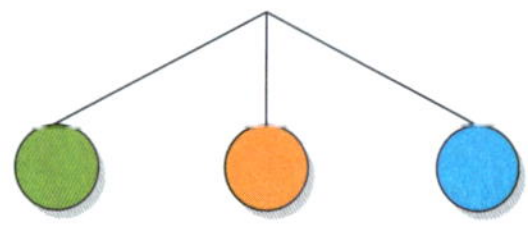

a) Kennzeichne farbig, wie das Glücksrad bemalt sein könnte, wenn ...

1 alle möglichen Ergebnisse gleich wahrscheinlich sind.

2 eines der drei möglichen Ergebnisse doppelt so wahrscheinlich wie jedes der beiden anderen ist.

b) Was meinst du zu Petras Aussage? Erläutere.

3 Der abgebildete Glückskreisel wird gedreht. Verbinde jeweils Ereignis und zugehöriges Gegenereignis.

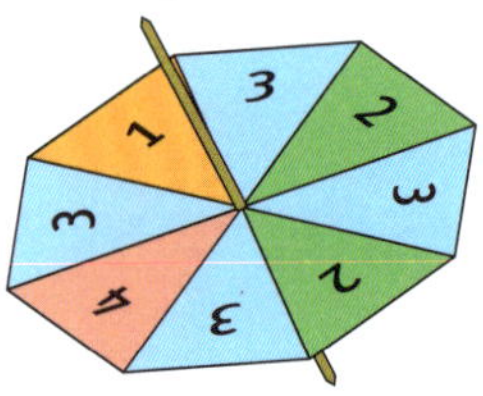

Man erhält die Farbe Rosa.	Man erhält eine Zahl größer als 2.
Man erhält die 1.	Man erhält 1 oder 4.
Man erhält Grün oder Blau.	Man erhält mindestens eine 2.
Man erhält höchstens eine 2.	Man erhält nicht die Farbe Rosa.

1 a) In den verschiedenen Kisten befinden sich blaue, rote und gelbe Zettel. Verbinde jedes Baumdiagramm mit der dazugehörigen Kiste.

b) Bei welcher Kiste ist die Wahrscheinlichkeit am größten, einen roten Zettel zu ziehen? ______

2 In der Klasse von Herrn Schwarz sind 14 Mädchen und 10 Jungen. Immer eine Woche lang hat eine Schülerin oder ein Schüler Tafeldienst. Herr Schwarz verteilt den Dienst nach dem Zufallsprinzip. Er zieht jedes Mal aus einer Kiste einen Zettel. In der Kiste befinden sich Zettel mit den Zahlen von 1 bis 24. Die/der dazugehörige Schülerin/Schüler mit dieser Listennummer hat dann den Dienst. Der Zettel kommt wieder zurück in die Kiste.

a) Entscheide jeweils, ob die Aussage wahr oder falsch ist.

Behauptung	wahr	falsch
Es ist möglich, dass 3-mal hintereinander ein Junge Tafeldienst hat.		
Spätestens nach 10 Wochen hat ein Mädchen Tafeldienst.		

b) Berechne die Wahrscheinlichkeit in Prozent, dass in der ersten Woche ein Junge den Dienst hat.

P („Junge hat Dienst“) = ______

c) Berechne ebenso die Wahrscheinlichkeit des Gegenereignisses.

______

d) Zum Halbjahr verlassen zwei Mädchen die Klasse. Berechne nun die Wahrscheinlichkeit, dass ein Mädchen für den Dienst gezogen wird.

______

3 Auf 26 kleinen Zetteln, die alle identisch aussehen, steht jeweils einer der Buchstaben des Alphabets. Ein Zettel wird zufällig gezogen. Vervollständige die Tabelle.

Ereignis E	zugehöriges Gegenereignis $\bar{E}$	P (E)	P ($\bar{E}$)
Auf dem gezogenen Zettel steht ein S.			
Auf dem gezogenen Zettel steht ein Vokal.			
Auf dem gezogenen Zettel steht einer der Buchstaben des Wortes „Patricia“.			

Wahrscheinlichkeiten mithilfe der Pfadregeln berechnen

1 Wer soll heute das Geschirr abwaschen? Lea und Tarkan werfen viermal eine 1-€-Münze.

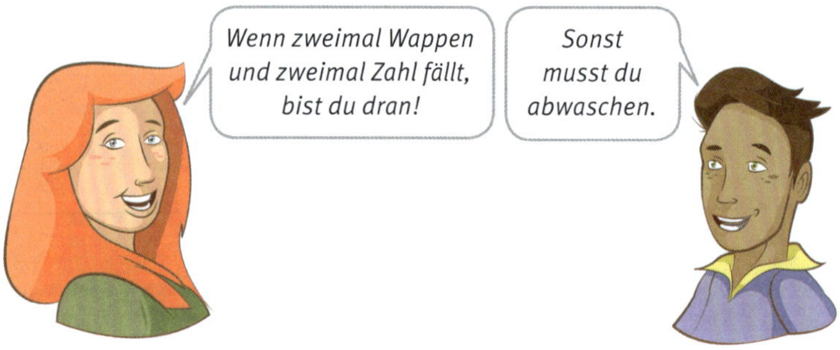

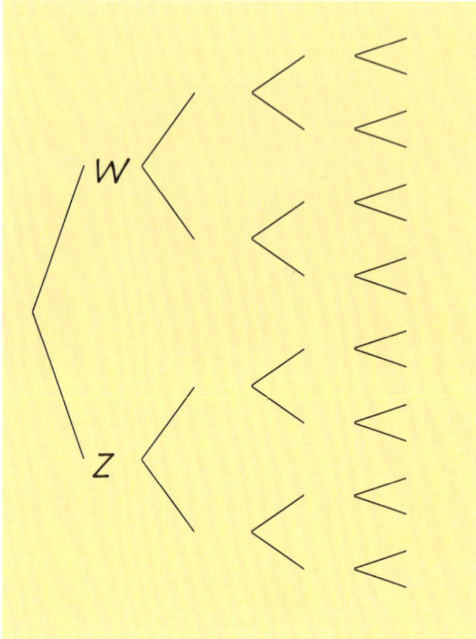

a) Vervollständige das Baumdiagramm und ergänze für die ersten beiden Würfe die zugehörigen Wahrscheinlichkeiten.

b) Wie viele Ergebnisse sind insgesamt möglich?

____

Wie viele sind davon für Lea günstig, wie viele für Tarkan?

Lea: ______________ Tarkan: ______________

c) Berechne die Wahrscheinlichkeit, dass Lea bzw. Tarkan abwaschen muss.

P („Abwasch Lea“) = ______________________________

____

d) Tom behauptet: „Dieser Zufallsversuch kann mit Ziehen von Kugeln mit Zurücklegen verglichen werden.“ Begründe, dass Tom Recht hat.

____

____

____

2 Auf einem Tisch liegen Schokowürfel wie abgebildet. Ohne hinzusehen nehmen Georgie und Cathy nacheinander je einen Schokowürfel und essen ihn auf.

a) Zeichne dafür ein vollständig beschriftetes Baumdiagramm. Überlege, ob das ein Zufallsversuch mit oder ohne Zurücklegen ist.

b) Berechne die Wahrscheinlichkeit, dass beide Mädchen einen blauen Schokowürfel ziehen.

1 Das Smartphone hat für Jugendliche eine zentrale Bedeutung.

a) Ergänze die fehlenden Angaben.

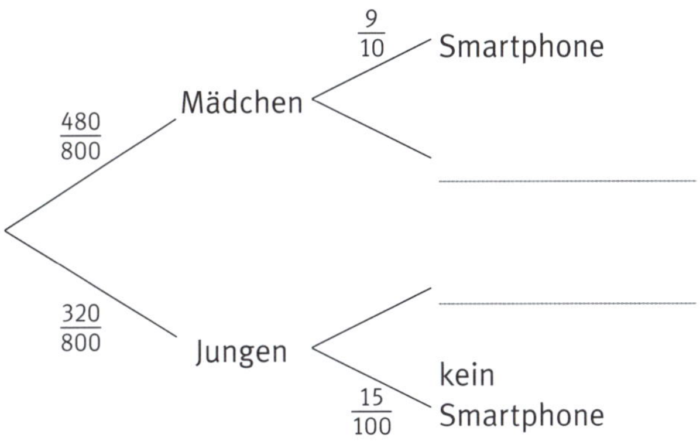

b) Beschreibe den Sachverhalt. Gib auch alle absoluten Zahlen an.

c) Formuliere eine Frage, die zu dieser Rechnung gehört.

$\frac{480}{800} \cdot \frac{9}{10} = \frac{432}{800} = 54\,\%$

2 Corinna hat zu folgender Aufgabe ein beschriftetes Baumdiagramm gezeichnet:

Aus einer Warensendung äußerlich identischer Bücher wird ein Buch zufällig entnommen.
80 % der Bücher gehören zur Erstauflage, die anderen zur Zweitauflage. 50 % der Erstauflage sowie 10 % der Zweitauflage weisen Mängel auf.
Mit welcher Wahrscheinlichkeit weist ein zufällig entnommenes Buch einen Mangel auf?

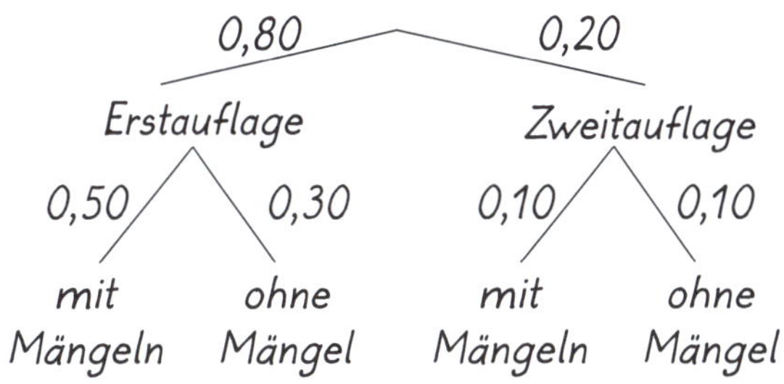

Verbessere den Fehler, den Corinna gemacht hat und beantworte die Rechenfrage. Kennzeichne dazu die Pfade, die zu diesem Ereignis gehören.

P („ein Mangel“) = ____________________

3 Das Autohaus Frombeck verkauft heute zwei Autos. Der Verkäufer hat eine Statistik geführt: „Auf zehn Autos, die ich in letzter Zeit verkauft habe, kommen drei Elektroautos.“

a) Wie groß ist die Wahrscheinlichkeit für das Ereignis „E_1: Von den heute verkauften Autos ist eines ein Elektroauto und das andere ein Benziner.“? Zeichne ein Baumdiagramm und kreuze alle richtigen Antworten an.

- ◯ P(„E_1“) = $\frac{3}{10} \cdot \frac{7}{10}$
- ◯ P(„E_1“) = $1 - (\frac{3}{10} \cdot \frac{3}{10} + \frac{7}{10} \cdot \frac{7}{10})$
- ◯ P(„E_1“) = $\frac{3}{10} + \frac{7}{10}$
- ◯ P(„E_1“) = $\frac{3}{10} \cdot \frac{7}{10} + \frac{7}{10} \cdot \frac{3}{10}$

b) Berechne auf zwei verschiedene Arten die Wahrscheinlichkeit für das Ereignis „E_2: Unter den heute verkauften Autos ist mindestens ein Benziner.“

P („E_2“) = ____________________

P („E_2“) = ____________________

1 Bei einer Geburtstagsfeier befinden sich in einem Saal nur Mädchen, die entweder den Familiennamen Alkan, Swiderski, Dembele oder Hasting tragen. Außerdem heißen die Mädchen mit Vornamen entweder Luisa, Sylvia, Gabriele, Manal oder Josefine.
Kein Mädchenname kommt doppelt vor. Berechne die Wahrscheinlichkeit, zufällig als erste Luisa Dembele zu begrüßen.

____

2 Beim Fußballtoto werden Spielausgänge für 9 Spielpaarungen vorhergesagt.
Heimmannschaft gewinnt: 1 Unentschieden: 0 Gastmannschaft gewinnt: 2

TOTO

1	1	0	2
2	1	0	2
3	1	0	2
4	1	0	2
5	1	0	2
6	1	0	2
7	1	0	2
8	1	0	2
9	1	0	2

a) Auf wie viele Arten kann der Totoschein ausgefüllt werden? Stelle die Anzahl der Möglichkeiten bis zum zweiten Spiel in einem Baumdiagramm dar.

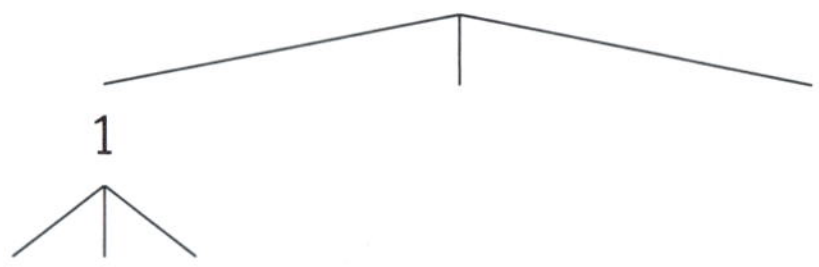

Anzahl der Möglichkeiten bis zum zweiten Spiel:

____

Anzahl der Möglichkeiten für alle Spiele:

____

b) Wie groß ist die Wahrscheinlichkeit, ohne Fußballerfahrung alle 9 Paarungen zufällig richtig zu tippen?

P („alle Paarungen richtig") =

____

3 a) Avram, Betül und Claudia sollen sich für ein Familienfoto nebeneinander stellen. Bestimme alle Möglichkeiten, wie die Kinder sich stellen können. Vervollständige dazu die Tabelle und das Baumdiagramm.

A B C	B	
A		

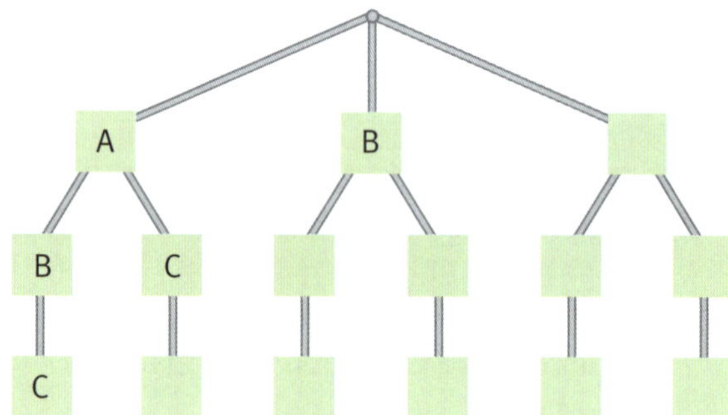

1. Position ____________ Möglichkeiten

2. Position ____________ Möglichkeiten

3. Position ____________ Möglichkeiten

Anzahl möglicher Anordnungen: ____________

b) Die kleine Schwester Douaa möchte auch noch auf das Foto und will unbedingt neben Claudia stehen. Bestimme zuerst die Anzahl aller Möglichkeiten und berechne dann die Wahrscheinlichkeit, dass Douaa zufällig neben Claudia steht.

P („Douaa neben Claudia") =

____

A B C D			
A B			
A C			
A C			
A D			
A			

c) Bestimme die Anzahl aller Möglichkeiten, sich nebeneinander zu stellen, wenn bei einem Familienfest 10 Personen auf das Foto sollen.

____________________ Möglichkeiten

1 In den Bergen gilt im Sommer bei der Wettervorhersage des nächsten Tages die folgende Faustregel.

Wenn es heute nicht regnet, dann regnet es auch morgen nicht mit einer Wahrscheinlichkeit von $\frac{5}{6}$.
Wenn es heute regnet, dann regnet es auch morgen mit einer Wahrscheinlichkeit von $\frac{2}{3}$.

Stell dir vor, dass heute Sonntag ist und es nicht regnet.

a) Vervollständige das Baumdiagramm.

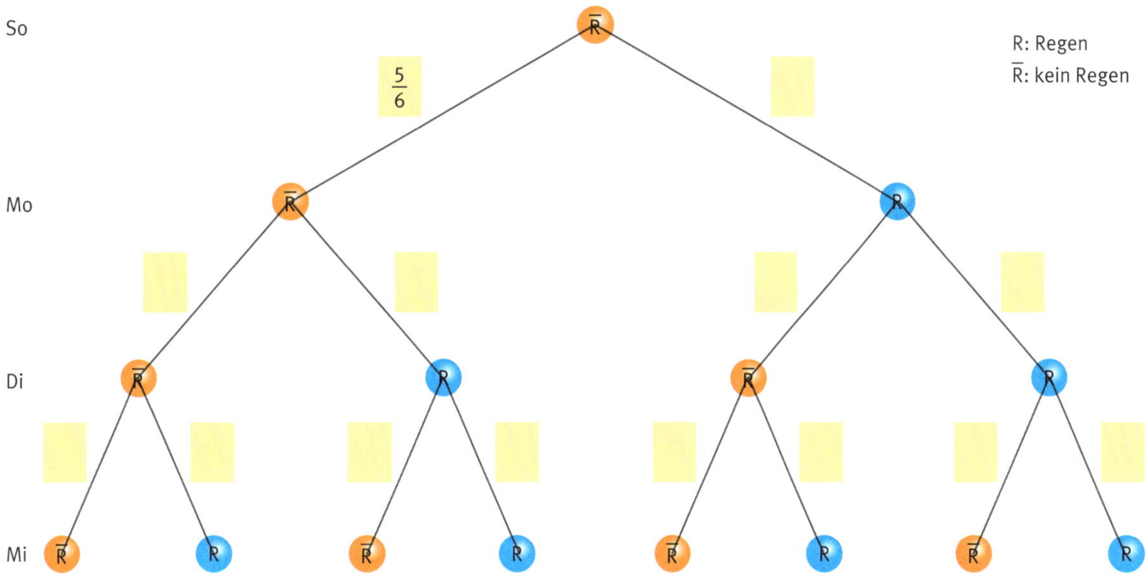

b) Berechne mithilfe des Baumdiagramms die Wahrscheinlichkeit dafür, dass es …

1 am Dienstag regnet.

2 am Mittwoch nicht regnet.

2 Ein mögliches Losverfahren ist das Ziehen von Streichhölzern. Max hält zwei lange Streichhölzer und ein kurzes Streichholz so in der Hand, dass Sonja, Martina und Doris nur die roten Köpfe sehen.

a) Zeichne zu diesem Zufallsversuch ein vereinfachtes Baumdiagramm. Trage die zugehörigen Wahrscheinlichkeiten ein.

b) Bestimme die Wahrscheinlichkeit zu verlieren:

1 für die, die als erste zieht,

2 für die, die als zweite zieht,

3 für die, die als letzte zieht.

Zufallsversuche auf das Urnenmodell übertragen

1 Der Hersteller eines Nasensprays gegen Heuschnupfen behauptet, dass ca. 70 % der behandelten Patienten geheilt (H) werden. Das Spray wird drei Personen mit Heuschnupfen verabreicht.

a) Kreuze die richtigen Aussagen für das dazugehörige Urnenmodell an.

◯ In der Urne liegen 7 weiße und 3 schwarze Kugeln.
◯ Es wird dreimal eine Kugel gezogen.
◯ Es wird ohne Zurücklegen gezogen.

b) Vervollständige das Baumdiagramm.

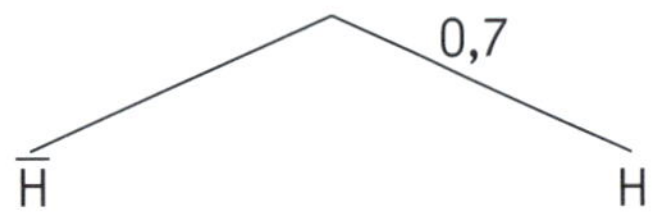

c) Berechne die Wahrscheinlichkeiten für …
E_1: „Bei genau zwei Patienten wirkt das Spray."
E_2: „Mindestens ein Patient wird geheilt."

2 Der Er-Kurs hat 8 Mädchen und 10 Jungen. Gesucht ist jeweils die Wahrscheinlichkeit für ein bestimmtes Geschlecht bei den ersten beiden Schülern auf einer Liste, in die die Namen nach dem Zufallsprinzip eingetragen wurden.

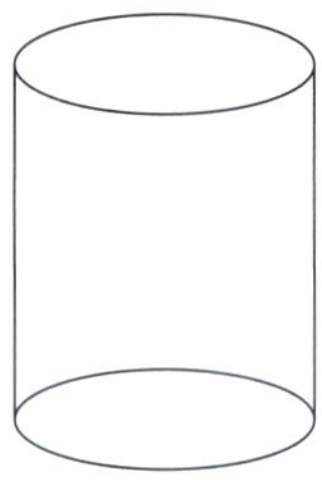

a) Beschreibe das passende Urnenmodell. Male Kugeln in die Urne und kreuze an.

◯ Ziehen mit Zurücklegen ◯ Ziehen ohne Zurücklegen

b) Zeichne ein Baumdiagramm und berechne die Wahrscheinlichkeiten für …
E_1: „Bei den ersten beiden auf der Liste handelt es sich nicht um zwei Jungen."
E_2: „Bei den ersten beiden auf der Liste handelt es sich um ein Mädchen und einen Jungen."

3 Lucy möchte von ihren Eltern gerne eine Taschengelderhöhung. Die Eltern sind dazu bereit, falls sie von drei Schachspielen, die sie abwechselnd gegen Vater und Mutter spielen muss, mindestens zwei in Folge gewinnt. Lucy weiß, dass sie in der Regel in 2 von 3 Spielen gegen ihren Vater verliert, aber gegen die Mutter 2 von 3 Spiele gewinnt. Welche Spielreihenfolge sollte sie wählen?

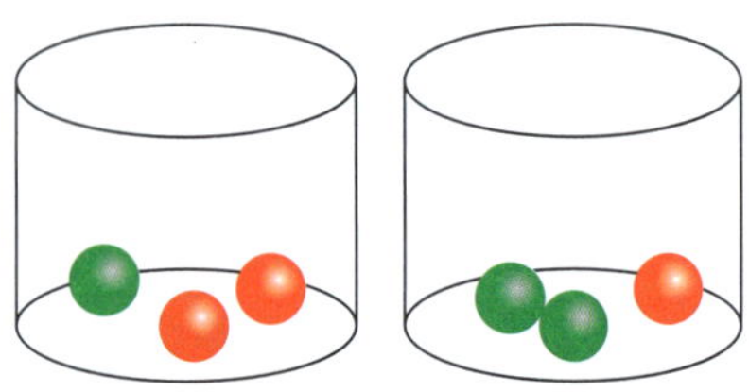

Erkläre die Modelle und zeichne zwei Baumdiagramme. Berechne dann jeweils die Wahrscheinlichkeit für mindestens zwei Siege in Folge. Berücksichtige beim ersten Baumdiagramm die Reihenfolge „Vater – Mutter – Vater", beim zweiten die Reihenfolge „Mutter – Vater – Mutter". Nutze ggf. ein Extrablatt.

1 Multipliziere aus bzw. ergänze den zweiten Faktor durch Ausklammern.

a) $4 \cdot (7x + 8) =$ ______ b) $4p \cdot (p + 4{,}5) =$ ______

c) $5 \cdot (-2m + 3r) =$ ______ d) $x \cdot (-4x + 2{,}8) =$ ______

e) $2x + 4y - 6z = 2 \cdot ($ ______ $)$ f) $2x + 4y - 6z = (-2) \cdot ($ ______ $)$

g) $3a - 4b - 7c = (-1) \cdot ($ ______ $)$ h) $0{,}5a - 4b + 3{,}5c = 0{,}5 \cdot ($ ______ $)$

2 a) Ergänze die fehlenden Werte in den Multiplikationstabellen. Notiere darunter den ausmultiplizierten Term und vereinfache.

A

·	12	−a
4a		
−1		

(4a − 1) · (12 − a) = ______

______

B

·		−4
3x	$15x^2$	
		−8

______

______

b) Multipliziere aus und vereinfache soweit wie möglich.

A $(2x - 3) \cdot (5x + 4) =$ ______

B $(2y - 4) \cdot (1 - 2{,}5y) =$ ______

C $(x - 1) \cdot (3x + 2) =$ ______

D $(5x - 0{,}8) \cdot (4{,}5x - 3x) =$ ______

3 Verwende binomische Formeln und löse die Klammern auf.

a) $(2 + t)^2 =$ ______ b) $(x - 11)^2 =$ ______

c) $(2x - 3) \cdot (2x + 3) =$ ______ d) $(12t - 0{,}9s)^2 =$ ______

e) $(0{,}2 + 1{,}8p)^2 =$ ______ f) $(-\frac{1}{3}v + \frac{1}{2}w)^2 =$ ______

4 Verbinde wertgleiche Terme.

a) $a^2 + 16ab + 64b^2$ •

• $(a + 4b)^2$
• $(a + 8b)^2$
• $16 \cdot (a^2 + 4b^2)$

b) $36 - b^2$ •

• $(b + 6) \cdot (b - 6)$
• $(6 + b) \cdot (6 - b)$
• $(6^2 - b^2) \cdot (6^2 + b^2)$

c) $\frac{1}{4}x^2 - y^2$ •

• $(\frac{1}{4}x - y) \cdot (\frac{1}{4}x + y)$
• $\frac{1}{4}(x - y) \cdot (x - y)$
• $(\frac{1}{2}x - y) \cdot (\frac{1}{2}x + y)$

d) $\frac{1}{16}s^2 - \frac{1}{2}st + t^2$ •

• $(\frac{1}{4}s - t)^2$
• $(\frac{1}{8}s - t)^2$
• $(\frac{1}{16}s - t)^2$

5 Fülle die Lücken aus.

a) $4x^2 +$ ______ $+ 9 = (2x +$ ______ $)^2$ b) $(1{,}5x -$ ______ $) \cdot (1{,}5x +$ ______ $) =$ ______ $- 0{,}25$

c) $(\frac{3}{4} +$ ______ $)^2 = \frac{9}{16} +$ ______ $+ x^2$ d) $4 + 4t +$ ______ $= ($ ______ $+ t)^2$

1 Kreuze die Punkte an, die auf der Normalparabel mit der Funktionsgleichung $f(x) = x^2$ liegen.

◯ A (3|9) ◯ B (2|6) ◯ C (−3|9) ◯ D (−2|−4) ◯ E (9|3) ◯ F (0|0)

2 Die Punkte A bis J sollen auf der Normalparabel liegen. Streiche nicht mögliche Punkte durch oder gib die fehlenden Koordinaten an.

A (−4|______) B (2,4|______) C (−1,2|______) D (______|16) E (______|−16)

F (______|2) G (______|$\frac{1}{4}$) H (______|$-\sqrt{3}$) I ($\sqrt{3}$|______) J (______|x^2)

3 a) Zeichne die Normalparabel mindestens im Intervall $-2{,}5 \leq x \leq 2{,}5$.

b) Kreuze die richtigen Aussagen an. Der Punkt ...

◯ A (−2|−4) liegt unterhalb der Normalparabel.

◯ B (3|3) liegt auf der Normalparabel.

◯ C (2|4) liegt auf der Normalparabel.

◯ D (2,5|6,25) liegt oberhalb der Normalparabel.

◯ E (−2|6) liegt oberhalb der Normalparabel.

◯ F (−1|1,5) liegt unterhalb der Normalparabel.

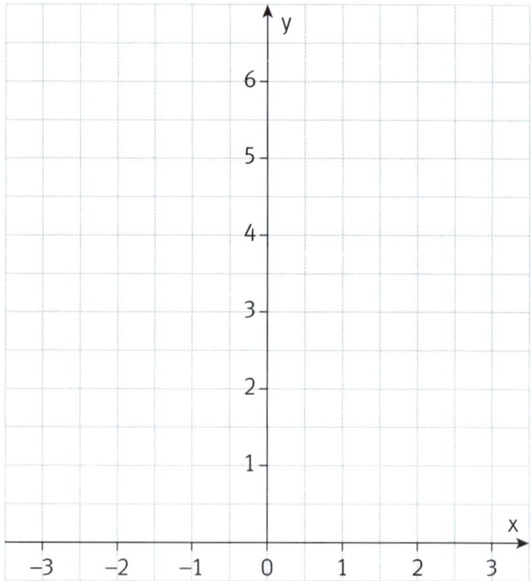

4 Kreuze die richtigen Aussagen zur Normalparabel an.

◯ Der Scheitelpunkt liegt bei (0|0).

◯ Zu jedem x-Wert gibt es zwei Funktionswerte.

◯ Zu jedem Funktionswert gibt es zwei x-Werte.

◯ Die Normalparabel hat nur eine Nullstelle.

◯ Die Normalparabel hat keine negativen Funktionswerte.

◯ Der größte Funktionswert ist beim Scheitelpunkt.

◯ Die Normalparabel ist eine nach unten geöffnete Parabel.

◯ Die Normalparabel verläuft symmetrisch zur y-Achse.

◯ Die Normalparabel verläuft symmetrisch zur x-Achse.

5 Gib einen Funktionswert so an, dass der Punkt P oberhalb der Normalparabel liegt.

a) P(−2|______) b) P(2,5|______) c) P(0|______) d) P(−10|______) e) P($\sqrt{3}$|______)

6 Der Graph von $f(x) = -x^2$ ist die an der x-Achse gespiegelte Normalparabel. Setze die Textbausteine *unterhalb des Graphen*, *oberhalb des Graphen* oder *auf dem Graphen* ein.
Der Punkt

a) A (3|−6) liegt ____________________.

b) B (−2|−6) liegt ____________________.

c) C (−5|−20) liegt ____________________.

d) D (1,5|−2,25) liegt ____________________.

1 Kreuze an, ob der Graph der Funktion $f(x) = ax^2$ nach oben oder nach unten geöffnet ist. Handelt es sich um eine gestreckte oder gestauchte Parabel?

Funktionsgleichung	a) $f(x) = 0{,}2x^2$	b) $f(x) = -1{,}2x^2$	c) $f(x) = -\frac{2}{3}x^2$	d) $f(x) = \frac{7}{5}x^2$	e) $f(x) = -x^2$	f) $f(x) = 2\frac{1}{7}x^2$
nach oben geöffnet	○	○	○	○	○	○
nach unten geöffnet	○	○	○	○	○	○
gestreckt	○	○	○	○	○	○
gestaucht	○	○	○	○	○	○

2 a) Ordne die Graphen den Funktionsgleichungen zu.

______ : $f_1(x) = -0{,}2x^2$ ______ : $f_2(x) = -2x^2$

______ : $f_3(x) = 1{,}2x^2$ ______ : $f_4(x) = \frac{1}{3}x^2$

______ : $f_5(x) = -x^2$ ______ : $f_6(x) = 2{,}5x^2$

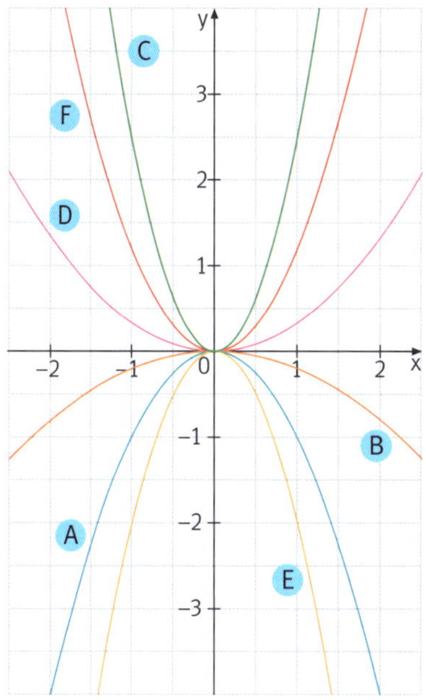

b) Überprüfe rechnerisch, ob die Punkte A und B auf auf dem Graphen von $f_1(x) = -0{,}2x^2$ liegen.

A (4|–3,2)

A in $f_1(x)$: $y = -0{,}2x^2$

$-3{,}2 = -0{,}2 \cdot$ ______

______ = ______

A liegt auf dem Graphen von $f_1(x)$:
○ wahr ○ falsch

B (0|–0,2)

______

______

______

B liegt auf dem Graphen von $f_1(x)$:
○ wahr ○ falsch

3 Vervollständige die Wertetabelle und zeichne die Graphen in das Koordinatensystem.

x	–3	–2	–1	0	1	2	3
$f_1(x) = -0{,}1x^2$							
$f_2(x) = \frac{2}{5}x^2$							

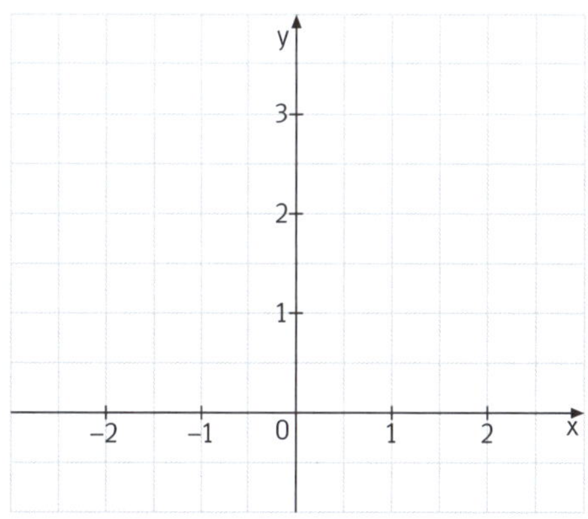

4 Die Punkte Q liegen auf Parabeln mit Funktionsgleichungen der Form $f(x) = ax^2$. Berechne im Kopf oder auf einem Extrablatt den Wert des Faktors a und gib die Funktionsgleichung an.

a) Q (3|–9): f(x) = ______ x^2

b) Q (–2|6): f(x) = ______

c) Q (–3|–63): f(x) = ______

d) Q (6|12): f(x) = ______

e) Q (0,2|0,8): f(x) = ______

f) Q (7|–196): f(x) = ______

1 Die Graphen der gegebenen Funktionen sind jeweils verschobene Normalparabeln.
Ordne die Koordinaten der Scheitelpunkte den Funktionsgleichungen zu.

$f_1(x) = x^2 + 4$	$f_2(x) = x^2 - 4$	$f_3(x) = (x - 4)^2$	$f_4(x) = (x + 4)^2$
S (4|0)	S (0|4)	S (−4|0)	S (0|−4)

2 Gegeben sind verschobene Normalparabeln. Kreuze jeweils die zugehörige Funktionsgleichung an.

a)

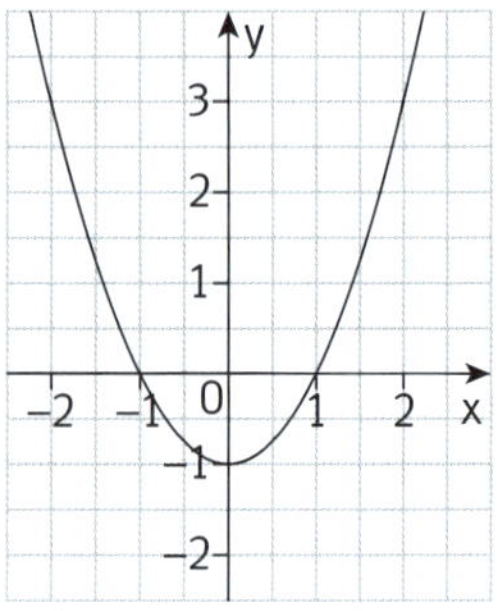

- ◯ $f(x) = x^2 + 1$
- ◯ $f(x) = x^2 - 1$
- ◯ $f(x) = (x + 1)^2$
- ◯ $f(x) = (x - 1)^2$

b)

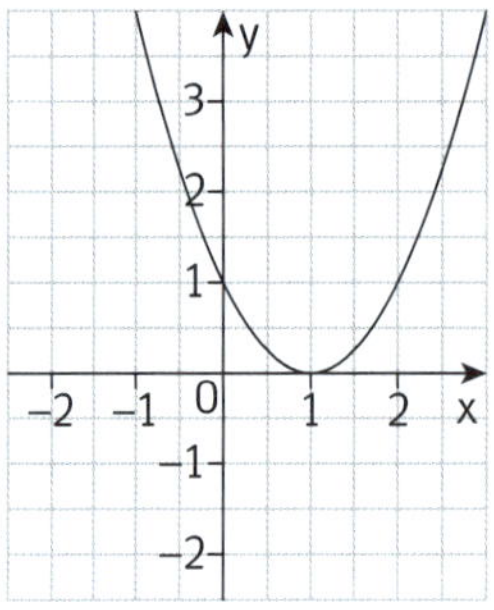

- ◯ $f(x) = x^2 + 1$
- ◯ $f(x) = x^2 - 1$
- ◯ $f(x) = (x + 1)^2$
- ◯ $f(x) = (x - 1)^2$

c)

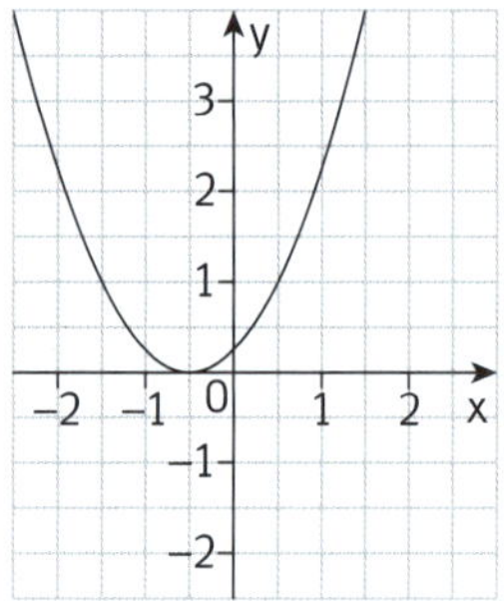

- ◯ $f(x) = x^2 + 0{,}5$
- ◯ $f(x) = x^2 - 0{,}5$
- ◯ $f(x) = (x + 0{,}5)^2$
- ◯ $f(x) = (x - 0{,}5)^2$

d)

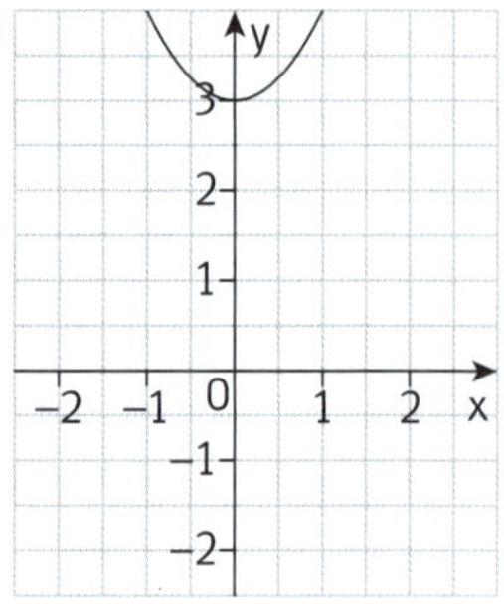

- ◯ $f(x) = x^2 + 3$
- ◯ $f(x) = x^2 - 3$
- ◯ $f(x) = (x + 3)^2$
- ◯ $f(x) = (x - 3)^2$

3 Gib jeweils die Funktionsgleichung der verschobenen Normalparabel an.

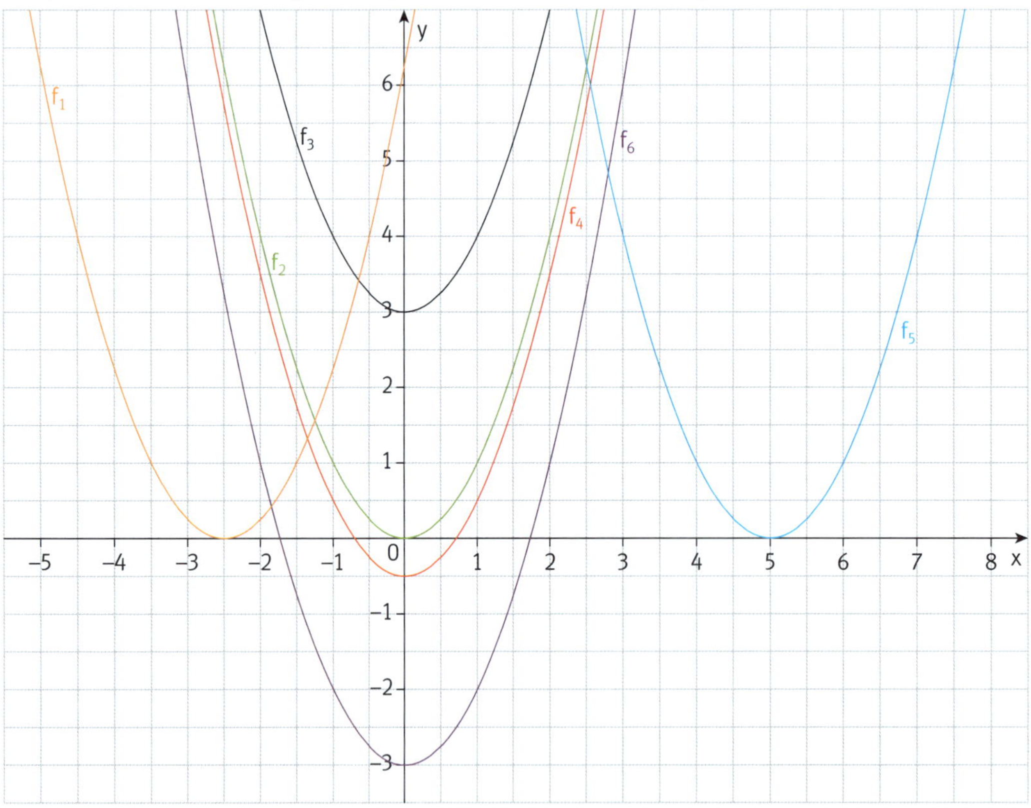

$f_1(x) =$ ______________________ $f_2(x) =$ ______________________

$f_3(x) =$ ______________________ $f_4(x) =$ ______________________

$f_5(x) =$ ______________________ $f_6(x) =$ ______________________

1 Gib zu jeder Funktionsgleichung die Koordinaten des Scheitelpunktes S an und ordne die Graphen zu.

$f_1(x) = (x-2)^2 + 1$	$f_2(x) = (x+1)^2 - 2$	$f_3(x) = (x+1)^2 + 2$	$f_4(x) = (x-1)^2 - 2$	$f_5(x) = (x+2)^2 - 1$
S_1 (____ | ____)	S_2 (____ | ____)	S_3 (____ | ____)	S_4 (____ | ____)	S_5 (____ | ____)

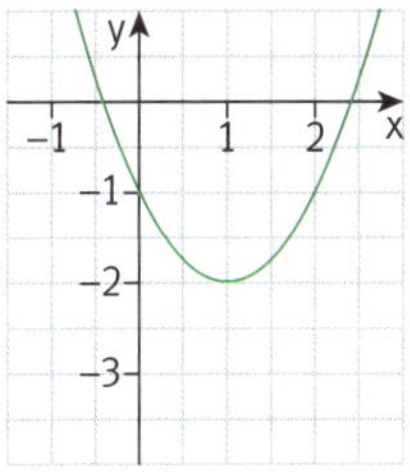
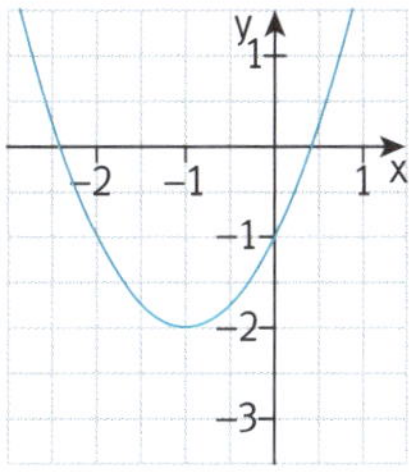
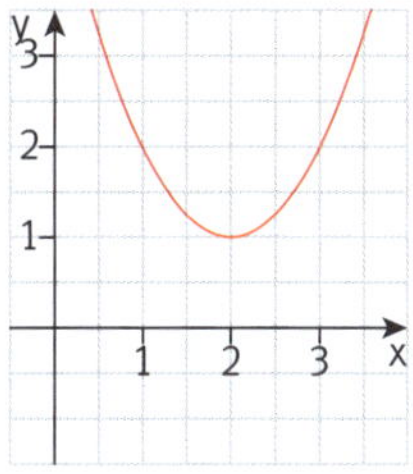
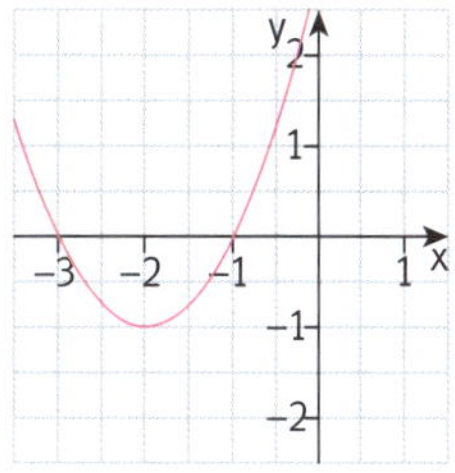
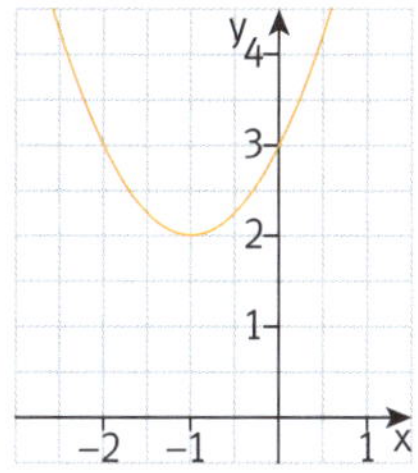

2 Eine Normalparabel wurde verändert. Überprüfe die Funktionsgleichungen und korrigiere gegebenenfalls.

	Beschreibung	Funktionsgleichung	ggf. Korrektur
a)	Die Parabel ist nach unten geöffnet, um den Faktor 2 gestreckt und um eine Einheit nach oben verschoben.	$f(x) = -2x^2 + 1$	
b)	Die Normalparabel ist nach unten geöffnet, um 1,5 Einheiten nach rechts und um 2,5 Einheiten nach unten verschoben.	$f(x) = (x + 1{,}5)^2 - 2{,}5$	
c)	Die Parabel ist nach oben geöffnet, um den Faktor $\frac{1}{4}$ gestaucht und um 3 Einheiten nach links verschoben.	$f(x) = \frac{1}{4}x^2 - 3$	

3 Eine nach unten geöffnete Normalparabel hat den Scheitelpunkt S (3 | 6). Überprüfe rechnerisch, ob der Punkt P (5 | 2) auf dem Graphen liegt.

4 Zeichne mit der Zeichenschablone die Graphen der Funktionen f_1 und f_2. Fülle dann die Tabelle aus.

Eigenschaft	a)	b)
Funktionsgleichung	$f_1(x) = (x+2)^2$	$f_2(x) = -(x+1)^2 + 4$
Scheitelpunkt		
steigend/fallend für		
Nullstellen		
Schnittpunkt mit der y-Achse		
Symmetrieachse		

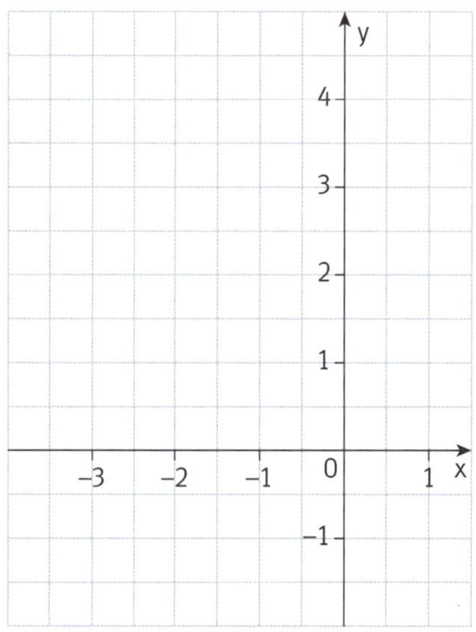

1 a) Lies bei den nebenstehenden Parabeln die Nullstellen ab.

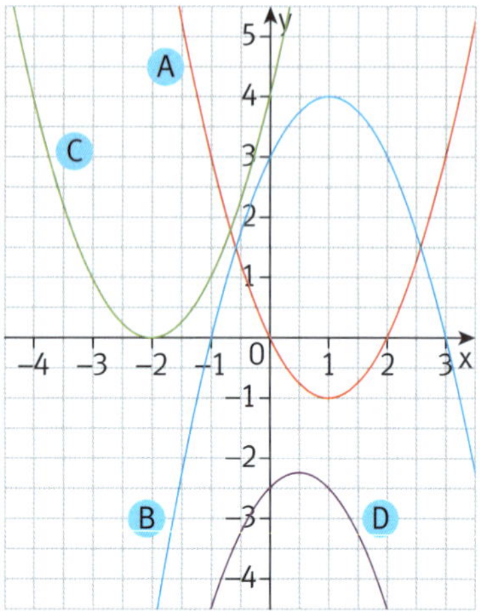

A x_1 = ____ x_2 = ____ B x_1 = ____ x_2 = ____

C ____________ D ____________

b) Die Nullstellen aus a) sind, falls vorhanden, Lösungen der zugehörigen quadratischen Gleichung. Ordne die quadratischen Gleichungen den Graphen zu, indem du den richtigen Großbuchstaben einträgst.

____ $(x-1)^2-1=0$ ____ $(x+2)^2=0$

____ $-(x-0{,}5)^2-2{,}25=0$ ____ $-(x-1)^2+4=0$

2 a) Zeichne mit der Zeichenschablone den Graphen der Funktion $f(x)=(x-3)^2-4$ und gib die Nullstellen an.

b) Überprüfe dein Ergebnis rechnerisch.

$(x-3)^2-4=0$ | ____

$(x-3)^2=$ ____ | ____

$x_1-3=$ ____ x_2- ____

$x_1=$ ____ $x_2=$ ____

$\mathbb{L}=$ ____

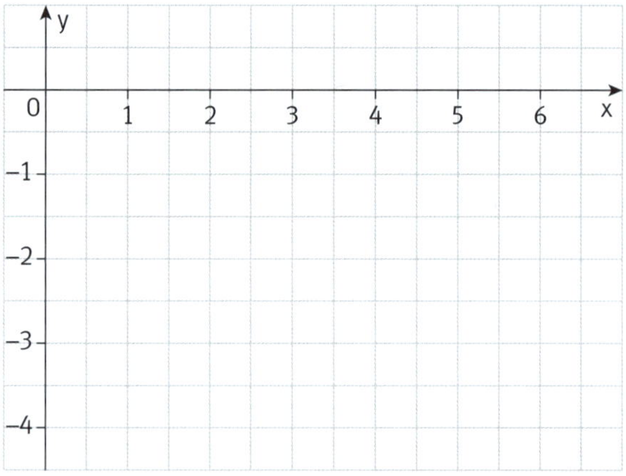

3 a) Zeichne mithilfe der Wertetabelle die vollständigen Graphen der Funktionen in ein gemeinsames Koordinatensystem. Lies die Nullstellen ab.

1 $f_1(x)=2x^2-4{,}5$ 2 $f_2(x)=-0{,}5x^2+2$

x	0	0,5	1	1,5	2	2,5	3
$f_1(x)$							
$f_2(x)$							

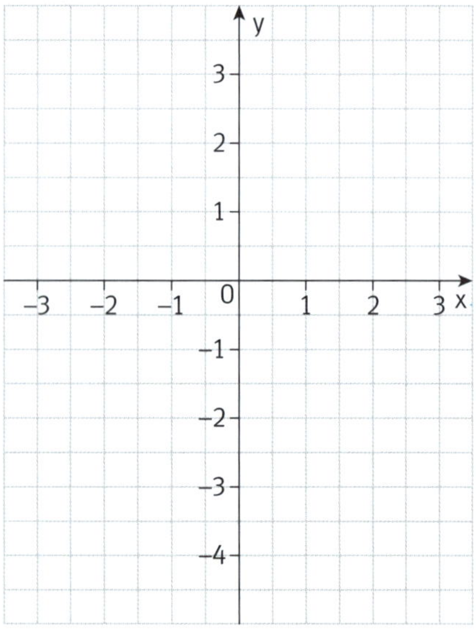

b) Bestimme die Nullstellen auch rechnerisch.

4 Löse die Gleichungen rechnerisch und gib die Lösungsmenge an.

a) $6x^2-8=46$ b) $5x^2+4=2\cdot(2x^2+2)$ c) $2x^2+1=0{,}5x^2+0{,}5$

1 Quadratische Gleichungen in der Normalform $x^2 + px + q = 0$ können rechnerisch mithilfe der p-q-Formel gelöst werden. Ordne die Lösungsformel den entsprechenden Gleichungen zu und löse anschließend.

a) $x^2 + 2x - 1 = 0$ •
b) $x^2 - 2x + 1 = 0$ •
c) $x^2 - 1x - 2 = 0$ •
d) $x^2 + 1x - 2 = 0$ •

• $x_{1/2} = \frac{1}{2} \pm \sqrt{(\frac{-1}{2})^2 + 2}$
• $x_{1/2} = -\frac{2}{2} \pm \sqrt{(\frac{2}{2})^2 + 1}$
• $x_{1/2} = \frac{2}{2} \pm \sqrt{(\frac{-2}{2})^2 - 1}$
• $x_{1/2} = -\frac{1}{2} \pm \sqrt{(\frac{1}{2})^2 + 2}$

2 Ordne der Beschreibung die Rechenschritte zu.

Lösungsformel vereinfachen •
p und q identifizieren •
ordnen und zusammenfassen •
zwei Lösungen beachten •
Gleichung in Normalform bringen •
Lösungsformel anwenden •
Lösungsmenge angeben •

$3x^2 + 4x - 8 = x^2 - 2x \quad | -x^2 + 2x$
• $2x^2 + 6x - 8 = 0 \quad | : 2$
• $x^2 + 3x - 4 = 0$
• $p = 3;\ q = -4$
• $x_{1/2} = -\frac{3}{2} \pm \sqrt{(\frac{3}{2})^2 - (-4)}$
• $x_{1/2} = -\frac{3}{2} \pm \sqrt{\frac{25}{4}}$
• $x_1 = -\frac{3}{2} - \frac{5}{2} = -\frac{8}{2} = -4$
• $x_2 = -\frac{3}{2} + \frac{5}{2} = \frac{2}{2} = 1$
• $\mathbb{L} = \{-4;\ 1\}$

3 Ordne die Lösungsmengen zu. Nutze für Nebenrechnungen ein Extrablatt. Die Ergebnisse ergeben ein Lösungswort.

a) $x^2 + 3x - 10 = 0$ $\mathbb{L} =$ ______
b) $x^2 - 3x - 10 = 0$ $\mathbb{L} =$ ______
c) $-x^2 + x + 12 = 0$ $\mathbb{L} =$ ______
d) $x^2 - 6x + 9 = 0$ $\mathbb{L} =$ ______
e) $4x^2 - 5x + 2 = 0$ $\mathbb{L} =$ ______
f) $7x^2 - x - 3 = 2x^2 + x$ $\mathbb{L} =$ ______
g) $2 \cdot (x + 1) \cdot (x + 3) = 0$ $\mathbb{L} =$ ______
h) $\frac{1}{5} \cdot (x - 5{,}5)^2 - 1{,}45 = 1$ $\mathbb{L} =$ ______
i) $-3x^2 + 4x^2 + \frac{1}{2}x = 2{,}5x$ $\mathbb{L} =$ ______

I	$\mathbb{L} = \{3\}$
T	$\mathbb{L} = \{0;\ 2\}$
F	$\mathbb{L} = \{2;\ 9\}$
S	$\mathbb{L} = \{\ \}$
L	$\mathbb{L} = \{-2;\ 5\}$
E	$\mathbb{L} = \{-3;\ 4\}$
T	$\mathbb{L} = \{-0{,}6;\ 1\}$
B	$\mathbb{L} = \{-5;\ 2\}$
I	$\mathbb{L} = \{-3;\ -1\}$

Lösungswort: ___ ___ ___ ___ ___ ___ ___ ___ ___

1 Zahlen gesucht! Vervollständige im ersten Beispiel den Lösungsweg und ordne jedem Schritt die passende Überschrift zu. Bearbeite das zweite Beispiel dann genauso.

Gleichung aufstellen | Probe durchführen | Variable festlegen | Terme bilden | Gleichung in Normalform bringen und lösen | Antwortsatz formulieren

Die Summe einer natürlichen Zahl und ihrer Quadratzahl ergibt 132.	Eine Zahl ist um 7 kleiner als die andere Zahl. Das Produkt der beiden Zahlen ist 450.
Variable festlegen / Terme bilden	
natürliche Zahl: x Quadratzahl: ______	
Gleichung: x + ______ = ______	
______ = 0 $x_{1/2} = -\frac{1}{2} \pm \sqrt{(\_\_\_)^2 + \_\_\_}$ $x_{1/2} = -\frac{1}{2} \pm$ ______ $x_1 =$ ______ $x_2 =$ ______	
Einsetzen von x_1: ______ Einsetzen von x_2: ______	
Die gesuchte Zahl lautet ______.	

2 Aus der Geometrie: Erstelle Skizzen und berechne jeweils die Länge der Grundseite und der Höhe.

a) Die Höhe eines Parallelogramms ist um 5 cm kürzer als die Grundseite. Der Flächeninhalt beträgt 84 cm^2.

Skizze:

b) Die Grundseite eines Dreiecks ist um 2 cm kürzer als die Höhe. Der Flächeninhalt beträgt 71,5 cm^2.

Skizze:

3 In einem Rechteck unterscheiden sich die beiden Seitenlängen um 3 cm. Die Diagonale ist 15 cm lang. Berechne die Länge der Seiten. Nutze ggf. ein Extrablatt.

1 Die Schnittpunkte einer Parabel mit einer Geraden kann man durch Lösen einer quadratischen Gleichung bestimmen. Ordne den Funktionsgleichungen die grafische Darstellung und die zugehörige Lösungsmenge zu.

$f_1(x) = -3(x-1)^2 + 0{,}5$ $g_1(x) = -x + 2$	$f_2(x) = 2(x-1)^2 - 2$ $g_2(x) = -4x$	$f_3(x) = (x-1)^2 - 1$ $g_3(x) = -x + 2$	$f_4(x) = -0{,}5(x-2)^2 + 3$ $g_4(x) = 0{,}5x + 1$

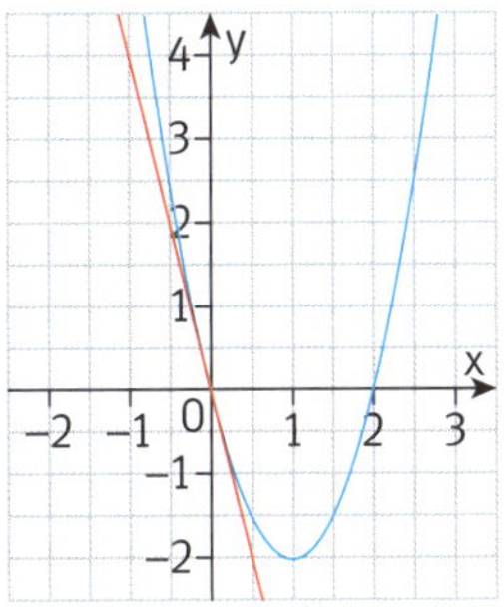

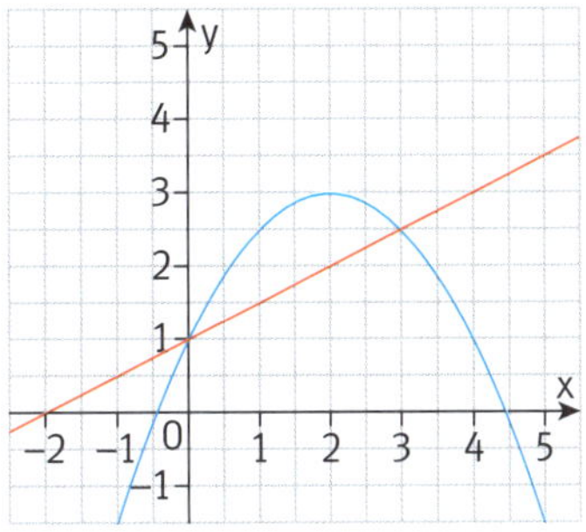

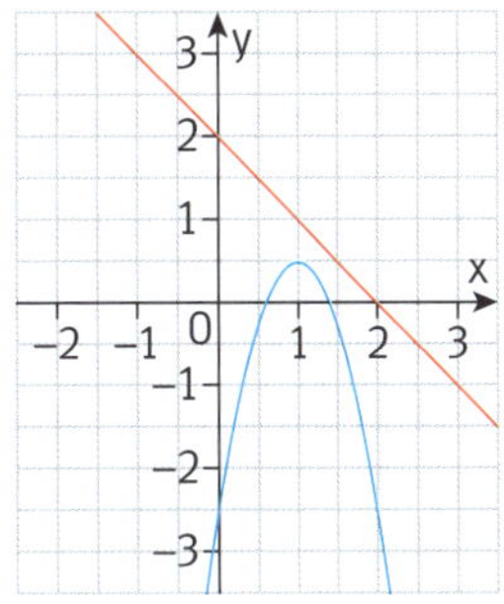

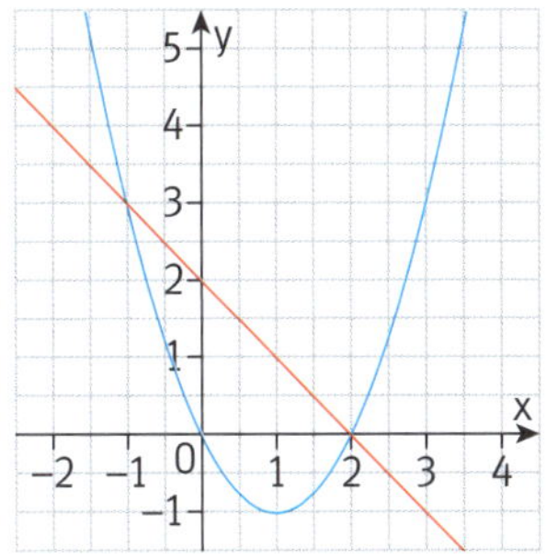

$\mathbb{L} = \{\ \}$	$\mathbb{L} = \{0; 3\}$	$\mathbb{L} = \{0\}$	$\mathbb{L} = \{-1; 2\}$

2 a) Die Koordinaten der Schnittpunkte einer Parabel mit einer Geraden sollen berechnet werden. In welcher Reihenfolge müssen die Schritte ausgeführt werden? Nummeriere mit den Ziffern 1 bis 6.

- ◯ Funktionsgleichung der Parabel ggf. in Normalform umformen
- ◯ p-q-Formel anwenden
- ◯ Lösungsmenge angeben
- ◯ Quadratische Gleichung in Normalform bringen
- ◯ Funktionsterme gleichsetzen
- ◯ y-Koordinaten der Schnittpunkte berechnen

b) Berechne mithilfe der Schritte ① bis ⑥ jeweils die Koordinaten der Schnittpunkte der Parabel mit der Geraden.

$f_1(x) = (x-4)^2 + 3$
$g_1(x) = -2x + 10$

$f_2(x) = -x^2 - 2x + 4{,}5$
$g_2(x) = -x - 1{,}5$

$f_3(x) = 2(x-1)^2 + 5$
$g_3(x) = -3x + 5$

1 Eine Flugbahn beim Kugelstoßen wird durch die Funktionsgleichung $h(x) = -0{,}04x^2 + 0{,}8x + 1{,}95$ beschrieben.
Dabei gilt:
x: horizontaler Abstand der Kugel in m vom Abwurfpunkt
h: Höhe der Kugel in m über dem Boden

a) Welche Bedeutung hat h (0)?

____

b) Ermittle die Wurfweite der Kugel.

c) Bestimme die aktuelle Höhe der Kugel bei x = 2,5 m.

2 Die Flugbahn des Basketballs kann durch eine Parabel beschrieben werden. Der Basketballer wirft den Ball in einer Höhe von 1,70 m ab, die Korböffnung befindet sich in einer Höhe von 3,05 m. Der höchste Punkt der Flugbahn des Balls liegt bei 3,50 m.

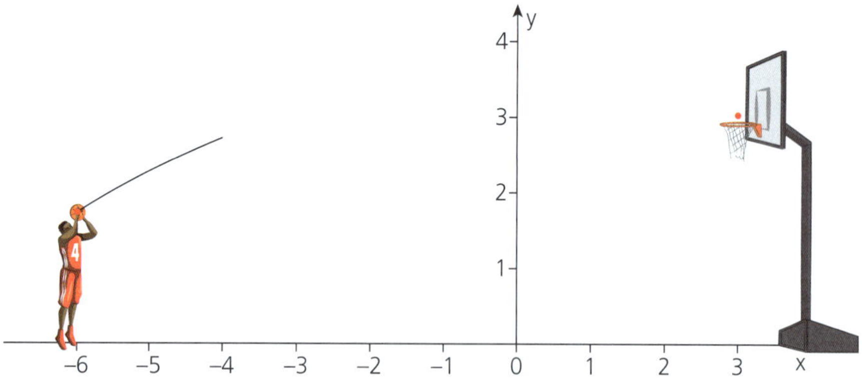

a) Stelle eine Funktionsgleichung der Form $f(x) = ax^2 + c$ auf.

b) Überprüfe rechnerisch, ob der Basketball den Korb trifft.

3 Eine Zahnradbahn soll aus einem Tunnel kommend eine annähernd parabelförmige Schlucht überqueren und auf der anderen Seite die Fahrt in einem weiteren Tunnel fortsetzen. Die Steigung der Bahn ist konstant.

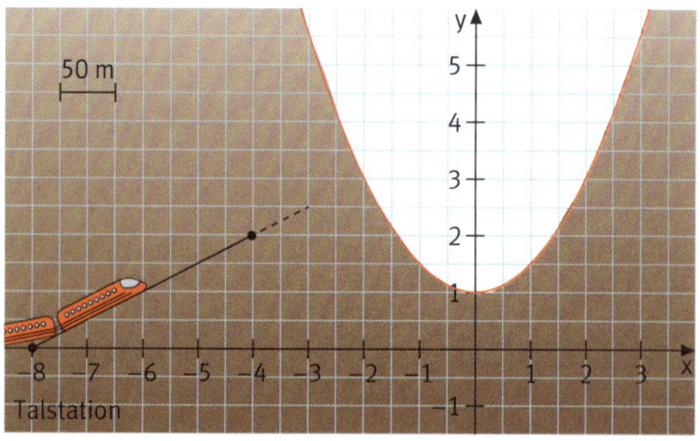

a) Stelle die Funktionsgleichungen auf, die den Verlauf der Zahnradbahn und die Form der Schlucht beschreiben.

f(x) = ____________ g(x) = ____________

b) Ermittle rechnerisch: In welcher Höhe über der Talstation verlässt die Bahn den Tunnel (fährt sie wieder in den Tunnel ein)? Überprüfe grafisch.

1 a) Berechnen Sie

$20 - 7 \cdot 2 =$ ____________

b) Lisa schaut auf ihre Armbanduhr.
Sie überlegt, wie spät es vor 3 Stunden und 15 Minuten war.
Geben Sie diese Uhrzeit an.

____

c) Zeichnen Sie alle Symmetrieachsen ein.

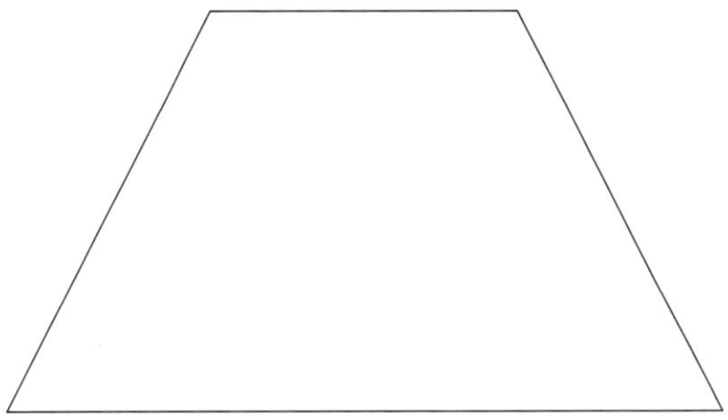

d) Ein Zug fährt von Berlin nach Cottbus.
Geben Sie an, wie oft er stoppt.

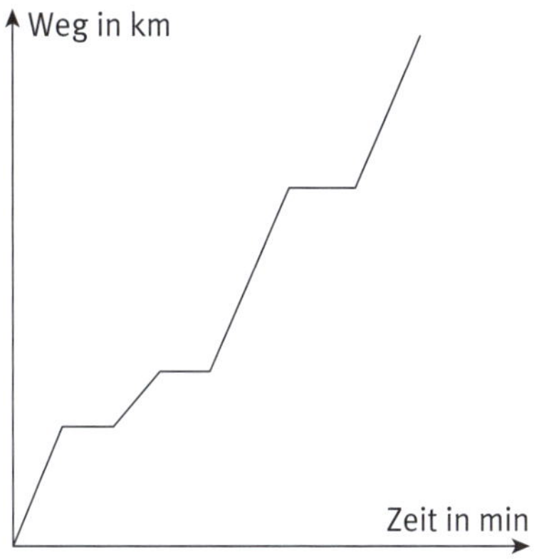

____

e) Jeder sechste Schüler bekommt kein Taschengeld. Kreuzen Sie an, wie viel Prozent das ungefähr sind.

◯ 6 % ◯ 16 % ◯ 24 % ◯ 60 %

f) Überprüfen Sie die Behauptung:
$x = 2$ ist eine Lösung der Gleichung $-2 - 2x = 3x - 12$.

g) Paul würfelt einmal mit einem fairen Würfel.

- Wie groß ist die Wahrscheinlichkeit, dass Paul die Augenzahl 5 würfelt?

  p(Augenzahl 5) = ____________
- Wie groß ist die Wahrscheinlichkeit, dass Paul eine gerade Zahl würfelt?

  p(gerade Zahl) = ____________

h) Wie viele verschiedene zweistellige Zahlen können mit diesen Ziffernkarten gelegt werden? Geben Sie die Anzahl der Möglichkeiten an.

____

____

____

Diese Aufgaben sind auf einem Extrablatt zu bearbeiten.

2. Auf dem Wochenmarkt – 8 Punkte

1 kg Äpfel
3,20 €

1 kg Fisch
11,00 €

1 kg Möhren
1,95 €

1 kg Kohl
0,80 €

2 a) Ergänzen Sie jeweils den Preis.

Herr Schmidt kauft 3 kg Äpfel. Er bezahlt ______________ €.

Frau Boke kauft 750 g Fisch. Sie bezahlt ______________ €.

b) Tobias und Ebru kaufen für die Schulküche 10 kg Kohl und 4,5 kg Möhren. Wie kann der Preis für diesen Einkauf berechnet werden? Geben Sie einen Term (Rechenausdruck) an.

____

c) Anne kauft 250 g Fisch und $\frac{1}{2}$ kg Äpfel. Sie hat 5 €. Reicht das restliche Geld noch für 300 g Möhren? Entscheiden Sie. Schreiben Sie eine Berechnung auf.

d) Eine halbe Stunde bevor der Wochenmarkt schließt, werden die Preise um 80 % gesenkt. Sind die folgenden Aussagen richtig oder falsch? Kreuzen Sie an.

Aussage	richtig	falsch
1 kg Fisch wird jetzt für 8,80 € verkauft.	○	○
1 kg Äpfel kostet jetzt nur noch 0,64 €.	○	○
Wer jetzt 2 kg Kohl und 1 kg Möhren kauft, spart 2,84 €.	○	○

3. Statistik – 8 Punkte

3 Die Mitarbeiter der Schul-Cafeteria erstellen eine Statistik über den Getränkeverkauf im Monat April. Insgesamt werden 800 Liter Getränke verkauft.

Anteile der Getränke

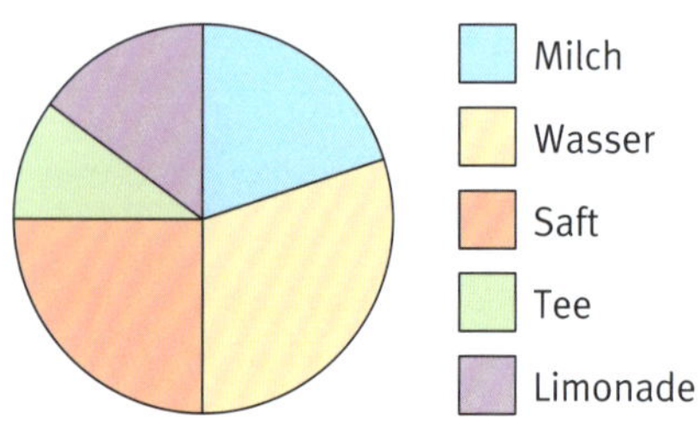

a) Geben Sie an, wie viel Liter Saft ca. verkauft werden.

b) Mara behauptet: „Der Anteil von Tee und Limonade ist zusammen genauso groß wie der Anteil von Saft."
Warum hat Mara Recht? Begründen Sie mit Hilfe des Diagramms.

c) Ergänzen Sie die fehlenden Werte in der Tabelle.

Getränk	Menge in Liter	Anteil in %
Milch	170	
Wasser	230	
Tee		11,5 %

d) Im Mai wurde genau doppelt so viel Milch verkauft wie im April. Von den anderen Getränken wurde im Mai genauso viel verkauft wie im April.
Berechnen Sie den Anteil der Milch am Getränkeverkauf im Mai (in Prozent).

4. Flächenberechnung – 7 Punkte

4 Herr Krüger besitzt einen Garten. Die Zeichnung zeigt die Aufteilung des Gartens in Blumenbeet und Rasenfläche.

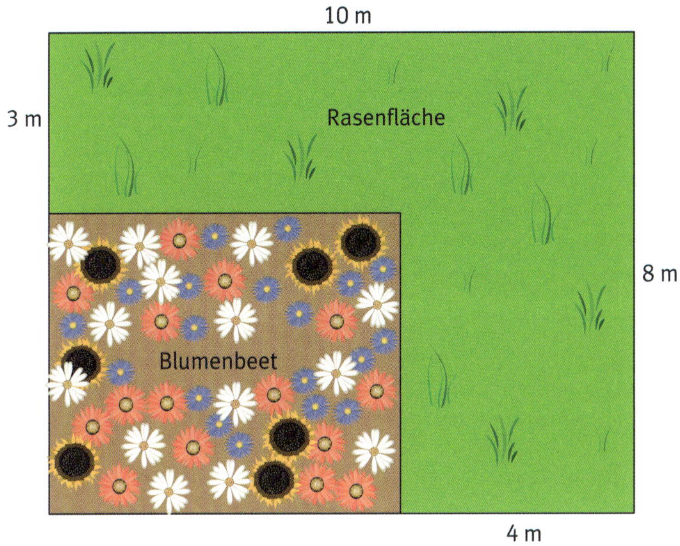

a) Der Flächeninhalt der Rasenfläche soll berechnet werden. Entscheiden Sie, welche der folgenden Terme (Rechenausdrücke) dafür geeignet sind.

Term	geeignet	nicht geeignet
10 m · 8 m – 6 m · 5 m	○	○
10 m · 3 m + 4 m · 8 m	○	○
6 m · 3 m + 4 m · 8 m	○	○

b) Der Umfang der sechseckigen Rasenfläche ist genauso groß wie der Umfang der gesamten Grünfläche. Zeigen Sie rechnerisch, dass diese Behauptung richtig ist.

c) Herr Krüger möchte das Blumenbeet vergrößern. Dadurch soll dann genau die Hälfte des Gartens mit Blumen bepflanzt sein. Berechnen Sie, wie viele m^2 der Rasenfläche dazu mit Blumen bepflanzt werden müssen.

5. Zufallsversuch – 4 Punkte

5 Aus dem Gefäß wird, ohne hinzusehen, eine Kugel gezogen. Die Kugel wird anschließend zurückgelegt. Ergänzen Sie die Tabelle.

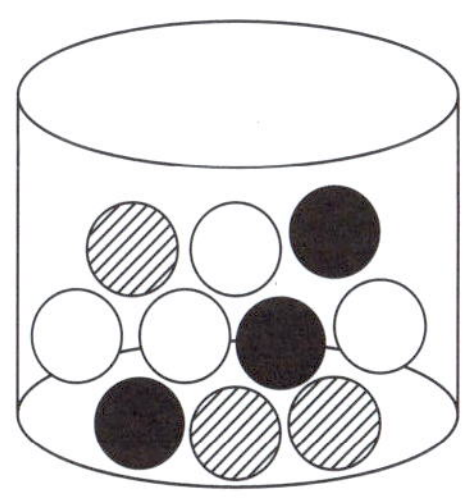

Ergebnis	Wahrscheinlichkeit
Die gezogene Kugel ist gemustert.	
Die gezogene Kugel ist ______.	$\frac{2}{5}$
Die gezogene Kugel ist schwarz oder weiß.	
Die gezogene Kugel ist nicht schwarz.	

6. Basketball – 5 Punkte

6 Die Tabelle enthält Daten von sieben ausgewählten Basketball-Spielern von ALBA Berlin in der Saison 2017/18.

Nr.	Name	Größe
1	Joshiko Saibou	1,88 m
3	Peyton Siva	1,82 m
5	Nils Giffey	2,00 m
10	Tim Schneider	2,08 m

Nr.	Name	Größe
11	Akeem Vargas	1,92 m
13	Marius Grigonis	1,98 m
15	Bogdan Radosavljevic	2,13 m
43	Luke Sikma	???

a) Von sieben Spielern ist die Körpergröße bekannt. Ergänzen Sie für diese sieben Spieler die folgende Tabelle.

Minimum	
Maximum	
Spannweite	

b) Berechnen Sie die Körpergröße des achten Spielers Luke Sikma, wenn das arithmetische Mittel (der Durchschnitt) aller acht Körpergrößen genau 1,98 m beträgt.

7. Prisma – 9 Punkte

7 Das nebenstehende Bild zeigt das Dachgeschoss eines Hauses. Die Vorderseite und die Rückseite sind dreieckig.

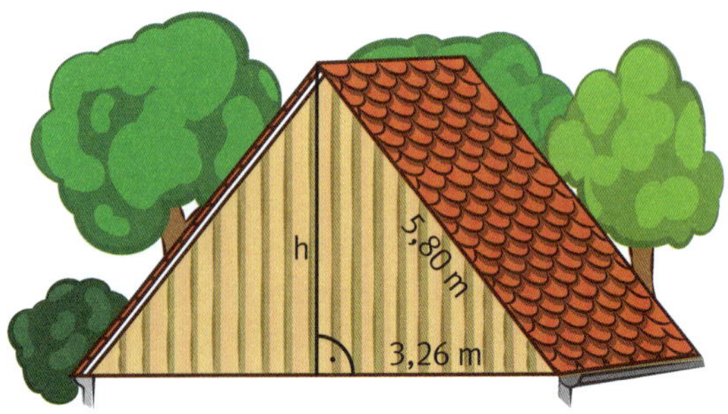

a) Berechnen Sie die Höhe h des Dachgeschosses.

Ein Dachgeschoss hat die Form eines dreiseitigen Prismas. Die nachfolgende Zeichnung zeigt das Schrägbild eines dreiseitigen Prismas. Die Vorderseite und die Rückseite sind gleichschenklige Dreiecke.

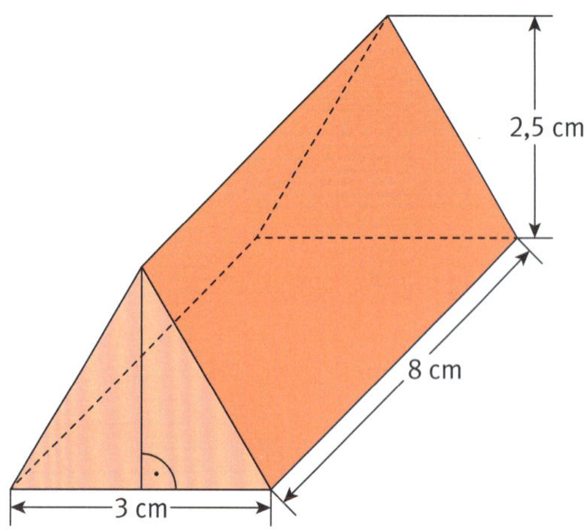

b) Zeichnen Sie ein Netz des dreiseitigen Prismas.

c) Berechnen Sie den Flächeninhalt der dreieckigen Vorderseite des Prismas.

d) Berechnen Sie den Umfang der dreieckigen Vorderseite des Prismas.

Doppel-Klick 9 Differenzierende Ausgabe

Das Arbeitsheft Basis

Lösungen

Seite 7

2 **Frage 1:** Wie ist der Regenwald aufgebaut?
Text: Der tropische Regenwald – ein Kreislauf des Lebens
Grafik: Nährstoffkreislauf im tropischen Regenwald

Frage 2: Wodurch ist der Regenwald gefährdet?
Text: Regenwälder in Gefahr
Grafik: Gründe und Ausmaß der Rodung tropischer Regenwälder

3 Die Banane

4 **A** Was sind die Gründe für die Rodung tropischer Regenwälder?
B Was sind die Folgen der Rodung tropischer Regenwälder?

5 **A** am Rand, rechts und links von der Abbildung des tropischen Regenwaldes
B in dem Kreis in der Mitte der Abbildung des tropischen Regenwaldes

6 Die Bildelemente des Materials 4 zeigen einen tropischen Regenwald, bevor und nachdem er gerodet wurde.

7 **Vorgang 1:** Zeigt, wie Regenwasser entweder von der Oberfläche abfließt oder in den Boden gelangt.
Vorgang 2: Zeigt, wie die Nährstoffe von den Bäumen in den Boden und über die Wurzeln wieder in die Bäume gelangen.
an beiden Vorgängen beteiligt: die Sonneneinstrahlung, herunterfallende Blätter und Äste, Insekten

Seite 8

2 **A** Welche Pflanzen überragen das Dachgeschoss des Regenwaldes? – Überständer
B Welche Pflanzen und Tiere leben im Dachgeschoss des Regenwaldes? – fliegende und kletternde Tiere
C Welche Pflanzen leben im Mittelgeschoss des Regenwaldes? – junge Bäume und Sträucher
D Welche Pflanzen und Tiere leben im Erdgeschoss des Regenwaldes? – Pilze, Farne, Moose, Wurzeln der Bäume, Treiberameisen

3 *In dieser Reihenfolge solltest du die Begriffe links oder rechts vom oberen Bild in Material 5 eingetragen haben:*
Überständer, Dachgeschoss, Mittelgeschoss, Erdgeschoss

4 bis **6**
Diese Fragen solltest du so mit Material 1 in Stichworten beantwortet haben:
Wie groß ist der Anteil der Tier- und Pflanzenarten, die im Obergeschoss leben? – etwa zwei Drittel
Gibt es im Regenwald bestimmte Jahreszeiten (Blütezeit, Obsternte)? – immer grün, Pflanzen gedeihen das ganze Jahr
Welche Wirkung hat die Verdunstung im Regenwald auf das Klima? – setzt Energiemengen frei, werden bis nach Nordeuropa transportiert
Wie hoch sind die höchsten Bäume im Regenwald? – bis zu 80 Meter
Leben viele Insekten im Regenwald? – rund 90 % der Tiere im Regenwald Insekten, Millionenheere von Treiberameisen und Termiten am Boden
Wie viele Baumarten gibt es im Regenwald? – etwa 10 000
Gibt es nährstoffreichen Humus im Regenwald? – kaum, Blätter und abgestorbene Äste schnell von Termiten und Würmern zersetzt

Seite 9

8 **A** Wie groß und wie alt ist das sich selbst regulierende *Ökosystem* Regenwald?
– Millionen von Jahren, 7 500 000 km²
B Was liefert uns der Regenwald in scheinbar *unerschöpflicher* Menge?
– Bodenschätze, edle Hölzer, Früchte
C Wie groß ist *die Vernichtung des Regenwaldes* pro Sekunde?
– so groß wie ein halbes Fußballfeld
D Wie groß ist *die Vernichtung des Regenwaldes* pro Jahr?
– so groß wie die Fläche Griechenlands

9 bis **11**
Diese Fragen solltest du so mit Material 2 in Stichworten beantwortet haben:
Welche Tiere weiden auf Rodungsweiden im Regenwald? – Hunderttausende Rinder, Rinderbestand in letzten Jahren verdoppelt
Was passiert mit dem Boden in den abgeholzten Regionen bei Regen? – ungeschützt, Regen fließt sofort ab, Erosion, meistens kein neues Waldwachstum
Wie groß ist der Anteil an Medikamenten, die aus tropischen Pflanzen bestehen? – 40 % der Medikamente unserer Apotheken aus tropischen Pflanzen
Was passiert mit den Ureinwohnern des Regenwaldes? – Umsiedlung, Vertreibung oder sogar Ausrottung, soziale Konflikte
Was sind die Folgen des Abbaus von Eisenerz? – Abtragen ganzer Berge, Bildung von Stauseen, Überflutung weiter Teile des Waldes
Was wird auf den Plantagen angebaut? – Soja als Viehfutter
Welche tropischen Hölzer werden besonders abgebaut? – Mahagoni, Teak, Ebenholz

Seite 10

1 **Teil 1** – Aufbau des Regenwaldes
Teil 2 – Gefährdung des Regenwaldes

2 **A** – Die Nutzung des Regenwaldes durch Wanderfeldbau
B – Ernte und Transport tropischer Bananen
C – Der Amazonas in Südamerika – das größte Flusssystem der heutigen Erde

3 **Teil 1**
Der Stockwerkbau des Regenwaldes, Das Dachgeschoss, Das Mittelgeschoss, Das Erdgeschoss, Tiere und Pflanzen, Licht und Regen

Teil 2
Gefährdung des Regenwaldes, Gründe und Folgen, Plünderung der Schatzkammer durch den Menschen, Rohstoffgewinnung und Plantagen im Regenwald, tropische Früchte für Pharma und Kosmetik

Seite 11

4 **Der Stockwerkbau des Regenwaldes**
- Regenwald aufgebaut wie Stockwerke
- Dachgeschoss, Mittelgeschoss, Erdgeschoss
- Regen und Sonne
- junge Bäume und Sträucher im Mittel- und Erdgeschoss, fliegende und kletternde Tiere im Dachgeschoss

5 **Das Dachgeschoss**
viel Licht, zwei Drittel des Regenwassers verbraucht/verdunstet, zwei Drittel der Tier- und Pflanzenarten, Vorteile: Klettern und Fliegen

Das Mittelgeschoss
junge Bäume und Sträucher, dämmriges Licht

Das Erdgeschoss
Bodennähe, kaum nährstoffreicher Humus, Pilze, Farne, Moose, Wurzeln der Bäume, Treiberameisen, düsteres Licht

6 **Gefährdung des Regenwaldes – Gründe und Folgen**
- Regenwald wie Schatzkammer für den Menschen, bietet Bodenschätze, edle Hölzer und Früchte
- durch die Plünderung dieser Schatzkammer durch die Menschen
- Rodung, Holz und Rohstoffe, Weiden für Rinderherden, Plantagen, aus Tieren und Pflanzen: Medikamente, Kosmetika
- in den meisten abgeholzten Regionen wird nie wieder Wald wachsen

7 **Gründe**
Hölzer, Rohstoffe, Bodenschätze, Früchte

Gefahren
Rodung des Regenwaldes durch den Menschen

Folgen
Erosion des fruchtbaren Bodens (Humus), Wald wächst nicht nach, stärkere Bodenerwärmung, weltweite Klimaänderung

Seite 12

1 **Fragen**
Wie ist der Regenwald aufgebaut?
Wodurch wird der Regenwald gefährdet?

Stichworte zum Aufbau
Teil 1: Aufbau des Regenwaldes, Stockwerke, Dachgeschoss, Mittelgeschoss, Erdgeschoss, Welche Tiere und Pflanzen? Wie viel Licht? Wie viel Regen?
Teil 2: Gefährdung des Regenwaldes, Gründe und Folgen

Verwendete Materialien
Material 1, Text: Der tropische Regenwald – ein Kreislauf des Lebens.
Material 2, Text: Regenwälder in Gefahr

2 *Diese Überschrift könntest du geschrieben haben:*
Aufbau und Gefährdung des Regenwaldes

3 *Diese Stichworte für einen Schluss könntest du notiert haben:*
- schlecht: Zerstörung des Regenwaldes trotz guten Aufbaus
- vor Millionen von Jahren riesiges Paradies (15 Mio. km²)
- in halbem Jahrhundert durch Menschen um Hälfte geschrumpft (jedes Jahr um mehr als 100 000 km²)

4 *Die vollständige Gliederung findest du in der Lösung aus Aufgabe 2 von Seite 13.*

Seite 13

2 *Das hier kursiv Gedruckte solltest du überarbeitet haben:*
Aufbau und Gefährdung des Regenwaldes
- Einleitung

Teil 1
Aufbau des Regenwaldes in Stockwerken

Worum geht es in Teil 1 des Referats?
- Regenwald, Stockwerke: Dachgeschoss, Mittelgeschoss, Erdgeschoss
- Welche Tiere und Pflanzen? Wie viel Licht? Wie viel Regen?

Das Dachgeschoss
- Kronen der Bäume (40–50 Meter), geschlossene Decke
- einzelne Überständer (Urwaldriesen bis 80 Meter)
- zwei Drittel aller Tiere und Pflanzen

Das Mittelgeschoss
- junge Bäume, Sträucher
- dämmriges Licht

Das Erdgeschoss
- Bodennähe, kaum nährstoffreicher Humus, düster (nur 2 % des Sonnenlichts)
- Pilze, Farne, Moose, Wurzeln der Bäume
- Millionenheere von Treiberameisen

Teil 2
Gefährdung des Regenwaldes – Gründe und Folgen

Worum geht es in Teil 2 des Referats?
- *Gefährdung des Regenwaldes, Gründe und Folgen*

Gründe für die Zerstörung des Regenwaldes
- Regenwald gerodet, Holz und Rohstoffe gewinnen
- Weiden für Rinderherden, Plantagen
- aus Tieren und Pflanzen: Medikamente, Kosmetika

Folgen der Zerstörung des Regenwaldes
- fruchtbarer Boden (Humus) schwimmt weg (Regen/Erosion)
- Wald wächst nicht nach (400–900 Jahre braucht ein Baum)
- Bodenerwärmung stärker, Klimaänderung weltweit

Schluss
- *schlecht: Zerstörung des Regenwaldes trotz guten Aufbaus*
- *vor Millionen von Jahren riesiges Paradies (15 Mio. km²)*
- *in halbem Jahrhundert durch Menschen um Hälfte geschrumpft (jedes Jahr um mehr als 100 000 km²)*

Seite 14

2 wg. – wegen
% – Prozent
o. Ä. – oder Ähnliches
- – ohne
/ – oder
z. T. – zum Teil/teilweise
= – das bedeutet/das ist
→ – daraus folgt/das hat zur Folge
z. B. – zum Beispiel
≈ – ungefähr

3 *So könnten deine neuen Stichworte aussehen:*
- Biosprit = E 10
- E 10: 10 % Bio-Ethanol, z. B. aus Weizen, Rüben und Mais
- Super: 5 % Bio-Ethanol
- Einführung E 10: Februar 2011, nach wochenlanger Verzögerung
- Autofahrer teilweise verunsichert, ob ihr Auto E 10 verträgt/es beschädigt wird
- Möglichkeit der Beschädigung durch E 10 bei 10 % der Autos
- Internet: Liste von Autos, nicht mit E 10 zu betanken

Seite 15

4 Der Trick bleibt unverständlich, weil offenbar wichtige Informationen fehlen, zum Beispiel, wer den Trick ausübt und wer davon betroffen ist.

6 *So könnten deine Stichworte aussehen:*
- Umweltminister Norbert Röttgen (CDU): Schutzsorte E 5 (max. 5 % Ethanol) muss jede Tankstelle anbieten
- E 5 + E 10 nicht zum gleichen Preis angeboten
- kein herkömmliches Super E 5 mit 95 Oktan → nur höherwertiges E 5 mit 98 Oktan (Super Plus) als Schutzsorte angeboten
- Autofahrer müssen 98-Oktan-Benzin tanken und 5 bis 8 Cent pro l mehr bezahlen

Seite 16

1 **a.** *Diese Aufforderungsverben solltest du markiert haben:*
analysiere, schreibe, berücksichtige, fasse, stelle dar, erkläre, formuliere, begründe, entkräfte

b. **A** Ich soll einen Text *analysieren*. Außerdem soll ich zu einer Behauptung *eine Argumentation schreiben*.
B Ich soll dabei mehrere Arbeitsschritte *berücksichtigen*.
C Ich soll unterschiedliche Meinungen aus dem Text *darstellen* und den Text *zusammenfassen*.
D Ich soll *erklären*, was mit der Behauptung gemeint ist.
E Um Stellung zu nehmen, soll ich meine Meinung *formulieren* und mit Argumenten *begründen*.
F Ich darf Argumente aus dem Text *verwenden* und muss mindestens ein Gegenargument *entkräften*.

2 Um den Text zu analysieren, kann ich *den Textknacker* (*in der vorderen Klappe*) nutzen. Bei der Stellungnahme hilft mir *die Arbeitstechnik „eine Argumentation schreiben“* (*hintere Umschlagklappe*).

Seite 17

3 **a.** *Diese Aufforderungsverben solltest du markiert haben:*
analysiere, widerlege, berücksichtige, fasse zusammen, stelle dar, erkläre, führe an, entkräfte, veranschauliche

b. *Diese Aussage solltest du angekreuzt haben:*
☒ begründet darstellen, dass eine Behauptung nicht stimmt

c. **A** Ich soll den Text *analysieren* und eine Behauptung *widerlegen*.
B Ich soll unterschiedliche Meinungen zum Thema *darstellen*.
C Ich soll drei Pro-Argumente aus dem Text *anführen*.
D Durch Gegenargumente soll ich die Behauptung *entkräften*.
E Die Gegenargumente soll ich durch Beispiele *veranschaulichen*.

4 *So solltest du angekreuzt haben:*
A Arbeitsauftrag 1 + 2
B Arbeitsauftrag 1
C Arbeitsauftrag 2
D Arbeitsauftrag 1 + 2
E Arbeitsauftrag 1 + 2
F Arbeitsauftrag 1 + 2
G Arbeitsauftrag 1
H Arbeitsauftrag 1 + 2
I Arbeitsauftrag 2

Seite 18

1 *Auf diese Stichworte könntest du gekommen sein:*
Verschmutzung an den Stränden
Ölfässer am Meeresboden
Abfälle von Schiffen
schwimmende Plastikabfälle

2 *Das könntest du vermutet haben:*
- ein Bericht über eine Reise auf einem Boot aus Plastikflaschen
- Umweltverschmutzung durch Plastikabfälle im Meer

3 *Diese Begriffe könntest du aufgeschrieben haben:*
Plastikflaschen, Plastikmüll und seine Wiederverwertung, Plastikmüllhalde, Müllberg, Recyclingprodukte, Plastik-Skateboard, „Plastiki“

Seite 20

4 **b.** *So solltest du deinen Arbeitsauftrag beschrieben haben:*
Ich soll den Zeitungsartikel „Katamaran aus Plastikflaschen erreicht Sydney“ zusammenfassen.

c. *So solltest du deine Vorgehensweise aufgeschrieben haben:*
Zuerst bearbeite ich die Aufgabenstellungen zum Textverständnis. Dabei achte ich auf die Fotos und das Schaubild. Danach markiere ich die Schlüsselwörter und finde Überschriften für die Absätze. Anschließend schreibe ich eine Zusammenfassung des Zeitungsartikels und verwende dabei das Präsens und die indirekte Rede.

5 und **6**
Diese Zwischenüberschriften und Schlüsselwörter könntest du aufgeschrieben haben:

1. Absatz
Der Katamaran „Plastiki“
- aus 12 500 Plastikflaschen
- Pazifiküberquerung
- David de Rothschild steuert das Schiff
- die Folgen des Plastikmülls und dessen Wiederverwertung

2. Absatz
Der Vorschlag
- Vorschlag von David de Rothschild
- Plastikprodukte verbieten

3. Absatz
Die Plastikmüllhalde im Pazifik
- von Wissenschaftlern entdeckt
- Plastikteile, nach 450 Jahren erst abgebaut
- Müllberg doppelt so groß wie Texas

4. Absatz
Die Botschaft der „Plastiki“
- in Sausolito gestartet
- die Verschmutzung der Meere stoppen
- Abfall wiederverwerten
- Erinnerung an die „Kon-Tiki“

5. Absatz
Der umweltfreundliche Katamaran
- Regenwasser, Klebstoff aus Zucker und Cashewnüssen
- Materialien werden recycelt

6. Absatz
Rothschilds Hoffnung
- Vielzahl von Recyclingprodukten, z. B. ein Plastik-Skatebord

7 *Diese Fragen könntest du aufgeschrieben haben:*
Warum ist de Rothschild aufgebrochen?
Wie viele Leute gehörten zur Crew?

zu Seite 20

8 **a.** und **b.**
Diese Wörter könntest du unterstrichen und erklärt haben:
der Bankiersspross (Z. 2) – der Sohn einer Bankerfamilie
die Bankendynastie (Z. 19) – eine einflussreiche Familie, die Banken besitzt
das Styrol (Z. 22) – eine Flüssigkeit, die zur Herstellung von Kunststoffen genutzt wird
die Sprenkel (Z. 29) – kleine Teile
die Crew (Z. 41) – die Mannschaft

Seite 21

1 *Diese Aussagen solltest du angekreuzt haben:*
Ein Bankierssohn macht mit einer Schiffsreise auf die Verschmutzung der Meere durch Plastikmüll aufmerksam.
Die Schiffscrew will mit der Reise darauf hinweisen, dass Abfälle wiederverwertet werden können.
Auf dem Katamaran wurden viele Recyclingideen verwirklicht.

2 *Mit diesen Informationen solltest du die Zusammenfassung ergänzt haben:*
Fünf Umweltschützer mit dem Kapitän *David de Rothschild* überqueren in einem Katamaran aus 12 500 *Plastikflaschen* den *Pazifik*. Sie starten in *Sausolito* und kommen nach *128* Tagen in *Sydney* an.

3 *Diese Wörter solltest du angekreuzt haben:*
A Der „Great Pacific Garbage Patch" ist eine schwimmende Plastikmüllhalde im Pazifik.
B Der Müllberg im Pazifik ist doppelt so groß wie der amerikanische Bundesstaat Texas.
C Plastikteilchen werden frühestens nach 450 Jahren zersetzt.

4 *So könntest du die Begriffe erklärt haben:*
A Eine schwimmende Plastikmüllhalde besteht aus vielen Tausenden von winzigen Plastikteilen im Meer.
B Recyclingprodukte sind Gegenstände, die aus nicht mehr gebrauchten oder kaputten Dingen und Materialien hergestellt und damit wiederverwertet werden.

Seite 22

5 *So könntest du die Fragen beantwortet haben:*
A Die Umweltschützer wollen mit ihrer Reise auf die schlimmen Folgen des Plastikmülls aufmerksam machen.
B Plastik wird seit 1909 produziert.
C David de Rothschild ist der Meinung, dass alle Plastikprodukte am besten sofort verboten werden sollten.
D Der Bootsname soll an das Holzboot „Kon-Tiki" erinnern, mit dem der norwegische Entdecker Thor Heyerdahl 1947 den Pazifik überquerte.
E Auf dem Boot ist eine kompostierbare Toilette zu finden. Die Masten bestehen aus Bewässerungsrohren und der verwendete Klebstoff ist eine Mixtur aus Zucker und Cashewnüssen.
F David de Rothschild erwähnt ein Skateboard aus recyceltem Plastik. Er schlägt außerdem vor, Zelte und Häuser zu bauen.

6 *So könntest du die Frage beantwortet haben:*
Das Schaubild zeigt die Abbauzeiten von Meeresabfällen.

7 *Auf diese Lösungen solltest du gekommen sein:*
A Fischernetze stellen das größte Problem unter den Müllsorten dar.
B Pappkartons sind leichter abbaubar als Sixpack-Ringe.
C Es dauert bis zu 450 Jahre, bevor der Plastikabfall im Meer abgebaut ist.
D Plastiktüten werden innerhalb von einem bis 20 Jahren abgebaut.

Seite 23

1 *Diese Antwort könntest du aufgeschrieben haben:*
Der Zeitungsartikel richtet sich an die Leserinnen und Leser der Zeitung. Er will auf die Aktion der Umweltschützer hinweisen und zum Nachdenken über den Gebrauch von Plastik anregen.

2 **b.** bis **d.**
Diese Wörter könntest du markiert und so übertragen haben:
der Bankiersspross (Z. 2) – der Bankierssohn
verheerende Folgen des Plastikmülls (Z. 13) – große Folgen
die Bankendynastie (Z. 19) – die Familie mit den Banken
eine schwimmende Plastikmüllhalde (Z. 25–26) – der schwimmende Plastikmüll
der Müllberg (Z. 34) – der Müll
ungewöhnliche Flaschenpost (Z. 42–43) – ein besonderes Boot
die Wegwerfgesellschaft (Z. 43) – die Gesellschaft, die viel Abfall produziert

3 *Auf diese Antwort könntest du gekommen sein:*
Durch die Verwendung der wertenden Begriffe und sprachlicher Bilder wird der Standpunkt des Autors zum Thema deutlich.

W **4** *So könntest du die Beschreibung ergänzt haben:*
Der Katamaran mit dem Namen „Plastiki" besteht aus 12 500 Plastikflaschen. Die Masten wurden aus Bewässerungsrohren aus Aluminium gebaut. Alle Bestandteile werden mit einem Kleber aus Zucker und Cashewnüssen zusammengehalten. Es gibt eine kompostierbare Toilette und das Regenwasser wird genutzt.

W **5** *Wärst du auf diese Ideen gekommen?*
Möbel, Spielzeug, Gartenzäune, Autoersatzteile können aus recyceltem Plastik hergestellt werden.

Seite 24

1 *So könntest du die Einleitung ergänzt haben:*
In dem Zeitungsartikel „Katamaran aus Plastikflaschen erreicht Sydney" vom 26. Juli 2010 in der Hannoverschen Allgemeinen Zeitung geht es um die Pazifiküberquerung von sechs Umweltschützern unter der Leitung von David de Rothschild auf einem Katamaran aus Plastikflaschen.

2 **b.** *So könntest du die direkten Aussagen umgeschrieben haben:*
Rothschild schlägt vor, dass das Problem ganz einfach gelöst werden könne, wenn Plastikbecher, Plastiktüten, Styrol-Kaffeebecher und -Deckel verboten werden würden. (Z. 20–23)
Er berichtet, dass die Crew mehr als 1000 Seemeilen von der Küste entfernt unter dem Boot die kleinen Plastikteile im Wasser gesehen habe. (Z. 27–30)
Rothschild weist darauf hin, dass es keine Grenzen für das Recycling gibt, sie sogar schon ein Plastik-Skateboard gebaut hätten. Er schlägt vor, auch Häuser und Zelte aus Plastik in der Dritten Welt zu bauen, wo besonders viel Plastikmüll anfallen würde. (Z. 58–63)

3 *So könntest du die Zusammenfassung geschrieben haben:*
Im Zeitungsartikel „Katamaran aus Plastikflaschen erreicht Sydney" vom 26. Juli 2010 in der Hannoverschen Allgemeinen Zeitung geht es um die Pazifiküberquerung von sechs Umweltschützern unter der Leitung von David de Rothschild auf einem Katamaran aus Plastikflaschen.
Die Umweltschützer wollen mit ihrer Aktion auf die Wiederverwertung von Abfall und die Verschmutzung der Meere aufmerksam machen. Sie sind dafür in Sausolito gestartet und haben den „Great Pacific Garbage Patch" durchquert. David de Rothschild berichtet, dass sie unter dem Boot

getaucht seien und dabei die vielen Plastikteile gesehen hätten. Diese Plastikmüllhalde sei doppelt so groß wie der Bundesstaat Texas. Der Name des Bootes „Plastiki" soll an das Boot des norwegischen Entdeckers Thor Heyerdahl erinnern, der mit seinem Boot „Kon-Tiki" den Pazifik überquert hat. Nach 128 Tagen haben die Umweltschützer Sydney, Australien, erreicht. Auf dem Katamaran sind viele Recyclingideen umgesetzt worden, um auf die Möglichkeiten von Recycling hinzuweisen. David de Rothschild regt an, mehr Produkte aus Plastik zu recyceln.

Seite 25

1 *So könntest du die Einleitung überarbeitet haben:*
Der Zeitungsartikel „Katamaran aus Plastikflaschen erreicht Sydney" erschien am 26. Juli 2010 in der Hannoverschen Allgemeinen Zeitung. In dem Artikel geht es um die Pazifiküberquerung mit einem Katamaran aus Plastikflaschen.

2 *Die inhaltlichen Fehler solltest du so korrigiert haben:*
Der Artikel handelt von der Pazifiküberquerung mit einem Katamaran aus Plastikflaschen.
Die Aussage stammt von David de Rothschild.
Die Umweltschützer fahren über den Pazifik.
Der Müllberg ist doppelt so groß wie der Bundesstaat Texas.

3 *Das solltest du herausgefunden haben:*
In der Zusammenfassung sollte Präsens bzw. Perfekt verwendet werden.

4 *Diese sprachlichen Fehler solltest du korrigiert haben:*
ein cooles Schiff – ein Schiff
sie wollten ja darauf aufmerksam machen – sie haben darauf hingewiesen
das ist voll viel – (diese Formulierung kann weggelassen werden)

5 *So könntest du die Frage beantwortet und die Formulierung umgeschrieben haben:*
a. In der Zusammenfassung wird keine indirekte Rede verwendet.
b. David de Rothschild sagt, dass jedes Stück Plastik, das jemals produziert wurde, immer noch im Ozean existieren würde.

6 *Diese Informationen fehlen in der Zusammenfassung:*
- die genaue Botschaft der Reise
- Abfahrts- und Ankunftsort
- Bedeutung des Plastikkatamarans
- Name des Katamarans

7 *So könnte deine Überarbeitung aussehen:*
Der Zeitungsartikel „Katamaran aus Plastikflaschen erreicht Sydney" erschien am 26. Juli 2010 in der Hannoverschen Allgemeinen Zeitung. In dem Artikel geht es um die Pazifiküberquerung mit einem Katamaran aus Plastikflaschen. Eine Gruppe von Umweltschützern unter der Leitung von David de Rothschild überquert auf einem Katamaran aus 12 500 Plastikflaschen den Pazifik. Nach dem Start in Sausolito durchqueren sie schwimmende Plastikabfälle, den „Great Pacific Garbage Patch". Mit der Reise wollen die Umweltschützer auf die Folgen des Plastikmülls aufmerksam machen. David de Rothschild meint, dass jedes Stück Plastik, das seit seiner Erfindung produziert wurde, immer noch im Ozean existieren würde. Deshalb sollten Plastikartikel wie Becher und Tüten sofort verboten werden. Die Reise endet nach 128 Tagen in Sydney, Australien, wo der Katamaran recycelt wird. David de Rothschild hofft, dass noch mehr Produkte aus Plastik recycelt werden können.

Seite 27

2 *So könntest du den Zeitungsartikel zusammengefasst haben:*
In dem Zeitungsartikel vom 28. Januar 2009 wird über eine Tagung berichtet, die sich mit dem Thema „Datensicherheit in sozialen Online-Netzwerken" auseinandersetzt.

3 *Diese Begriffe könntest du so erklärt haben:*
eine virtuelle Identität (Z. 11)
– eine künstliche, nicht reale Selbstdarstellung
die Netzgemeinde (Z. 15)
– alle Nutzer eines bestimmen Online-Netzwerkes
das gefälschte Profil (Z. 23)
– die veränderten Daten von einer Person in einem Netzwerk
das „Daten-Outing" (Z. 38)
– die sorglose Freigabe von eigenen Daten

4 *So solltest du die Fragen beantwortet haben:*
A Es geht um die Nutzung von sozialen Online-Netzwerken.
B Ich schreibe einen Leserbrief.
C Die Stellungnahme ist an die Leserinnen und Leser einer Computer-Zeitschrift gerichtet.

5 *Deine Vorgehensweise solltest du in Stichworten so formuliert haben:*
- in einer Tabelle Pro- und Kontra-Argumente aus dem Zeitungsartikel und den Äußerungen aufschreiben
- Argumente durch Beispiele verdeutlichen
- sich eine eigene Meinung bilden und eine These aufstellen
- die Argumente nach der Wichtigkeit ordnen
- die Argumentation nach dem Sanduhrprinzip gliedern,
- einen Leserbrief mit drei Pro- und drei Kontra-Argumenten schreiben

Seite 28

6 **b.** *Das solltest du anhand der markierten Argumente erkannt haben:*
Es handelt sich hauptsächlich um Argumente gegen die Nutzung von sozialen Online-Netzwerken.

7 **b.** und **8**
So könntest du die Tabelle ausgefüllt bzw. ergänzt haben:

Pro-Argumente	Kontra-Argumente
- weltweite Kontakte - Freundschaften schließen - man gehört dazu - man kann kreativ sein - alte Freunde wiederfinden und Kontakt halten - man ist nicht allein und kann zu jeder Tages- und Nachtzeit kommunizieren - für jeden erschwinglich - jederzeit erreichbar - schneller Informationsaustausch	- virtueller Identitätsdiebstahl - Bedrohung im Internet - unübersichtliches Netz - Datensicherheit/ Datenmissbrauch - langweilig nach einer Zeit - virtuelle, keine reale Welt - Persönlichkeiten und Profile werden erfunden - Zeitverschwendung

Seite 29

1 *Vielleicht hast du deine These so oder ähnlich formuliert:*
Soziale Online-Netzwerke müssen mit Vorsicht genutzt werden, da es zwar viele Vorteile, aber auch Nachteile gibt.

3 *So könntest du deine Argumente aufgebaut haben:*

stärkstes Gegenargument
Soziale Online-Netzwerke
bieten viele Möglichkeiten, um Menschen kennenzulernen und Freundschaften zu schließen.

mittelstarkes Gegenargument
Jederzeit und von vielen Orten aus kann kommuniziert werden.

schwächstes Gegenargument
Man ist Teil einer Gemeinde und gehört dazu.

schwächstes Argument
Das Netz ist groß und unübersichtlich, niemand weiß, wer auf deine Daten zugreifen kann.

mittelstarkes Argument
Es gibt eine Vielzahl von virtuellen Identitäten, die sich nicht überprüfen lassen.

stärkstes Argument
Daten werden missbraucht, neue Identitäten werden erstellt, das hat Folgen bis ins private und berufliche Leben.

4 *Diese Beispiele könntest du zu deinen ausgewählten Argumenten gefunden haben:*

Pro-Argumente
- In einem sozialen Online-Netzwerk kann man schneller Freundschaften schließen, da man ständig neue Freunde und Freundinnen kennenlernen kann. Ich habe durch das Online-Netzwerk eine nette Freundin gefunden, mit der ich jetzt viel erlebe. Auch alte Freunde lassen sich wiederfinden, zu denen man sonst gar keinen Kontakt hätte. Über Facebook wurde ich zu einem Klassentreffen eingeladen, von dem ich sonst nichts gewusst hätte.
- Hinzu kommt, dass es einfach viel preiswerter als Telefonieren ist. Wie oft hatte ich mit meinen Eltern Ärger, weil die Telefonrechnung so hoch war. Dabei wollte ich doch nur mit meinen Freundinnen reden.

Kontra-Argumente
- Das Internet kann auch eine Bedrohung sein. Ich weiß nicht, wer auf meine Daten zugreift und wie diese weitergegeben werden. In den Medien wird ständig darauf hingewiesen, seine Daten genau zu prüfen, bevor sie online gestellt werden.
- Die Freundschaften im Internet sind nicht real. Mein Cousin kommuniziert weltweit und hat über 450 Online-Freundschaften. Als ihn seine Freundin verlassen hatte und er Unterstützung brauchte, konnten ihm diese Freunde nicht besonders helfen, sie waren zu weit weg.

Seite 30

1 *So könntest du deine Einleitung formuliert haben:*
Der Umgang mit sozialen Online-Netzwerken ist aus unserem Leben nicht mehr wegzudenken, aber er bringt auch Gefahren mit sich. Ich denke, die Nutzung von Online-Netzwerken muss gut überlegt werden und keinesfalls sollte das virtuelle Leben die Realität ersetzen.

2 *Diese Argumente solltest du so verknüpft haben:*
Einerseits fördern soziale Online-Netzwerke die Kommunikation der Menschen, andererseits muss man auch ständig ansprechbar sein.
Die Kommunikation ist preiswert, da keine Telefon- oder Handykosten anfallen, doch der Kontakt über das Internet kostet viel Zeit.
Soziale Online-Netzwerke werden immer beliebter, obwohl sie Sicherheitslücken aufweisen und schon viele Daten missbraucht wurden.
Online-Freunde sind keine echten Freunde, denn jeder kann sich im Internet darstellen, wie er will, und wer überprüft schon die Profile.
Besonders für kontaktarme Menschen ist die Nutzung von sozialen Online-Netzwerken hilfreich, da es leichter ist, eine Freundschaftsanfrage online zu verschicken, als einen Menschen direkt anzusprechen.

3 *So könntest du deinen Hauptteil geschrieben haben:*
Ich werde auf die Vor- und Nachteile der Nutzung von sozialen Online-Netzwerken im Folgenden eingehen. Zunächst lässt sich feststellen, dass immer mehr Menschen die sozialen Online-Netzwerke nutzen, weil sie viele Möglichkeiten bieten. Durch die Nutzung kann man leicht andere Menschen kennenlernen. Ich habe durch Facebook viele Kontakte und täglich kommen neue hinzu. Ein weiterer Vorteil ist, dass man jederzeit und überall kommunizieren kann. Schnell ist ein Internetcafé gefunden, in dem ich neueste Informationen austauschen oder von mir berichten kann. Noch besser ist ein Smartphone, mit dem ich immer präsent bin. Außerdem bin ich Teil einer Gemeinde und gehöre dazu. Ich fühle mich nicht mehr allein. Obwohl ich die Vorteile aufgezählt habe, sehe ich auch die vielen Nachteile durch die Nutzung von sozialen Online-Netzwerken. Die Nutzung birgt viele Gefahren. Das Internet ist groß und sehr unübersichtlich, niemand weiß genau, wer wann auf wen zugreift. Es gibt eine Vielzahl von Identitäten, die sich nicht überprüfen lassen. Es wird immer wieder davor gewarnt, dass sich Täter in Online-Netzwerke einschummeln, um Kontakt zu Kindern und Jugendlichen zu erhalten. Es lässt sich nie so einfach lügen wie im Internet. Daten werden missbraucht, und selbst wenn Profile gelöscht wurden, ist es nicht sicher, ob sie auch restlos entfernt wurden.

4 *So könntest du den Schluss geschrieben haben:*
Die dargestellten Argumente sprechen für und gegen die Nutzung von sozialen Online-Netzwerken. Ich bin der Meinung, dass wir auf die Nutzung nicht verzichten können, allerdings sollten wir vorsichtig damit umgehen und immer daran denken: „Das Internet vergisst nie!"

5 *So könntest du den Leserbrief begonnen haben:*
Sehr geehrte Damen und Herren,
in der Computer-Zeitschrift fand ich Ihren Aufruf zur Auseinandersetzung zum Umgang mit sozialen Online-Netzwerken.

Seite 31

1 *Diese Antworten solltest du angekreuzt haben:*
Die Einleitung benennt das Problem, um das es geht.
Robert nennt Argumente für die Teilnahme an Online-Netzwerken.
Er belegt die Argumente mit anschaulichen Beispielen.
Sein Schlusssatz fasst das Problem noch einmal zusammen.

2 **a.** *Diese Pro-Argumente solltest du markiert haben:*
Ich habe jetzt jede Menge Freunde, kann erzählen, was ich gerade so mache und wie ich drauf bin, und ich kann in der Schule mitreden.
Es ist viel einfacher und schneller.

b. *So könntest du Roberts Argumentation beurteilt haben:*
Robert hat nur ein Argument überzeugend und anschaulich dargelegt, in dem er von seinen Erfahrungen berichtet.

3 **a.** *Diese Kontra-Argumente solltest du markiert haben:*
Man sollte seine Daten schützen.
Es kostet viel Zeit.
Man bewegt sich in einer virtuellen Welt.

b. *So könntest du Roberts Argumentation beurteilt haben:*
Robert gibt nur wieder, was er gehört hat, geht aber nicht darauf ein.

4 *So könntest du Roberts Argumentation nach dem Sanduhrprinzip aufgebaut haben:*

Gegenthese
Die Nutzung von Online-Netzwerken hat Nachteile.

stärkstes Gegenargument
Die Daten können nicht geschützt werden.

mittelstarkes Gegenargument
Alles geschieht virtuell und hat nichts mit dem wirklichen Leben zu tun.

schwächstes Gegenargument
Es kostet viel Zeit.

These
Online-Netzwerke sind aus dem heutigen Leben nicht mehr wegzudenken.

schwächstes Argument
Freundschaften lassen sich schnell schließen.

mittelstarkes Argument
Informationen können schnell ausgetauscht werden.

stärkstes Argument
Man hat viele Freunde weltweit, mit denen man sein Leben teilen kann.

5 *Diese Sätze könntest du überarbeitet haben:*
Ich habe viele Freunde, denen ich erzählen kann, was ich mache und wie es mir geht. Auch in der Schule gehöre ich dazu.
Es gibt Nachteile bei der Nutzung von sozialen Online-Netzwerken.
Ich denke, dass Online-Netzwerke sehr viele Kommunikationswege anbieten, sie gehören in die moderne Zeit.

6 *So könntest du Roberts Leserbrief überarbeitet haben:*
Hallo, liebe Redaktion,
Sie haben in Ihrer Zeitschrift dazu aufgerufen, die eigene Meinung zum Umgang mit den sozialen Online-Netzwerken darzustellen. Ich denke, dass die Nutzung von sozialen Online-Netzwerken aus der heutigen Zeit nicht mehr wegzudenken ist.
Es gibt Menschen, die immer wieder auf die Nachteile der Online-Neztwerke hinweisen. Sie sagen, dass die Daten nicht geschützt werden könnten, und führen Beispiele für den Datenmissbrauch an.
Ein weiteres Argument, das oft genannt wird, ist die Verlagerung des wirklichen Lebens in die virtuelle Welt. Sicher gibt es Menschen, die sich vor dem Rechner in ihre Welt zurückziehen. Außerdem würde die reale Kommunikation viel Zeit kosten.
Sicherlich ist an allen Argumenten etwas dran, dennoch denke ich, dass die sozialen Online-Netzwerke zum heutigen Leben dazugehören.
Es lassen sich schneller Freundschaften schließen. Ich kann viel schneller mit jemandem Kontakt aufnehmen, dessen Daten ich interessant finde. Auf diese Weise habe ich schon viele Freunde kennengelernt.
Informationen lassen sich schnell austauschen. Meine Freunde wissen immer über mein Leben Bescheid, ob ich ins Konzert oder zum Fußball gehe. Ich informiere sie darüber und stelle nachher auch Fotos ein. So können sie an meinem Leben teilhaben. Ich habe mir mein eigenes Netzwerk aufgebaut. Es ist viel günstiger, als wenn ich einen Freund anrufen würde, denn auf diese Weise kann ich alle gleichzeitig erreichen.
Ich denke, soziale Online-Netzwerke sind aus dem heutigen Leben nicht mehr wegzudenken. Wenn man sich der möglichen Gefahren bewusst ist und auf die Sicherheit seiner Daten achtet, kann nichts passieren.

Seite 34

3
1. die Kurzgeschichte mehrmals gewissenhaft lesen
2. die Handlungsbausteine erarbeiten
3. eine Inhaltsangabe schreiben
4. angeben, wer das Geschehen erzählt
5. die Merkmale der Kurzgeschichte belegen
6. passende Textstellen suchen und als Zitate nutzen
7. die Darstellung der Stadt in der Kurzgeschichte untersuchen
8. die Beziehung zwischen den Stadtbewohnern und dem Hund untersuchen
9. die selbst geschriebenen Texte überarbeiten

Seite 35

1 Wessen Situation wird ausführlicher beschrieben? - Hund
Wer möchte Hilfe von den Schulkindern? - Hund
Wer trifft den Hund mit Steinen? - Kinder
Wer muss deshalb fliehen? - Hund
Wer kann seinen Wunsch am Ende nicht verwirklichen? - Hund

2 Der Hund ist die Hauptfigur, weil seine Situation in der Kurzgeschichte ausführlich beschrieben wird.

3

Handlungsbausteine	Stichworte	Textstellen
Hauptfigur + Situation	- hält sich schon zwei Wochen am Stinnesplatz auf - ist mit dem Besitzer in die unbekannte Stadt gekommen - der Besitzer hatte einen Unfall - der Hund ist allein, hungrig, verwahrlost	Z. 16–17 Z. 19–21 Z. 27–39 Z. 40–44
Wunsch	- von den Schulkindern, die ihn schon manchmal gefüttert haben, etwas Futter und Liebe zu bekommen	Z. 50–54
Hindernis	- die Kinder erkennen ihn nicht und bewerfen ihn mit Steinen	Z. 57–69
Reaktion	- er flieht - sucht Schutz bei dem Mann auf der Brücke	Z. 68–71 Z. 72–75
Ende	- der Mann stößt ihn von sich und schubst ihn von der Brücke - der Hund kann sich nicht aus dem Thyssen-Kanal retten	Z. 75–77 Z. 78–84

zu Seite 35

4 **b.** *So könntest du geantwortet haben:*
Das Geschehen spielt sich in einer Industriestadt ab.

5 *Diese Antwort solltest du angekreuzt haben:*

☒ Sein Besitzer hatte einen Unfall und ist seitdem verschwunden.

Seite 36

6 In der Kurzgeschichte „Der Hund im Thyssen-Kanal“ von Theodor Weißenborn geht es um das Schicksal eines plötzlich herrenlos gewordenen Hundes, der von den Menschen verstoßen wird, weil er verwahrlost aussieht.

7 Die Kurzgeschichte beginnt mit der Beschreibung einer trostlosen Stadt bei regnerischem Wetter. Danach wird der Hund beschrieben, der allein in einer Unterführung kauert.

8 **b.** sie kommen – sie sind gekommen
sie besuchen – sie haben besucht
sie überqueren – sie haben überquert
ein Auto fährt ihn an – ein Auto hat ihn angefahren
er wird verletzt und weggebracht – er ist verletzt und weggebracht worden

c. Der Hund und sein Besitzer sind in die Stadt gekommen, weil sie die Industrieschau besucht haben. Als sie die Straße überquert haben, hat ein Auto den Besitzer des Hundes angefahren. Der Besitzer ist verletzt worden und ist daraufhin von Leuten weggebracht worden.

9 Das Kind des Kahnwächters spielt auf dem Bohlensteg, erblickt das Tier und sagt zu seinem Vater, da *schwimme* ein Hund. Er *würde* aus der Stadt getrieben sein, erwidert der Kahnwächter gleichmütig. Er *sei* ein armer Hund, fügt das Kind hinzu.

10 *So könntest du deine Inhaltsangabe geschrieben haben:*
In der Kurzgeschichte „Der Hund im Thyssen-Kanal“ von Theodor Weißenborn geht es um das Schicksal eines einsamen Hundes, der von den Menschen verstoßen wird, weil er nicht mehr so niedlich aussieht. Sein Besitzer geht eines Tages mit ihm in die Stadt. Doch nachdem dieser von einem Auto angefahren worden ist, ist der Hund plötzlich allein in der fremden Stadt. Er weiß nicht, was er tun soll, und hofft auf die Hilfe von einigen Schulkindern, die ihn schon öfter gefüttert und gestreichelt haben. Da er aber inzwischen schmutzig und verwahrlost aussieht, erkennen sie ihn nicht und bewerfen ihn mit Steinen. Auf der Flucht sucht der Hund Schutz bei einem Mann, der ihn aber von der Brücke ins Wasser stößt. Der Hund kann sich nicht mehr aus dem Thyssen-Kanal retten. Seine Leiche treibt in einen Fluss weiter und wird außerhalb der Stadt ans Ufer geschwemmt, wo er von einem Kahnwächter und seinem Kind entdeckt wird. Dieses Kind ist die einzige Person in der Geschichte, die Mitleid mit dem Hund hat.

Seite 37

2 ~~Geschichte~~ – Kurzgeschichte

3 ~~kam~~ – ist gekommen
~~war~~ – ist
~~kannte~~ – kennt
~~kümmerte~~ – kümmert
~~lief~~ – läuft
~~bekam~~ – bekommen hat
~~gestreichelt wurde~~ – gestreichelt worden ist

4 ~~Das ist wirklich daneben von ihnen. Der Hund hat doch nur Hunger. Ich verstehe nicht, wie man so etwas machen kann.~~

5 - was mit dem Herrchen passiert ist
- warum der Hund jetzt allein am Stinnesplatz sitzt
- warum ihn die Kinder mit Steinen bewerfen
- er kann sich nicht mehr aus dem Kanal retten, treibt tot zurück aufs Land

6 In der **Kurzgeschichte** „Der Hund im Thyssen-Kanal“ von **Theodor** Weißenborn steht ein herrenloser Hund im Mittelpunkt. Er ist mit seinem Herrchen zwei Wochen zuvor in die Stadt gekommen. **Nachdem sein Herrchen von einem Auto angefahren worden ist,** sitzt der Hund ganz allein am Stinnesplatz. Er kennt sich nicht aus und niemand kümmert sich um ihn. **Durch den Regen sieht der Hund inzwischen verwahrlost aus.** Auf der Suche nach Futter läuft er zu einer Schule, weil er dort manchmal Brot bekommen hat und gestreichelt worden ist. Aber diesmal bewerfen ihn die Kinder mit Steinen und jagen ihn. **Weil er so verwahrlost aussieht, erkennen sie ihn nicht.** Er will sich bei einem Mann auf der Brücke in Sicherheit bringen, aber der stößt den Hund mit einem Fußtritt ins Wasser. **Nach mehreren Versuchen kann sich der Hund nicht mehr aus dem Thyssen-Kanal retten, ertrinkt und treibt tot im Kanal und weiter in einen Fluss, bis er außerhalb der Stadt an Land geschwemmt wird.** Am Ende hat nur ein kleines Kind am Ufer Mitleid mit dem toten Hund.

Seite 38

1 Die Kurzgeschichte beginnt mit einer Beschreibung des Ortes, an dem die Geschichte spielt. Der erste Satz ist sehr kurz, er besteht nur aus zwei Wörtern.

2 Es wird der Alltag in einer Stadt beschrieben, in der viele Menschen und Autos auf den Straßen unterwegs sind.

3 **a.** und **b.**
Rückblende: schon seit zwei Wochen (Z. 16)
Beginn des Geschehens: seit den frühen Morgenstunden (Z. 18), gegen Mittag (Z. 45)
Ende des Geschehens: zu derselben Zeit, als der Mann auf der Brücke des Thyssen-Kanals den fünften Zigarettenstummel ins Wasser warf und sich zum Gehen wandte (Z. 103–105)

c. Die eigentliche Handlung findet in der Zeitspanne von einem Tag statt. In einer Rückblende erfährt man aber auch etwas über die letzten zwei Wochen.

Seite 39

4 **a.** der Hund, einige Kinder, ein Mann im Arbeitsanzug, ein Kahnwächter und sein Kind; nur der Hund wird näher beschrieben

b. Das Merkmal einer geringen Anzahl von Figuren trifft zu, weil nur die Hauptfigur genauer beschrieben wird.

5 „Aber der Mann grinste und stieß das Tier, eben als es an ihm hochspringen wollte, mit einem schweren Fußtritt unter dem Geländer der Brücke hinweg." (Z. 75–77)

6
- Der Mann im Arbeitsanzug stößt den Hund von der Brücke in den Kanal.
- Das Kind am Kai macht seinen Vater auf den Hund aufmerksam.
- Das Ende bleibt nicht offen, denn man erfährt, dass der Hund bereits tot ist.

7 **a.** „Gegen Mittag ließ der Regen nach und er trottete hinaus ins Freie. Er lief durch Eppendorf, über die Wedauer Straße und kam in das Industrieviertel der Stadt. Er wurde verwirrt durch die hohen Mauern, die schrillen Geräusche des ihn umtosenden Verkehrs, das Dröhnen der Maschinen, das in der Luft lag, aber er lief beharrlich weiter." (Z. 45–49)

b. Über den Unfall wird aus der Sicht des Erzählers erzählt. Es ist ein auktorialer Erzähler, dabei wird aber auch die Perspektive des Hundes berücksichtigt.

c. Das Geschehen wird in der *Er*-Form erzählt. Meist wird es neutral (nur sachlich beschreibend) wiedergegeben, aber es gibt auch Abschnitte aus der Sicht des *Hundes*.

Seite 40

1 **b.** Stadt ist grau, Wolken lagern wie Blei über den Häusern, Wolken verhüllen den Himmel, Staub und Ruß hängen wie eine Nebeldecke in den Straßen, Wind fegt durch die Straßen und wirbelt Wasser und Dreck auf, Regen verursacht schmutziges Nass

c. „Trostlosigkeit" (Z. 11)

d. starker Verkehr, viele Menschen, Lärm, Ruß, Benzingeruch, Eppendorf, Industrieviertel, hohe Mauern, laute Maschinen, Kanal

2 *Diese Sätze könntest du geschrieben haben:*
Die Stadt wirkt auf mich beängstigend und ungemütlich. Ich möchte dort nicht leben, auch wenn das Wetter sicher nicht immer so schlecht ist wie an dem beschriebenen Tag. Die Menschen wirken hektisch und die Industrie, die Autos, der Lärm und der Dreck lassen die Stadt sehr negativ erscheinen.

3 Der Hund sucht Hilfe bei den Schulkindern. Er ist fast verhungert und denkt, dass sie ihm vielleicht etwas zu fressen geben, so wie sie es schon oft getan haben. Die Kinder erkennen den Hund aber nicht, weil er mit seinem durchnässten Fell ungepflegt und verwahrlost aussieht. Er hat keinen Besitzer mehr und ist zu einem herumstreunenden Hund geworden. Deswegen verstoßen die Kinder ihn.

4 **a.**

Figuren	Verhalten (Textstellen)
Passanten	„jemand ... hatte den Hund ... mit einem Tritt verjagt" (Z. 38–39)
Kinder	- „Sie streichelten ihn manchmal und fütterten ihn mit Brot." (Z. 52) - „aber sie zischten, als sie ihn sahen, trampelten mit den Füßen auf den Boden, klatschten in die Hände, scheuchten ihn vor sich her." (Z. 57–59) - „standen sie unbeweglich und beobachteten ihn aus neugierigen, erwartungsvoll lauernden Augen." (Z. 65–66) - „Und dann bückten sie sich jäh und rafften Steine zusammen" (Z. 66–67), „Steine prasselten um ihn herum, einige trafen ihn." (Z. 70–71)
Mann auf der Brücke	„grinste und stieß das Tier, eben als es an ihm hochspringen wollte, mit einem schweren Fußtritt unter dem Geländer der Brücke hinweg." (Z. 75–77)
Kahnwächter	„gleichmütig" (Z. 99)
Kind am Kai	„‚Armer Hund!', fügte das Kind hinzu." (Z. 100)

b. Nur das Kind am Kai zeigt Interesse und Mitgefühl.

c. Die Stadtbewohner verstoßen den Hund. Sie behandeln ihn nicht wie ein Lebewesen, sondern wie ein Stück Abfall.

5 *So könntest du das Verhalten beurteilt haben:*
Das Verhalten der Stadtbewohner gegenüber dem Hund empfinde ich als bösartig und ungerecht. Nur weil er keinen Besitzer mehr hat, wird er nicht wie ein Haustier, sondern wie ein Stück Abfall behandelt. Sie kommen nicht auf die Idee, dass der Hund großes Pech gehabt hat. Sie haben kein Mitgefühl.

6 *Diese Ideen könntest du aufgeschrieben haben:*
In der Kurzgeschichte steckt die Lehre, dass man andere nicht nach dem Äußeren beurteilen soll. So wie dem Hund kann es auch Menschen gehen, die ihre Arbeit verlieren. Und wenn sie verwahrlosen, werden sie oft schlecht behandelt. Es kann aber sein, dass sie einfach Pech hatten, so wie der Hund in der Geschichte, der seinen Besitzer durch einen Unfall verloren hat.

Seite 41

1 In der Kurzgeschichte „Der Hund im Thyssen-Kanal" von Theodor Weißenborn geht es um das Schicksal eines herrenlos gewordenen Hundes, der von den Menschen verstoßen wird, weil er inzwischen ungepflegt und verwahrlost aussieht.

2 Sein Besitzer ist zwei Wochen vorher mit ihm in die Stadt gegangen und von einem Auto angefahren worden. Seitdem ist der Hund allein in der fremden Stadt. An dem Regentag sucht er in einer Unterführung Schutz. Als der Regen aufhört, hofft er auf die Hilfe von einigen Schulkindern, die ihn schon öfter gefüttert und gestreichelt haben. Da er aber so schmutzig und verwahrlost aussieht, erkennen sie ihn nicht und bewerfen ihn mit Steinen. Der Hund sucht Schutz bei einem Mann, der ihn jedoch von der Brücke ins Wasser stößt. Der Hund kann sich nicht mehr aus dem Thyssen-Kanal retten. Der tote Hund wird erst außerhalb der Stadt ans Ufer getrieben, wo er von dem Kind eines Kahnwächters entdeckt wird. Dieses Kind ist die einzige Person in der Geschichte, die Mitleid mit dem Hund hat.

zu Seite 41

3 Es sind einige Merkmale von Kurzgeschichten zu erkennen. Die Handlung beginnt nicht unvermittelt. Zuerst werden die Stadt und das Wetter beschrieben (Z. 1–12) und danach der Hund, der am Stinnesplatz sitzt (Z. 13–18). Bevor die eigentliche Handlung mit dem Ende des Regens in Zeile 45 beginnt, wird noch in einer Rückblende erzählt, wie der Hund in diese Situation gekommen ist. Es sind nur wenige Figuren und Handlungsorte an der Geschichte beteiligt. Die Figuren beschränken sich auf den Hund, seinen Besitzer, die Schulkinder, den Mann auf der Brücke und den Kahnwächter mit seinem Kind. Nur der Hund wird genauer beschrieben. Die eigentliche Handlung findet im Zeitraum von nur einem Tag statt. In einer Rückblende wird allerdings geschildert, wie der Hund zwei Wochen zuvor in diese Situation gekommen ist (Z. 19–44). In der Kurzgeschichte wird ein Ausschnitt aus dem alltäglichen Leben der Stadt gezeigt, in der viele Menschen und Autos auf den Straßen unterwegs sind (Z. 8–10). Dieses Geschehen wird zum entscheidenden Moment im Leben der Hauptfigur (Z. 75–77). Die Geschichte endet mit dem Tod des Hundes.

Das Geschehen wird von einem allwissenden (auktorialen) Erzähler in der Er-Form erzählt. Meist wird es neutral (nur sachlich beschreibend) wiedergegeben („Trotz dem Regen brodelte der Verkehr in den Straßen kaum weniger lebhaft als gewöhnlich." Z. 8–9), dabei zeigt der allwissende (auktoriale) Erzähler an einigen Stellen auch die Sicht des Hundes („Da schien eine geheime Verschwörung unter den kleinen Menschen zu entstehen." Z. 64–65).

Durch die Beschreibung der Stadt als „versunken in strähnendem Grau" (Z. 1) mit einem „Schleier aus Staub und Ruß, der wie eine Nebeldecke über den Dächern" (Z. 3–4) hängt, wird eine unheimliche und ungemütliche Atmosphäre erzeugt. Die Stadt wirkt trostlos und auch gefährlich, voll von „Menschen und stählernen Tieren" (Z. 24) und „Lärm" (Z. 25). Die Sicht des Hundes wird nachvollziehbar, deshalb hat der Leser Mitleid mit ihm.

5 Zusammenfassend kommt man zu dem Schluss, dass in dieser Kurzgeschichte die Menschen in der Stadt kein Mitleid mit dem herrenlosen Hund haben. In der Kurzgeschichte steckt die Lehre, dass man andere nicht nach ihrem Äußeren beurteilen soll. So wie dem Hund kann es auch hilflosen Menschen gehen. Wenn sie verwahrlosen, werden sie oft schlecht behandelt. Und dabei ist es möglich, dass sie einfach nur Pech hatten, so wie der Hund, der seinen Besitzer durch einen Unfall verloren hat.

Seite 42

2 Das Gedicht beschreibt teilweise übertriebene Wünsche für ein ideales Leben. Die angesprochene Person wird am Ende des Gedichts darüber belehrt, dass uns Menschen immer irgendetwas fehlt oder stört und ein perfektes Leben selten ist.

3 Ich soll das Gedicht „Das Ideal" interpretieren. Dabei soll ich den Inhalt, die Merkmale und die verwendeten Stilmittel beschreiben. Außerdem soll ich die Wirkung von Form und Sprache auf die Aussage beschreiben.

Seite 43

2 die Friedrichstraße – ☒ Straße in Berlin;
der Pokal – ☒ ein Trinkgefäß;
der Aal – ☒ ein Fisch;
irdisch – ☒ erdig;
Moneten – ☒ Geld;
der Fächer – ☒ ein Gerät zum Fächeln von Luft

3 **b.**

Dinge und Tiere	Personen
Villa mit Terrasse, Aussicht auf die Ostsee, die Friedrichstraße und die Zugspitze, viele Zimmer, Dachgarten, Bibliothek, Pferde, Autos, Motorrad, Geld, Schmuck	Dienerschaft, süße und rassige Frau, Reservefrau fürs Wochenende, famose Kinder

Tätigkeiten	ideelle Werte
reiten, Auto und Motorrad fahren, jagen, essen und Wein trinken, reisen	Bescheidenheit, Einsamkeit, Fröhlichkeit, ewige Gesundheit

4 **b.** Für das vollkommene Glück fehlt einem oft entweder das Geld oder der richtige Partner oder es stört irgendeine Kleinigkeit.

5 Das Gedicht steht hauptsächlich in der Du-Form. In Zeile 20 taucht einmal die Ich-Form und am Ende auch zweimal die Wir-Form (Z. 36, 40) auf. Der lyrische Sprecher spricht alle an und schließt sich durch die Ich-Form und die Wir-Form selbst mit ein.

6 Der erste Teil des Gedichts beschreibt in den Zeilen 1 bis 28 die Wünsche für ein ideales Leben. Im zweiten Teil von Zeile 29 bis 42 wird festgestellt, dass fast jedes Glück Mängel hat und selten perfekt ist.

Seite 44

7 ☒ Paarreim

8 Die Strophen sind unterschiedlich lang.
Es gibt sechs größere Strophen mit vier bis acht Versen.
Außerdem gibt es an mehreren Stellen einzelne Verse.

9 Die Verse sind unterschiedlich lang. Die Verse 1, 28, 37, 38, 41 und 42 sind deutlich kürzer als die anderen Verse. Vers 28 besteht aus den gleichen Worten wie Vers 1 – nur das Satzzeichen ist anders.

10 **b.** *Hier kannst du unterschiedlich angekreuzt haben. Nur „dramatisch" wäre falsch.*

11 **b.** *Diese Übertreibungen könntest du gefunden haben.*
- Z. 2–5: Die Idealvilla soll gleichzeitig an der Ostsee, in Berlin und an der Zugspitze liegen, obwohl diese Orte alle sehr weit voneinander entfernt sind.
- Z. 8: mehr Zimmer als nötig
- Z. 9: Eichen sind viel zu große Bäume für einen Dachgarten
- Z. 11: Diener, die gut gezogen und stumm sein sollen
- Z. 12–13: zwei Frauen, davon eine als Reserve
- Z. 16–17: viel mehr Fortbewegungsmittel, als ein Mensch braucht
- Z. 25: immer mehr Geld
- Z. 27: ewige Gesundheit

12 **b.** „Ja, das möchste" (Z. 1, 28)
„sehn" (Z. 5)
„hast dus nicht weit" (Z. 6)
„wo die Eichen drauf stehn" (Z. 9)
„eine fürs Wochenende" (Z. 13)
„alles lenkste" (Z. 17)
„Und noch ne Million und noch ne Million" (Z. 25)
„pöapö" (Z. 31)
„dann fehln dir die Moneten" (Z. 34)

13 **b.** „ja" – Z. 1, 18, 20, 28
„und" – Z. 11–15, 19, 20, 23–28
„hast du" – Z. 33–35
„dann" – Z. 33–35

Seite 45

1 Das Gedicht beschreibt im ersten Teil ein Leben, das sich viele Menschen als ideal vorstellen. Dieses „Ideal" wird aber im zweiten Teil des Gedichts widerlegt. Das Gedicht macht deutlich, dass „das Ideal" aus der Überschrift nur selten erreicht wird.

2

Form und Stilmittel	Funktion
unregelmäßige Strophen und Verse	unterstützt die Aussage, dass nicht alles ideal ist
Paarreim	dadurch bleibt es ein Gedicht
Wiederholung des ersten Verses	teilt das Gedicht in zwei Teile
Umgangssprache und Dialekt	Vertrautheit, tröstende und ironische Stimmung
Übertreibung	unterstreicht die viel zu hoch gesteckten Ziele
Wiederholungen des Wortes „und"	betont, dass es zu viele Ideale sind

3 *So könnte deine Gedichtinterpretation aussehen:*
In dem Gedicht „Das Ideal" von Kurt Tucholsky aus dem Jahr 1927 geht es darum, dass nicht alles im Leben ideal sein kann. Man kann das Gedicht in zwei Teile gliedern. Im ersten Teil wird das Lebensideal einer Person beschrieben. Diese Person wird in dem Gedicht von dem lyrischen Sprecher direkt angesprochen. Der zweite Teil beginnt in Zeile 29 und weist darauf hin, dass nicht alles im Leben ideal sein kann. Irgendetwas stört uns Menschen immer. Die Strophen und die Verse des Gedichts sind unregelmäßig und unterschiedlich lang. Einige Verse sind durch Einrückung hervorgehoben, der Vers „Ja, das möchste" wird in den Zeilen 1 und 28 wiederholt. Die Unregelmäßigkeit der Strophen und Verse unterstützt die Aussage, dass nicht alles ideal ist. Durch den Paarreim ist der Text aber als Gedicht deutlich zu erkennen. Weil in dem Gedicht viel Umgangssprache und Dialekt vorkommt, wie in den Zeilen 1 und 28 „Ja, das möchste" oder in Zeile 25 „Und noch ne Million und noch ne Million", können sich die Leserinnen und Leser leicht in die Situation des Wünschenden hineinversetzen. Auf der anderen Seite gibt es viele Übertreibungen in dem Gedicht, wie zum Beispiel die Lage der Villa sowohl an der Ostsee als auch an der Friedrichstraße (Z. 2–6). Weitere Beispiele finden sich in den Zeilen 8 bis 10 und 16 bis 17. Diese Übertreibungen vermitteln eine ironische Distanz zu den Wünschen. Durch die Wiederholungen mancher Wörter, wie „ja" (Z. 1, 18, 20, 28) und besonders häufig „und" (Z. 11, 13–15, 19–20, 23–28) wirkt der erste Teil des Gedichtes so, als ob die Wünsche spontan aufgezählt werden. Im zweiten Teil des Gedichts erzeugen die Wiederholungen eine humorvolle Wirkung, mit der die Enttäuschung durch die Belehrung (dass das Leben selten ideal ist) abgemildert wird.
Das Gedicht „Das Ideal" macht sich auf humorvolle Weise über typische Vorstellungen von einem perfekten Leben lustig. Menschen, die ernsthaft alles haben wollen, werden mit diesem Gedicht lächerlich gemacht. Menschen, die sich eher im zweiten Teil des Gedichts wiedererkennen und die wissen, dass sie nie alles haben werden, werden dagegen getröstet. Es ist wichtig, dass man mit seinem Leben zufrieden ist und nicht von unerreichbaren Idealen träumt.

Seite 46

1 *Diese Anschrift solltest du angekreuzt haben:*
☒ Bundesagentur für Arbeit, Regensburger Straße 104, 90478 Nürnberg

2 Ein offizieller Brief muss einen *Absender* enthalten. Dieser steht in der oberen *linken Ecke* des Briefbogens. Name und Anschrift des *Empfängers* stehen *zwei Leerzeilen* unterhalb des Absenders. Das *Datum* steht in der rechten *oberen Ecke* des Briefbogens. Zwischen dem Empfänger und der Anrede steht die *Betreffzeile*. Diese Zeile gibt einen Hinweis in Stichworten zum *Inhalt* des Briefes. Ein offizieller Brief muss immer mit einer passenden *Anrede* beginnen und mit einem *Gruß* und der *Unterschrift* enden.

3 *So könnten die Betreffzeilen lauten:*
Ihr Schreiben vom 12. 03. 2011,
Unser Telefonat vom 15. 02. 2011,
Bestellung des Lexikons der Ausbildungsberufe,
Zimmerbuchung

4 **Anrede:** Sehr geehrte Damen und Herren,
Grußformel: Mit freundlichen Grüßen

Seite 47

7 Absenderadresse unvollständig, Empfängeradresse falsch, unklare Betreffzeile, unpassende Anrede, Grußformel fehlt, Unterschrift nicht handschriftlich

8 *Diese Information solltest du durchgestrichen haben:*
~~Meine Eltern arbeiten als Verkäuferin und Kraftfahrzeugmechatroniker.~~

9 Magdalena Müller 20. 03. 2012
(hier sollte eine Adresse stehen)

Bundesagentur für Arbeit
Regensburger Straße 104
90478 Nürnberg

Bestellung des Lexikons der Ausbildungsberufe 12/13

Sehr geehrte Damen und Herren,

ich bin Schülerin der neunten Realschulklasse der Martin-von-Tours-Schule in Neustadt/Hessen und mache voraussichtlich im Sommer 2013 meinen Abschluss.
Ich möchte mich über verschiedene Ausbildungsberufe und Berufsanforderungen im Bereich der Küche informieren. Daher bestelle ich mit diesem Schreiben das Lexikon der Ausbildungsberufe, Ausgabe 12/13. Ich bedanke mich im Voraus für Ihre Bemühungen.

Mit freundlichen Grüßen

Magdalena Müller

Seite 48

2 A Köchinnen und Köche kennen Rezepte für Gerichte, stellen Speisepläne auf, kaufen und lagern Zutaten ein, organisieren Arbeitsabläufe. Sie kochen, braten, backen und garnieren Gerichte, kalkulieren Preise und beraten Gäste.
B Köche und Köchinnen arbeiten hauptsächlich in den Küchen von Restaurants, Hotels, Kantinen, Krankenhäusern, Pflegeheimen und Cateringfirmen.
C Sie können auch in der Herstellung von Fertigprodukten und Tiefkühlkost tätig sein.
D Die Ausbildung dauert drei Jahre.
E Im zweiten Lehrjahr beträgt die Ausbildungsvergütung 446 € bis 589 €.

Seite 49

3 *Diese Sätze solltest du aufgeschrieben haben:*
A „Wenn sie einen Speiseplan aufgestellt haben, kaufen sie die Lebensmittel und Zutaten ein, bereiten sie vor oder lagern sie gegebenenfalls ein.“ (Z. 3–5)
B „In kleineren Küchen kochen, braten, backen und garnieren Köche und Köchinnen alle Gerichte selbst.“ (Z. 7–8)
C „Darüber hinaus sind sie in der Nahrungsmittelindustrie für Hersteller von Fertigprodukten und Tiefkühlkost tätig.“ (Z. 13–15)

4 **Lebensmittel einlagern** bedeutet, dass benötigte Waren auf Vorrat gekauft und in speziellen Räumen aufbewahrt werden. Dabei muss man darauf achten, dass die Lebensmittel richtig gelagert sind.
Arbeitsläufe organisieren bedeutet, dass man die Abfolge der Tätigkeiten der beteiligten Mitarbeiter plant.
Preise kalkulieren bedeutet, dass ein Verkaufspreis für die Gerichte festgelegt wird. Dabei müssen die Einkaufspreise der Zutaten und der Arbeitsaufwand berücksichtigt werden.

5 **Das Berufsbild der Köchin oder des Kochs**
Köchinnen und Köche kennen Rezepte für Gerichte, stellen Speisepläne auf, kaufen und lagern Zutaten ein, organisieren Arbeitsabläufe. Sie kochen, braten, backen und garnieren Gerichte, kalkulieren Preise und beraten Gäste. Während sie in kleineren Küchen meist alle Gerichte selbst zubereiten, sind sie in Großküchen meist auf die Zubereitung bestimmter Speisen spezialisiert.
Köchinnen und Köche arbeiten hauptsächlich in den Küchen von Restaurants, Hotels, Kantinen, Krankenhäusern, Pflegeheimen und Cateringfirmen, können aber auch in der Herstellung von Fertigprodukten und Tiefkühlkost tätig sein.
Der Beruf ist ein anerkannter Ausbildungsberuf nach dem Berufsbildungsgesetz (BBiG). Die Ausbildung dauert drei Jahre und wird im zweiten Lehrjahr mit 446 € bis 589 € vergütet.

Z 6 *So könnte deine Antwort lauten:*
Im Berufsbildungsgesetz (BBiG) stehen Bestimmungen über die Berufsausbildung, die Berufsausbildungsvorbereitung, die Fortbildung sowie die berufliche Umschulung.
Beispiel für eine Quelle: http://de.wikipedia.org/wiki/Berufsbildungsgesetz_%28Deutschland%29 (Downloaddatum 26.09.2011)

Seite 50

2 Mein Name ist Magdalena Müller und am 05. 05. 2011 von 8:00 bis 16:00 Uhr hatte ich meinen vierten Praktikumstag in der Küche des Hotels Sonne.

3 Ab 8:00 Uhr morgens betreute ich die Kaffeemaschine für das Frühstück, danach fuhr ich mit der Chefin zum Markt. Ich las dabei die Einkaufsliste, prüfte und probierte das Gemüse auf Frische und Qualität. Wir teilten die Einkäufe auf und nahmen die Kartoffel- und Zwiebelsäcke als Letztes mit. Um 9:45 Uhr fuhren wir zurück zum Hotel, wo ich dann 20 kg Kartoffeln schälte. Eine Stunde später schnitt ich 5 kg Zwiebeln. Um 11:30 Uhr half ich beim Eindecken einer Tafel für 50 Personen. Eine halbe Stunde später hatte ich für eine Dreiviertelstunde Mittagspause. Danach half ich beim Abräumen und bediente die Spülmaschine. Mit meiner nächsten und letzten Aufgabe, Salat zu waschen und zu schneiden, begann ich um 14:00 Uhr und um 16:00 Uhr endete mein erster Praktikumstag.

Seite 51

6 **b.** In dem Bericht gibt es mehrere wertende Aussagen.
Der Bericht ist nicht im Präteritum geschrieben.
Es gibt mehrere unsachliche Aussagen. Der Bericht enthält Zeitangaben, aber die Reihenfolge stimmt teilweise nicht.
Die Sätze sind nicht abwechslungsreich geschrieben.

7 **Tagesbericht**

Mein Name ist Magdalena Müller und ich absolviere mein Praktikum im Hotel Sonne als Köchin. Mein Praktikum begann am Montag, dem 02. 05. 2011, um 7:30 Uhr.
Ich wusch mir zuerst gründlich die Hände. Dann füllte ich Körbe und Schüsseln für das Frühstücksbüfett mit Brötchen und kleinen Portionen von Marmeladen, Honig und Butter nach. Abgeräumtes Geschirr säuberte ich von Essensresten und sortierte es in die Spülmaschinen.
Um 9:00 Uhr machte ich eine Frühstückspause.
Um 9:30 Uhr half ich beim Schälen von 20 Kilo Kartoffeln.
Um 10:30 Uhr durfte ich bei der Dekoration von Kuchenplatten für die Tagungsräume helfen. Dafür verwendeten wir Physalis, Litschis und aufgeschnittene Granatäpfel.
Um 11:00 Uhr sollte ich eine Salatsoße für das Mittagsbüfett anrühren. In einer großen Rührschüssel mixte ich mit dem Rührbesen Senf, Olivenöl, Essig, Salatkräuter, Pfeffer, Salz und Zucker. Dann prüfte der Koch mit einem sauberen Löffel, ob die Mischung gut ist. Die fertige Soße füllte ich danach in mehrere Glaskannen. Zwischen 12:00 und 12:30 Uhr wusch ich Salat und schnitt Tomaten für das Salatbüfett. Um 13:00 Uhr endete mein Praktikumstag.

Seite 52

1 *In dieser Reihenfolge solltest du die Fachbegriffe zugeordnet haben:*
der/die Ausbildende
der Ausbildungsbetrieb
der Ausbildungsberuf
der Betriebssitz
die Ausbildungsstätte
die Werktage
die Arbeitstage
die Vergütung
der Urlaubsanspruch
brutto
das Berufsausbildungsverhältnis
die Tarifverträge und Betriebsvereinbarungen
die Ausbildungsmaßnahmen

2
A Hotel Sonne
B 36 Monate
C 01. 09. 2013
D 9 Tage
E 3 Monate
F die gesetzlichen Vertreter des/der Auszubildenden
G im Ausbildungsbetrieb und in den mit dem Betriebssitz für die Ausbildung üblicherweise zusammenhängenden Bau-, Montage- und sonstigen Arbeitsstellen

Seite 54

2 Ihre, Ihnen, Ihrem, Sie, Ihr

3 Betreffzeile: keine Zeichensetzung
Anrede: Komma am Ende
Grußformel: kein Komma

Seite 55

4 *Diese Fehler solltest du markiert und so korrigiert haben:*
Rechtschreibfehler:
Ausbildungsplats – Ausbildungsplatz
gehrte – geehrte
Argentur – Agentur
ihnen – Ihnen
intensif – intensiv
lezten – letzten

Zeichensetzungsfehler:
- Komma nach Anrede fehlt,
- Zeile 6: Komma vor Relativsatz fehlt,
- Punkt nach Grußformel muss entfernt werden

Z 6 Den ersten Satz nach der Anrede schreibt man am Anfang *klein*.

Seite 56

1

Fremdwörter mit y	Fremdwörter mit c	Fremdwörter mit ch
der Zylinder,	die Creme,	der Chor,
groggy,	der Container,	die Chronik,
der Dynamo,	das Cockpit,	die Cholera,
der Typ,	clever,	der Charakter,
die Pyramide,	die City,	das Chrom,
der Physiker,	der Campingplatz,	das Chlor,
das System,	der Carport,	die Chance,
das Symbol,	das Casting,	der Chef,
die City,	die Chance,	die Chemie
die Party,	der Cousin	
die Story,		
der Pyjama,		
die Analyse,		
die Gymnastik,		
der Zyklus,		
zynisch,		
der Zyklon		

2 Sängerinnen und Sänger singen oft in einem *Casting*. Riesige und sehr alte *Pyramiden* stehen am Nil.
Die *Cholera* ist eine schwere Krankheit. Am Samstagabend sind wir auf eine *Party* eingeladen.

3 groggy – angeschlagen, erschöpft
der Dynamo – Erzeuger von elektrischem Strom
der Container – ein Großraumbehälter zur Lagerung und zum Transport von Gütern
die Chronik – geschichtliche Darstellung
clever – schlau, gewitzt
das Symbol – Wahrzeichen, Sinnbild, Zeichen
der Pyjama – ein Schlafanzug
die Analyse – die Untersuchung
der Zyklus – der Kreislauf
der Zyklon – ein tropischer Wirbelsturm

Seite 57

4 **b.**

Fremdwörter mit ph	Fremdwörter mit rh	Fremdwörter mit th
der Prophet, die Atmosphäre, das Alphabet, die Phase, die Strophe, der Paragraph, die Katastrophe	das Rheuma, das Rhinozeros, der Rhythmus, die Rhetorik	die Apotheke, das Labyrinth, die Thermosflasche, die Methode, die Sympathie, der Athlet, die Bibliothek, das Theater, das Thermometer, der Rhythmus, die Theke, der Thron

5 **a.** *Diese Wörter solltest du markiert haben:*
Athleten – Apotheken – Rheuma – Rhythmus – Trainingsmethoden – Thermometer – Bibliotheken – Katastrophe

6 *In dieser Reihenfolge solltest du den Erklärungen diese Fremdwörter zugeordnet haben:*
das Rheuma – die Apotheke – die Bibliothek – das Thermometer – die Katastrophe – der Athlet

7 das Labyrinth – ein Irrgarten
die Atmosphäre – Stimmung, Milieu, Umwelt
die Rhetorik – Redekunst
die Sympathie – Zuneigung, Wohlgefallen

Seite 58

1 **a.** *So solltest du die Wörter eingetragen haben:*
Zusammen schreiben wir jetzt eine Postkarte an unsere Freundin.
Das Wort „schwarzärgern" muss man immer *zusammenschreiben*.
Achte genau auf die Temperatur, damit der Versuch nicht *schiefgeht*.
Herr Meier hat solche Rückenschmerzen, dass er ganz *schief geht*.
Kannst du das Dessert bitte auf dem Balkon *kalt stellen*?
Wir müssen den Linksaußen immer ablaufen, damit wir ihn *kaltstellen*.
Warum muss er seine Hausaufgaben nur immer so *schlecht machen*?
Wieso muss sie ihre Lehrerin nur immer so *schlechtmachen*?
Die nächsten Hausaufgaben will ich besonders *gut machen*.
Die Beleidigung kannst du mit einem Kompliment wieder *gutmachen*.
Du musst nicht immer deine misslungenen Versuche *schönreden*.
Wenn ihm ein Gespräch wichtig ist, kann er wirklich *schön reden*.
Die Richterin wird den Angeklagten bestimmt nicht *freisprechen*.
Als Anwalt muss man ohne Manuskript *frei sprechen* können.

2 **a.** jahrelang, freudestrahlend, hitzebeständig, berufstätig, angsterfüllt, butterweich

Seite 59

3 **a.** *Diese Wortgruppen solltest du markiert haben:*
Nomen + Verb: Auto fahren, Tennis spielen, Fahrrad fahren, Eis essen, Angst haben
Verb + Verb: spazieren gehen, stecken bleiben, kennenlernen, sitzen bleiben, warten lassen

4 das Autofahren, zum Tennisspielen, beim Fahrradfahren, vom Eisessen, das Angsthaben, beim Schlangestehen, vom Motorradfahren, zum Skilaufen, beim Maßhalten, das Feuerfangen, zum Handballspielen, vom Schlittschuhlaufen

5 beim Spazierengehen, das Steckenbleiben, zum Kennenlernen, vom Sitzenbleiben, das Wartenlassen, vom Stehenbleiben, beim Fallenlassen, das Liegenlassen, zum Lesenüben

6 Werte Gäste,
unser Sporthotel bietet Ihnen viele Möglichkeiten der Freizeitgestaltung. Auf dem See können Sie im Winter *Schlittschuh laufen*. Auf unserem Hausberg ist auch das *Skilaufen* möglich. Im Sommer lädt unser gepflegter Rasenplatz zum *Fußballspielen* ein und auf vier Sandplätzen können Sie *Tennis spielen*.

Seite 60

1 Nominalisierungen aus ...

Nomen + Verb	Verb + Verb	Adjektiv + Verb
das Autofahren, beim Radfahren, zum Angsthaben, das Feuerfangen, beim Maßhalten, zum Schlange-stehen	beim Badengehen, zum Joggengehen, das Sitzenbleiben, beim Essengehen, zum Schreiben-lernen, das Tanzenüben	zum Geduldig-bleiben, das Richtigmachen, beim Übrigbleiben, zum Schnellfahren, das Auswendig-lernen, beim Kleinschneiden

3 Manchen Menschen wird vom *Autofahren* schlecht. Beim *Autofahren* muss man sich permanent konzentrieren. Bei Regen habe ich zum *Badengehen* keine Lust. Ich langweile mich beim *Schlangestehen* an der Supermarktkasse. Wir gehen zum *Eisessen* in die Eisdiele. Im Straßenverkehr ist das *Schnellfahren* mit dem Rad gefährlich.

Seite 61

4 Rad fahren
das Radfahren
riskantes Fahren
das riskante Fahren

5

Artikel + Verb	Attribut + Verb
das Autofahren, das Einkaufen	schnelles Fahren, lautes Hupen, ausdauerndes Gehen

Seite 62 – Das kann ich!

1 Bewerbungsschreiben müssen *fehlerlos* sein.

2 Betreff: Ausbildungsplatz als Altenpfleger
Anrede: Sehr geehrte Damen und Herren,
Grußformel: Mit freundlichen Grüßen

3 *Diese Fehler solltest du markiert und so korrigiert haben:*
Rechtschreibfehler:
Ausbilldungsplatz – Ausbildungsplatz
interesiere – interessiere
ihnen – Ihnen
das – dass
vorausichtlich – voraussichtlich
Vorstelungsgespräch – Vorstellungsgespräch

Zeichensetzungsfehler:
- Komma nach Anrede fehlt
- Zeile 6: Komma nach „habe" fehlt
- Ausrufezeichen nach Grußformel muss entfernt werden

5 Die Lufthülle der Erde nennt man *Atmosphäre*.
Mit dem *Thermometer* bestimmt man die Temperatur.
Das Nashorn wird auch *Rhinozeros* genannt.
Ein schreckliches Unglück ist eine *Katastrophe*.
In der *Bibliothek* kann man Bücher ausleihen.
Die Abschnitte eines Gedichts nennt man *Strophe*.

Das kann ich! – Auswertung	
29–40 Punkte	Du hast schon viel gelernt. Weiter so!
18–28 Punkte	Du kannst es sicher noch besser. Übe weiter.
0–17 Punkte	Arbeite die Seiten 54 bis 57 noch einmal durch.

Seite 63 – Das kann ich!

1 Aus den getrennt geschriebenen Wortgruppen Nomen + Verb und Verb + Verb werden *zusammengesetzte* Nomen. Die Wörter *das*, *zum*, *beim* und *vom* machen 's.

2 In unserer Gesellschaft gewinnt die Geschwindigkeit der Fortbewegung eine immer größere Bedeutung. Sehr langsam ist das *Spazierengehen*. Etwas eiligere Zeitgenossen können mit dem *Fahrrad fahren*. Favorit ist nach wie vor das *Autofahren*, obwohl man oft in einem Stau zum Warten gezwungen wird. Dann hört man die Fahrer manchmal fluchen: „Ach, wäre ich doch bloß mit dem *Zug gefahren* oder gleich mit dem *Flugzeug geflogen*.

3 **a.** jahrelang, leiderfüllt, berufstätig, butterweich

4 Verben werden nominalisiert und großgeschrieben, wenn ein *Artikel* oder ein *Attribut* davorsteht.

5 Taifur konnte bereits früh *Fahrrad fahren*. Beim *Spazierengehen* ist er oft gestolpert. Deshalb möchte er unbedingt *Auto fahren*, wenn er 18 ist, denn das lange *Stehen* im Bus ist unbequem. Aber zur Not kann er *laufen*, meinen seine Eltern. Denn das riskante und schnelle *Fahren* ist ihnen zu gefährlich.

Das kann ich! – Auswertung	
22–30 Punkte	Du hast schon viel gelernt. Weiter so!
14–21 Punkte	Du kannst es sicher noch besser. Übe weiter.
0–13 Punkte	Arbeite die Seiten 58 bis 61 noch einmal durch.

Seite 64

1 Als das Praktikum begann, musste Farina morgens um 06:00 Uhr aufstehen.

Da der Wecker nicht klingelte, wachte sie zu spät auf.

Sie rannte zum Bus, weil sie verschlafen hatte.

Der erste Praktikumstag machte Irina Spaß, obwohl sie zu spät kam.

Wenn das Praktikum beendet ist, will Irina ihren Berufswunsch überdenken.

2 **Im Berufsinformationszentrum (BiZ)**
Weil die Schülerinnen und Schüler im 9. Schuljahr ihre Zukunft planen müssen, besucht die Klasse das BiZ. Nachdem sie den Vortrag des Berufsberaters gehört haben, informieren sich die Schüler an verschiedenen Stationen. Nadine möchte weiter zur Schule gehen, denn sie hat in den Hauptfächern gute Noten. Max möchte eine Ausbildung machen, falls er den Zugang zur Klasse 10 b nicht schafft. Bevor er sich entscheidet, wartet er das nächste Zeugnis ab. Achmed ist Optimist. Er glaubt, dass ihm alle Türen offenstehen.

3 Während meine Mutter noch schlief, machte ich das Frühstück.
Ich machte das Frühstück, während meine Mutter noch schlief.

Wenn ich mit der Schule fertig bin, mache ich eine Ausbildung zur Physiotherapeutin.
Ich mache eine Ausbildung zur Physiotherapeutin, wenn ich mit der Schule fertig bin.

Als ich gestern spazieren war, traf ich meinen Nachbarn.
Ich traf meinen Nachbarn, als ich gestern spazieren war.

Seite 65

4 In unserer Stadt gibt es viele Sportstätten, die auf dem neuesten Stand sind.
Besonders modern ist das Fußballstadion, das sogar eine Rasenheizung hat.
Für etwa 40 000 Zuschauer gibt es Sitzplätze, die überdacht sind.
Neben dem Stadion gibt es einen Parkplatz, der 4000 Pkws Platz bietet.
Neben dem Stadion steht eine Mehrzweckhalle, die 10 000 Zuschauer fasst.

5 **Sehenswürdigkeiten**
Der Stadtführer erzählt einer Reisegruppe, die gerade angekommen ist: Meine Damen und Herren, wir stehen gerade vor dem historischen Rathaus, das in den Jahren 1613–1620 erbaut wurde. Beachten Sie bitte an dieser Eichentür die Schnitzereien, die von einem alten Meister eingearbeitet wurden.
Wir gehen nun weiter zu der Schule im Ortskern. Hier wurden vor über 500 Jahren die Kinder unterrichtet, die aus reichen Bürgerfamilien kamen. Im Hintergrund befindet sich ein alter Brunnen, der im Original erhalten ist.

6 Dieser Weg, der in den Wald führt, ist viel älter als alle Straßen hier.
Mitten im Wald, der vor allem aus Kiefern besteht, steht eine sehr alte Eiche.
Die Bauern, die gegen den Fürsten aufstanden, trafen sich an dieser Eiche.
Auf der Plakette, die am Baum befestigt ist, stehen die Namen der Bauern.

Seite 66

7 Um pünktlich zum Vorstellungsgespräch zu gelangen, muss man rechtzeitig aufstehen.

Anstatt mit mir zu telefonieren, könntest du mir auch eine SMS senden.

Sie antwortete einfach, ohne gefragt worden zu sein.

8 Sie ging nach Hause, ohne sich *umzudrehen*.
Anstatt die Ankunft des verspäteten Zuges *abzuwarten*, verließ er den Bahnhof.
Um sich in Englisch *fortzubilden*, besuchte sie einen Abendkurs.

9 **a.** Er wollte zu Fuß gehen, anstatt den Bus zu nehmen.
Sie schimpfte auf ihre Mitschüler, ohne sich hinterher zu entschuldigen.
Wir benötigen viel Zeit, um die Klassenfahrt vorzubereiten.

b. Um sich für die Feier umzuziehen, ging er nach der Arbeit nach Hause.
Anstatt auf den Preis zu achten, kaufte er sich das teuerste Handy.
Ohne zu zögern, nahm sie den Heiratsantrag an.

Seite 67 – Das kann ich!

1 In einem **Satzgefüge** werden *Nebensätze* (NS) vom **Hauptsatz** (HS) durch *Komma* abgetrennt. *Relativsätze* sind **Nebensätze, die sich** meist **auf ein vorangehendes Nomen** beziehen. Sie werden vom Hauptsatz durch ein **Komma** abgetrennt. *Infinitivsätze* enden auf einen **Infinitiv mit zu**. Infinitivsätze werden vom Hauptsatz durch ein *Komma* abgetrennt.

2 Die Geschäfte haben geschlossen, weil heute Sonntag ist.

Obwohl Kerstin zu spät aufstand, hat sie den Bus noch erwischt.

Meine Eltern vermuten, dass ich mich nicht gut auf den Test vorbereitet habe.

Als die Sonne unterging, wurde es sehr rasch dunkel.

3 Der Skispringer steht oben auf der Schanze, die im letzten Jahr renoviert wurde.

Dirk nimmt für den Ausflug sein altes Fahrrad, das schon etwas rostig ist.

Ich gehe mit unserem Hund spazieren, der ein Boxermischling ist.

4 Das Skateboard, das so bunt angemalt ist, gehört Petra.

Der Film, der in unserem Viertel gedreht wurde, läuft jetzt in den Kinos.

Die Klasse 9 b, die ihr Projekt vorgestellt hat, hat eine nette Klassenlehrerin.

5 **Das Bewerbungsgespräch**
Oft wird man direkt zu einem Bewerbungsgespräch eingeladen, ohne vorher einen Eignungstest zu machen. Der Personalchef stellt den Bewerbern viele Fragen, um einen Eindruck von der Person zu gewinnen. Auf Fragen zum Interesse an dem Beruf sollte man vorbereitet sein, anstatt ein peinliches Schweigen zu riskieren. Ohne zu zögern, sollte man möglichst alle Fragen beantworten.

Das kann ich! – Auswertung	
37–50 Punkte	Du hast schon viel gelernt. Weiter so!
23–36 Punkte	Du kannst es sicher noch besser. Übe weiter.
0–22 Punkte	Arbeite die Seiten 64 bis 66 noch einmal durch.

Seite 68

1 **b.** hört – denkt – hilft, Zeitform: Präsens
war – kehrte – bestand – trugen, Zeitform: Präteritum

2 *In dieser Reihenfolge solltest du diese Zeitformen der Verben ergänzt haben:*
nutzten – konnten – hatten eingesetzt – hatten – kamen durch – hatten – steckenblieben – waren – anrempelten – durchkamen – schränkte ein – galten – hatte verzichtet – hatte empfunden

3 *Diese Aussagen solltest du angekreuzt haben:*
X ... es den beschriebenen Beruf heute nicht mehr gibt.
X ... vor den Ereignissen im Präteritum liegen (Vorvergangenheit).

Seite 69

1 **b. Präsens:** werden ersetzt, werden angeboten, wird gefertigt, werden recycelt
Präteritum: wurden hergestellt, wurden abgefüllt, wurden ermöglicht

2 *In dieser Reihenfolge solltest du diese Verbformen ergänzt haben:*
wurden entsorgt, gesammelt wurden, wurde entzogen, wurde geschädigt, getrennt, wiederaufbereitet werden, wird aufgebracht, wird erreicht

Seite 70

1 *Diese Konjunktivformen solltest du markiert haben:*
sei – gäben – würden erkannt – könnten – könne

3

Indikativ	Konjunktiv I	Konjunktiv II	„würde"-Form
sie wünschen	sie wünschen	sie wünschten	sie würden wünschen
sie sind	sie seien	sie wären	sie würden sein
sie können	sie können	sie könnten	sie würden können
es wird	es werde	es würde	es würde werden
sie findet	sie finde	sie fände	sie würde finden
sie bringt	sie bringe	sie brächte	sie würde bringen

4 Lothar M., ein Lehrer, argumentiert, dass Kinder und Eltern sich Zensuren, vor allem aber gute Noten, wünschten. Für viele Schüler seien Zensuren deshalb eher schädlich, weil sie auch entmutigen könnten. Denn das Lernen werde dann zum Wettkampf.
Sibel C., eine Schulsprecherin, meint, dass sie die Benotung sinnvoll finde, weil sie sie dazu bringe, sich Mühe zu geben.

Seite 71 – Das kann ich!

1 *In dieser Reihenfolge solltest du diese Verbformen ergänzt haben:*
beschuldigt – schiebt – stammt – wanderten – übernachteten – wurde – führten – kam – musste – blieb – gelegt hatte – beschuldigte – getan hatte

2 *In dieser Reihenfolge solltest du die Verben so ergänzt haben:*
wurde abgefüllt – wurden abgepackt – wurden eingewickelt – wird eingesetzt – wurde (wird) herbeigeführt – wurden gekauft – wird gewünscht

3 **b.** Bettina W., Elternvertreterin, argumentiert, dass viele Eltern für Noten **seien**, weil die Kinder auch später in der Berufsausbildung bewertet **würden**. Die Schüler selbst **wollten** ja meistens Noten bekommen, weil sie ihnen bei der Selbsteinschätzung **helfen würden**. Natürlich **würden** sie auch die Gefahr **sehen**, dass Zensuren Misserfolge **verstärkten**, Lernen **sollte** ja nicht in erster Linie Wettkampf sein.

Das kann ich! – Auswertung	
29–40 Punkte	Du hast schon viel gelernt. Weiter so!
18–28 Punkte	Du kannst es sicher noch besser. Übe weiter.
0–17 Punkte	Arbeite die Seiten 68 bis 70 noch einmal durch.

Seite 72

1 **Warum wir ohne die Lüge verloren wären – Teil 1**
Wie oft haben Sie heute schon gelogen? Falls Sie nun „Kein einziges Mal" sagen, dann lügen Sie vermutlich schon. Es ist so unwahrscheinlich, weil Wissenschaftler von 200 Lügen pro Tag ausgehen. Wenn wir 16 Stunden täglich wach sind, würden wir 12,5-mal pro Stunde die Wahrheit verdrehen. Obwohl diese Zahlen etwas hoch erscheinen, sind sich alle einig: Wir lügen den lieben langen Tag, wenn wir es auch nicht zugeben.

2 In einem Nebensatz steht die gebeugte Verbform *am Ende*.

3 *In dieser Reihenfolge solltest du die Konjunktionen ergänzt haben:*
damit – wenn – falls – obwohl – wenn – weil

4 Wir lügen meistens, damit wir das Zusammenleben und -arbeiten erleichtern.
Wenn wir ein Gespräch mit einem Fremden beginnen wollen, führt die Wahrheit nicht immer zum Ziel. Wir brauchen die Lüge, obwohl die einen schlechten Ruf hat.

Seite 73

5 **Fehler vermeiden im Vorstellungsgespräch**
Man kann es nicht oft genug betonen: Informieren Sie sich über den Betrieb, bevor Sie zum Vorstellungsgespräch gehen. Sie können die Fragen zu Ihrer Motivation nicht erfolgreich beantworten, solange Sie nicht genau über den Betrieb informiert sind. Sobald man Sie einlässt, begrüßen Sie Ihr Gegenüber mit einem kräftigen Händedruck. Schauen Sie Ihrem Gesprächspartner in die Augen, während Sie mit ihm reden. Das vermittelt Selbstsicherheit und Offenheit.

6 **b.** Notieren Sie sich den Namen der Bezugsperson, bevor Sie aus dem Haus gehen.
Stellen Sie Ihr Handy aus, bevor Sie den Betrieb betreten.
Sehen Sie die Gesprächspartner an, während Sie auf die Fragen antworten.
Werden Sie nicht unfreundlich, sobald Ihnen kritische Fragen gestellt werden.
Reden Sie nur hochdeutsch, solange das Gespräch nicht beendet ist.

7 **b.** Er meldete sich bei mir, nachdem er meine Bewerbung erhalten hatte.
Nachdem wir das Gespräch beendet hatten, begleitete mich Herr Zenker zum Ausgang.
Sie gewann wieder mehr Selbstsicherheit, nachdem sie den Raum verlassen hatte.
Nachdem sich alle Kandidaten vorgestellt hatten, mussten sie sich für einen Bewerber entscheiden.

Seite 74

1 Sibel sucht eine Ausbildung, *die* nicht zu lange dauert.
Sie bewirbt sich in dem Betrieb, *den* sie vom Praktikum kennt.
Ihre Freunde, *denen* sie von der Ausbildung erzählt hat, rieten ihr davon ab.
Morgen ist die Prüfung, *der* sie entgegenfiebert.
Ihr Freund, *dem* sie bei der Bewerbung geholfen hat, bekam den Job.
Einige Mitschüler, *deren* Noten zu schlecht sind, wiederholen die Klasse.
Ihr Bruder, *dessen* Zeugnis sie kopieren soll, beginnt bald seine Ausbildung.

2 Hier ist das Formular, das wir ausfüllen sollen. Zeigst du mir den Brief, den du vorhin bekommen hast? Hier ist die Antwort, die ich erwartet habe. Kennst du den Betrieb, dem gestern der Ausbilderpreis verliehen wurde? Der Ausbildungsleiter, dessen Namen ich vergessen habe, hat viel gefragt. Der Sachbearbeiter, dem ich meine Nummer gegeben habe, wollte mich zurückrufen.

3 *So könntest du die Sätze ergänzt haben:*
Ich hätte gerne einen Beruf, der mir Spaß macht.
Menschen, die spontan sind, mag ich am liebsten.
Ein Film, der nur von Gewalt handelt, interessiert mich nicht.
Über Mitschüler, deren Hausaufgaben immer fehlen, ärgere ich mich.

Seite 75 – Das kann ich!

1 Zwischen Hauptsatz und Nebensatz steht ein *Komma*.
Im Nebensatz steht die gebeugte Verbform *am Ende*.
Temporale Nebensätze werden z. B. durch die Konjunktionen *bevor*, *während*, *seit* und *sobald* eingeleitet. Wenn man die Konjunktion *nachdem* verwendet, stehen in Haupt- und Nebensatz unterschiedliche Zeitformen.

2 *In dieser Reihenfolge solltest du die Konjunktionen ergänzt haben:*
damit – wenn – solange – obwohl

3 **Als** er am Bahnhof ankam, fuhr sein Zug gerade ein. **Während** er nach Bonn fuhr, las er noch einmal die Unterlagen. In Bonn nahm er schnell den Bus, **weil** er wenig Zeit hatte. **Nachdem** er das Gespräch beendet hatte, kaufte er sich ein Sandwich. **Obwohl** er den ganzen Tag nichts gegessen hatte, hatte er keinen Hunger. **Wenn** er schnell nach Hause wollte, musste er jetzt zum Bahnhof. Er kehrte zum Bahnhof zurück, **damit** er den Zug um 17 Uhr bekam.

4 Der Zeitungsartikel, den du mir gegeben hast, ist schwer zu verstehen. Unsere Ausbildungsplatzsuche ist ein Thema, das uns ständig beschäftigt. Ich habe einen alten Lehrer getroffen, dessen Namen ich vergessen habe. Meine Freundin, der ich das Buch besorgt habe, hat sich noch nicht gemeldet. Der Personalchef, den ich heute angerufen habe, war sehr freundlich.

Das kann ich! – Auswertung	
29–40 Punkte	Du hast schon viel gelernt. Weiter so!
18–28 Punkte	Du kannst es sicher noch besser. Übe weiter.
0–17 Punkte	Arbeite die Seiten 72 bis 74 noch einmal durch.

Seite 76

1 Wer oder was sollte Beschleunigen vermeiden?
- Der Fahrer (Subjekt)
Wen oder was sollte der Fahrer vermeiden?
- unnötiges Beschleunigen (Akkusativobjekt)
Wer oder was schadet dem Motor?
- hochtouriges Fahren (Subjekt)
Wem schadet hochtouriges Fahren?
- dem Motor (Dativobjekt)

2 und **Z 3**

Wegen des höheren Spritverbrauchs (*Grund*) (sollte) [man] [hohe Drehzahlen] immer (*Zeit*) (vermeiden). Häufig (*Zeit*) (kann) [man] auch in Ortschaften (*Ort*) im höchsten Gang (*Art und Weise*) (fahren). Auf Landstraßen (*Ort*) (kann) [man] schon 500 m vor einer Ortschaft (*Ort*) [den Fuß] [vom Gas] (nehmen). So (muss) [man] nicht unnötig (*Art und Weise*) (bremsen). Wenn [man] vorausschauend (*Art und Weise*) (fährt), (kann) [man] auch an roten Ampeln (*Ort*) [Rollphasen] optimal (*Art und Weise*) (nutzen). An Bahnübergängen (*Ort*) (sollte) [man] [den Motor] (abstellen).

Seite 77

1 Mich nervt, dass er ständig nörgelt.
Mir ist nicht so wichtig, dass er pünktlich erscheint.
Kein Vertrauen verdient, wer betrügt.
Dich interessiert wohl gar nicht, ob du vorwärtskommst!

2 Es ist wichtig, den Energiebedarf zu senken.
In den nächsten Jahren wird es unterstützt, Wärmeverluste zu vermeiden.
Es wird mittlerweile staatlich gefördert, Hauswände zu dämmen.
Es wird dringend empfohlen, Thermofenster zu verwenden.

Seite 78

1 Spülen Sie das Gerät gründlich aus, bevor Sie es erstmalig benutzen. Spülen Sie den Kalkfilter unter fließendem Wasser ab, nachdem Sie ihn entfernt haben. Sie schonen die Oberfläche des Geräts, dadurch, dass (indem) Sie das Gerät vorsichtig säubern. Eine Entkalkung im Rhythmus von drei Monaten reicht aus, selbst wenn Sie das Gerät täglich gebrauchen.

2 *Diese Sätze solltest du so umformuliert haben:*
Nehmen Sie das Gerät aus dem Sockel, bevor Sie den Wassertank befüllen. [...] Wenn der Siedepunkt erreicht ist, schaltet sich das Gerät automatisch ab. [...] Dadurch, dass Sie es regelmäßig entkalken, verlängern Sie die Lebensdauer des Geräts.

Seite 79 – Das kann ich!

1 Den Motor (*Wen? – Akkusativobjekt*) sollte man schonend (*Wie? – adverbiale Bestimmung der Art und Weise*) auf Betriebstemperatur warmfahren. Man (*Wer? – Subjekt*) sollte regelmäßig (*Wann? – adverbiale Bestimmung der Zeit*) den Reifendruck kontrollieren. Zu geringer Reifendruck schadet der Umwelt (*Wem? – Dativobjekt*) durch höheren Spritverbrauch. Auch wegen alter Zündkerzen (*Warum? – adverbiale Bestimmung des Grundes*) kann der Spritverbrauch (*Wer? – Subjekt*) schnell steigen.

2 Es dauert eine Weile, einen Praktikumsplatz zu finden.
Es hat mir Spaß gemacht, in der Gruppe gemeinsam zu arbeiten.
Es war unmöglich, die Maschine in der Bewegung zu stoppen.
Es war nötig, sich in der Pause nach dem Lärm auszuruhen.

3 **Bedienungsanleitung: Elektrische Zahnbürste**
Bevor Sie das Gerät einschalten, halten Sie die Bürste an die Zähne. Wenn Sie das Gebiss reinigen, führen Sie die Bürste mit leichtem Druck über die Zähne. Nachdem Sie die Zahnpflege beendet haben, entfernen Sie den Bürstenkopf vom Gerät.

Das kann ich! – Auswertung	
29–40 Punkte	Du hast schon viel gelernt. Weiter so!
18–28 Punkte	Du kannst es sicher noch besser. Übe weiter.
0–17 Punkte	Arbeite die Seiten 76 bis 78 noch einmal durch.

Seite 80

1 ☒ **a)** Gliederung

2 **a)** ☒ trifft nicht zu
b) ☒ trifft zu
c) ☒ trifft nicht zu
d) ☒ trifft zu

3 Die Betreffzeile steht über der Anrede.

Seite 81

1 und **2**
So könntest du diese Aufgaben gelöst haben:
Zuerst verschaffe ich mir einen Überblick, was ich leisten soll. Dazu überfliege ich die Materialien, den Schreibauftrag und die Einzelaufgaben. Als Nächstes lese ich den Schreibauftrag genau, damit ich weiß, worauf ich beim Lesen der Materialien achten muss. Danach teile ich mir meine Bearbeitungszeit ein. Nun lese ich die Materialien mithilfe des Textknackers in Ruhe durch. Dann bearbeite ich die Einzelaufgaben. Aufgaben, die ich nicht verstehe oder die mir unlösbar scheinen, überspringe ich. Sobald ich damit fertig bin, bearbeite ich meinen Schreibauftrag und nutze dafür die Arbeitstechniken. Das Ergebnis überarbeite ich und achte dabei auf Rechtschreibung, Grammatik und Stil. Zum Schluss kontrolliere ich meine Lösungen zu den Einzelaufgaben und achte auf Flüchtigkeitsfehler. Wenn ich am Ende Zeit übrig habe, bearbeite ich die zuvor ausgelassenen Aufgaben.

Seite 83

2 ☒ **a)** ... macht Leben auf unserem Planeten möglich.

3 ☒ **c)** Wasserdampf

4 ☒ **c)** ... um 2,6 Grad Celsius ansteigen.

5 Die Temperatur auf der Erde hat sich im 20. Jahrhundert um 0,74 Grad Celsius erhöht.

6 Die Experten des Weltklimarates kommen zu der Prognose, dass die Erderwärmung bis zum Jahr 2100 um 2,6 Grad Celsius ansteigen wird. Es gibt optimistischere Schätzungen von 1,1 Grad Celsius Erderwärmung, aber auch pessimistischere von 6,6 Grad Celsius.

Seite 84

7 **c)** ☒ Der Zusammenhang zwischen Temperatur und CO_2-Gehalt der Luft.

8 **a)** ☒ trifft nicht zu
b) ☒ trifft zu
c) ☒ trifft nicht zu
d) ☒ trifft zu

9 **c)** ☒ ... durch den Menschen und die Natur in die Atmosphäre.

10 *So solltest du die Flussdiagramme ergänzt haben:*

A Entstehung der Treibhausgase

Brände, Autos, Industrie und Haushalte
↓
Wasserdampf und CO_2

B Erwärmung der Atmosphäre durch die Treibhausgase

Sonne
↓
kurzwellige Strahlung dringt durch
↓
Absorption der Strahlung
↓
gibt langwellige Strahlung ab
↓
Wärmestrahlung bleibt
↓
Die Atmosphäre *erwärmt sich.*

11 Die Grafik zeigt, wie zum Beispiel durch Brände und Abgase CO_2 und Wasserdampf freigesetzt werden. Diese Treibhausgase verteilen sich dann in der Atmosphäre. Von der Sonne kommende kurzwellige Strahlen durchdringen die Atmosphäre mit den Treibhausgasen und werden vom Boden absorbiert. Vom Boden werden langwellige Wärmestrahlen abgegeben, welche die Atmosphäre mit den Treibhausgasen nicht durchdringen. Durch diese langwelligen Wärmestrahlen wird die Atmosphäre erwärmt.

Seite 85

12 **c)** ☒ ... durch Abgase aus Fabriken, Wohnhäusern und Autos.

13 **a)** ☒ trifft nicht zu
b) ☒ trifft nicht zu
c) ☒ trifft zu
d) ☒ trifft zu

14 *So könntest du diese Aufgabe gelöst haben:*
Einerseits kann ich verstehen, warum die Schülerin diese Aussage macht, aber andererseits finde ich, dass wir uns mit dieser deprimierenden Schlussfolgerung nicht zufriedengeben dürfen.
Es ist richtig, dass wir laut dem Sachtext „Die Zeit läuft davon – es wird heiß!" in einem „Teufelskreis" stecken: „je höher die Temperatur ansteigt, desto intensiver der durch Wolken ausgelöste Treibhauseffekt" (Z. 28–30).
Der Treibhauseffekt hat nicht nur negative Folgen, denn nur durch ihn bleibt „die Durchschnittstemperatur auf unserem Blauen Planeten [...] weitgehend konstant" (Z. 14–15). Außerdem bestehen Treibhausgase zum größten Teil aus Wasserdampf und nicht aus CO_2.
Trotzdem ist es wichtig zu wissen, dass „ein durch den erhöhten CO_2-Ausstoß bedingter Anstieg der Temperatur [...] den Prozess der Verdunstung" (Z. 24–26) verstärkt.
Der starke Temperaturanstieg in den letzten Jahrzehnten hängt in jedem Fall mit dem Anstieg des CO_2 in unserer Atmosphäre zusammen. Die „Erhöhung des CO_2-Ausstoßes in die Atmosphäre" wird sogar als „der wichtigste Grund für die Klimaerwärmung gesehen" (Z. 32–35). Man kann also doch etwas gegen die Erderwärmung tun. Wir Menschen tragen in großem Umfang dazu bei. Deshalb ist es wichtig, dass wir unsere Gewohnheiten ändern und zum Beispiel die Abgase aus Fabriken, Wohnhäusern und Autos reduzieren.

Zu Sachtexten schreiben (Leseverstehen) – Auswertung	
48–65 Punkte	Du hast schon viel gelernt. Weiter so!
29–47 Punkte	Du kannst es sicher noch besser. Übe weiter.
0–28 Punkte	Arbeite die Seiten 4 bis 31 noch einmal durch.

Seiten 86–88

Zu den Seiten 86–88 gibt es hier Lösungen zu zwei verschiedenen Ausgaben dieser Arbeitshefte. Wenn du die Ausgabe für Nordrhein-Westfalen verwendest, nutze die Lösungen ab Seite 21. Sie sind mit dem Hinweis „NRW-Ausgabe" gekennzeichnet. Hier folgen die Lösungen zu den Seiten 86–88 der **Allgemeinen Ausgabe**.

Seite 87 Allgemeine Ausgabe

2 **a)** ✕ trifft nicht zu
b) ✕ trifft nicht zu
c) ✕ trifft zu
d) ✕ trifft zu

3 **a)** ✕ trifft zu
b) ✕ trifft nicht zu
c) ✕ trifft zu
d) ✕ trifft zu

4 **a)** ✕ trifft zu
b) ✕ trifft nicht zu
c) ✕ trifft zu
d) ✕ trifft nicht zu

5 **Argumente für und gegen die Mülltrennung an der Schule**

Pro-Argumente	Kontra-Argumente
- getrennter Müll kann wieder verwertet werden - Vorbildfunktion der Schule für den Stadtteil - viele bemühen sich dann, Müll zu vermeiden - erhebliche Einsparungen der Abfallgebühren	- Kosten der Behälter und der Sammelstelle - neue Abfallbehälter eventuell nicht angenommen - Abfallbehälter könnten für Entsorgung von Problemabfällen genutzt werden - könnten auch von schulfremden Personen genutzt werden

Seite 88 allgemeine Ausgabe

6 **1 stärkstes Kontra-Argument**: Die neuen Abfallbehälter werden vielleicht nicht angenommen.
2 mittelstarkes Kontra-Argument: Die Sammelstelle könnte auch von schulfremden Personen genutzt werden.
3 schwächstes Kontra-Argument: Man kann sich die Kosten für die Behälter und die Sammelstelle bei knappen Kassen nicht leisten.

7 **1 schwächstes Pro-Argument**: Es werden sich hoffentlich viele Schülerinnen und Schüler bemühen, Müll zu vermeiden.
2 mittelstarkes Pro-Argument: Der getrennte Müll kann wieder verwertet werden.
3 stärkstes Pro-Argument: Die Schule kann eine Vorbildfunktion für den Stadtteil einnehmen.

8 *Diese Beispiele könntest du aufgeschrieben haben:*

Nr.	Eigene Beispiele für die Pro-Argumente
1	- Verwendung von Stoffbeuteln anstelle von Plastiktüten - Kauf von Pfandflaschen
3	- in der Stadt werden auch mehr Sammelbehälter aufgestellt - stärkere Kontrollen

9 *So könntest du deinen Arbeitsauftrag gelöst haben:*

Sehr geehrte Damen und Herren,

wir, Schülerinnen und Schüler unserer Schule, sind der Meinung, dass die Müllentsorgung an unserer Schule nicht ausreichend zu einem nachhaltigen Umgang mit Ressourcen und der Natur beiträgt und darum nicht zeitgemäß ist. Wir bitten daher die Mitglieder des Schulausschusses, unseren Vorschlag für eine konsequente Abfalltrennung in der Schule anzunehmen und die Kosten für die Behälter und die Sammelstelle zu übernehmen. Verständlicherweise besteht die Sorge, dass die neuen Abfallbehälter nicht angenommen werden. Vielleicht besteht auch die Gefahr, dass die Behälter von schulfremden Personen benutzt werden könnten. Und natürlich entstehen am Anfang Kosten durch die getrennten Abfallbehälter und die Sammelstelle. Aber abgesehen davon, dass uns die Erhaltung der Umwelt diesen Preis wert sein müsste, sparen wir langfristig durch geringere Abfallentsorgungsgebühren sogar Kosten ein.
Wenn wir den Müll trennen würden, gäbe es zudem viele Vorteile für unsere Schule, für den Stadtteil und für die Natur. Erstens würden sich mehr Menschen bemühen, Müll zu vermeiden. So würden zum Beispiel Plastiktüten mehrfach verwendet oder gleich durch Stoffbeutel ersetzt werden. Für die Getränke würden nur noch Pfandflaschen verwendet werden. Ein weiteres Argument für die Mülltrennung ist, dass getrennter Müll zu großen Teilen wiederverwertet wird. So werden alte Glasflaschen zu neuen Glasflaschen und Plastikabfälle werden eingeschmolzen, um daraus neue Plastikbehälter zu formen. Außerdem wäre unsere Schule ein großes Vorbild für den gesamten Stadtteil. In der Umgebung würden mit der Zeit sicherlich auch mehr Sammelbehälter aufgestellt und stärkere Kontrollen durchgeführt werden.
Wir Schülerinnen und Schüler hoffen sehr, dass unser Vorschlag, den Müll an unserer Schule besser zu trennen, vom Schulausschuss angenommen wird. Für unsere Schule und für unsere Umwelt bringt die Mülltrennung nur Vorteile. Deswegen hoffen wir, dass der Schulausschuss die Kosten dafür übernimmt.

Mit freundlichen Grüßen

die Schülerschaft

Schriftlich argumentieren – Auswertung	
46–62 Punkte	Du hast schon viel gelernt. Weiter so!
30–45 Punkte	Du kannst es sicher noch besser. Übe weiter.
0–29 Punkte	Arbeite die Seiten 26 bis 31 noch einmal durch.

Seiten 86–88 Ausgabe Nordrhein-Westfalen

Hier folgen die Lösungen zu den Seiten 86–88
der **Ausgabe Nordrhein-Westfalen.**
Die Lösungen für diese Seiten in der Allgemeinen Ausgabe findest du auf Seite 20.

Seite 87 NRW-Ausgabe

2 NRW-Ausgabe
- Ursachen für die Klimaerwärmung
- Auswirkungen der Klimaerwärmung auf die Erde
- Maßnahmen, die dagegen ergriffen werden können; was kann der Mensch tun

3 NRW-Ausgabe
Diese Überschrift könntest du geschrieben haben:
Durch Überflutung gefährdete Nordseeküste

Seite 88 NRW-Ausgabe

4 NRW-Ausgabe

M1	- Treibhauseffekt eigentlich positiv, aber durch den vom CO_2-Anstieg hervorgerufenen Temperaturanstieg zu sehr verstärkt, wird zur Gefahr - durch erhöhten CO_2-Ausstoß Temperaturerhöhung, verstärkt Prozess der Verdunstung, daher verdichtete Konzentration des Wasserdampfs in der Atmosphäre - wichtigster Grund für Klimaerwärmung: erhöhter CO_2-Ausstoß - 20. Jahrhundert: Temperatur an der Erdoberfläche um 0,74 Grad Celsius erhöht - Schätzungen Erderwärmung bis zum Jahr 2100: 2,6 Grad Celsius, optimistischste Schätzung: 1,1 Grad Celsius, pessimistischste: 6,6 Grad Celsius
M2	- Zusammenhang von Temperatur- und CO_2-Anstieg - sehr hoher CO_2-Anstieg im letzten Jahrhundert - seit 1970 konstanter Temperaturanstieg
M3	- Treibhauseffekt führt dazu, dass sich die Atmosphäre erwärmt - der Mensch kann CO_2-Ausstoß aus Fabriken, Wohnhäusern und Autos reduzieren
M4	- Niederlande: Maßnahmen zum Schutz vor Hochwasser in Milliardenhöhe nötig - Schutz vor dem Wasser, Erhöhung der Deiche, Verbreiterung des Küstenstreifens - Sicherheit und Nachhaltigkeit im Umgang mit dem Klimawandel - Folge der Klimaerwärmung: steigender Meeresspiegel, gleichzeitig absinkendes Bodenniveau, Ansteigen des Meeresspiegels um 1,30 m bis zum Jahr 2100 - Gefahr: Überschwemmung großer Teile der Niederlande
M5	- Gefahr der Überflutung, Gebiete an der Nordseeküste, bis 2 m über dem Meeresspiegel
M6	- Folge der Klimaerwärmung: 3 km dicke Eisschicht in Grönland schmilzt - deshalb: Anstieg Meeresspiegel weltweit um ca. 7 m - dadurch: Gefahr der Überflutung Schleswig-Holsteins, von Teilen der niedersächsischen Nordseeküste, der Niederlande und Bangladeschs

6 NRW-Ausgabe
So könnte deine Gliederung aussehen:
Einleitung: Problem Klimaerwärmung
- obwohl Treibhauseffekt eigentlich positive Wirkung auf Atmosphäre, Klimaerwärmung mittlerweile zu großem Problem
- Auswirkungen so gefährlich, dass Maßnahmen getroffen werden müssen

Teil 1: Ursachen und Auswirkungen der Klimaerwärmung
- erhöhter CO_2-Ausstoß, Abgase aus Fabriken, Wohnhäusern und Autos
- durch höheren CO_2-Gehalt steigt die Temperatur, Verstärkung des Prozesses der Verdunstung, verdichtete Konzentration des Wasserdampfs in der Atmosphäre
- im Laufe des 20. Jahrhunderts: Temperatur an der Erdoberfläche um 0,74 Grad Celsius erhöht
- Temperaturanstieg bis 2100: ca. 2,6 Grad Celsius
- Eisschichten schmelzen
- Anstieg Meeresspiegel weltweit um etwa 7 m, Absinken des Bodenniveaus
- Überflutung der Küstengebiete

Teil 2: Maßnahmen gegen die Klimaerwärmung
- Reduzierung CO_2-Ausstoß aus Fabriken, Wohnhäusern und Autos
- Schutz vor Hochwasser in den Niederlanden in Milliardenhöhe notwendig
- Schutz vor dem Wasser, Erhöhung der Deiche, Verbreiterung des Küstenstreifens

Schluss:
- große Gefahr Klimaerwärmung
- der Mensch muss handeln, Maßnahmen ergreifen, bevor zu spät

6 NRW-Ausgabe
Diese Überschrift könntest du aufgeschrieben haben:
Klimaerwärmung – handeln, bevor es zu spät ist

7 NRW-Ausgabe
So könnte dein informativer Text aussehen:
Klimaerwärmung – handeln, bevor es zu spät ist
Ohne den Treibhauseffekt wäre es auf der Erde zu kalt für menschliches Leben. Obwohl der Treibhauseffekt also eine eigentlich positive Wirkung auf unsere Atmosphäre hat, wird mittlerweile das Leben auf unserem Planeten durch die Klimaerwärmung gefährdet. Es ist wichtig, über die Ursachen und Auswirkungen der Klimaerwärmung und über die Maßnahmen, die dagegen ergriffen werden können, Bescheid zu wissen.
Der wichtigste Grund für die Klimaerwärmung ist der erhöhte CO_2-Ausstoß in unsere Atmosphäre. Durch Abgase aus Fabriken, Wohnhäusern und Autos werden jeden Tag große Mengen von CO_2 in die Atmosphäre abgegeben. Im letzten Jahrhundert ist der Anteil von CO_2 in der Luft um etwa 100 ppm (Teilchen pro Millionen Luftteilchen) angestiegen. Auch wenn das CO_2 nur 12 Prozent der Treibhausgase ausmacht, ist es trotzdem der Grund für die negative Entwicklung des Treibhauseffektes,

(Fortsetzung auf Seite 22)

zu Seite 88 NRW-Ausgabe

(Fortsetzung der Lösung zu Aufgabe 7)

der letztendlich zur Klimaerwärmung führt. Grund dafür ist der Zusammenhang zwischen dem steigenden CO_2-Gehalt in der Atmosphäre und dem Temperaturanstieg. Durch höhere Temperaturen gibt es mehr Wasserdampf, der den größten Teil der Treibhausgase ausmacht. Die Wolken werden dadurch immer dichter und verstärken zusätzlich den Treibhauseffekt. Im Laufe des 20. Jahrhunderts hat sich die Temperatur bereits um 0,74 Grad Celsius erhöht. Schätzungen zufolge wird sie bis zum Jahr 2100 noch um etwa 2,6 Grad Celsius ansteigen. Durch diesen extremen Temperaturanstieg schmelzen Eisberge und Gletscher.
Das führt dazu, dass der Meeresspiegel ansteigt. Zusammen mit einem absinkenden Bodenniveau, einer weiteren Auswirkung der Klimaerwärmung, droht die Gefahr von weltweiten Überflutungen. Im Innern Grönlands zum Beispiel droht die 3 Kilometer dicke Eisschicht zu schmelzen.
Der Meeresspiegel würde dadurch um 7 Meter ansteigen. Regionen, die nur 3 bis 5 Meter über dem Meeresspiegel liegen, würden komplett überflutet werden. Betroffen von dieser Überflutung wären Gebiete wie Schleswig-Holstein, Teile der niedersächsischen Nordseeküste, der Niederlande oder Bangladeschs.
Bis zum Jahr 2100 wird der Meeresspiegel Schätzungen zufolge um 1,30 Meter ansteigen. Die Gebiete an der Nordseeküste, die bis zu 2 Meter über dem Meeresspiegel liegen, sind davon bedroht, vollständig überflutet zu werden.
Es ist nicht nur wichtig, dass der Mensch sich der vielen Gefahren der Klimaerwärmung bewusst wird, sondern auch, dass er etwas dagegen tut. Es gibt Maßnahmen, die ergriffen werden können. So ist es zum Beispiel wichtig, den CO_2-Ausstoß zu reduzieren. Der Mensch muss seine Gewohnheiten ändern und so die Abgase aus Fabriken, Wohnhäusern und Autos reduzieren. Außerdem ist es nötig, sich vor Hochwasser zu schützen. In den Niederlanden zum Beispiel werden Schutzmaßnahmen in Milliardenhöhe benötigt. Zum Schutz vor dem Wasser müssen die Deiche erhöht werden und der Küstenstreifen muss an manchen Stellen sogar um bis zu einen Kilometer verbreitert werden.
Alle diese Auswirkungen auf die Erde durch die Klimaerwärmung zeigen, wie gefährlich sie für das zukünftige Leben auf unserem Planeten ist. Die Temperatur wird weiter ansteigen, genau wie der Meeresspiegel. Es ist daher nicht nur wichtig, sich über die Klimaerwärmung zu informieren und sich der Gefahren bewusst zu werden, sondern es ist noch viel wichtiger zu handeln. Noch gibt es Möglichkeiten, noch gibt es Maßnahmen, die ergriffen werden können, um die Gefahren der Klimaerwärmung zu reduzieren.
Es muss etwas getan werden, bevor es zu spät ist.

Zu Sachtexten schreiben (Informierendes Schreiben) – Auswertung (NRW-Ausgabe)	
44–60 Punkte	Du hast schon viel gelernt. Weiter so!
27–43 Punkte	Du kannst es sicher noch besser. Übe weiter.
0–26 Punkte	Arbeite die Seiten 4 bis 13 noch einmal durch.

Die Lösungen zu den Seiten 91–93 gelten wieder für beide Ausgaben der Arbeitshefte:

Seite 90

2 Seal und Miss D.

3 **b)** X am Nachmittag

4 **a)** X Seal empfindet ein Bedürfnis, einem Mitmenschen Blumen zu schenken.

5 **a)** X Miss D. ist die erste Person, die ihm einfällt.

Seite 91

6
a) X trifft nicht zu
b) X trifft nicht zu
c) X trifft zu
d) X trifft zu

7
a) X trifft zu
b) X trifft nicht zu
c) X trifft zu
d) X trifft nicht zu

8 In der Kurzgeschichte „Lasst Blumen sprechen" von William Sansom geht es um einen Mann, der einem Mitmenschen gern etwas Gutes tun möchte. Dieser Mann namens Seal läuft eines sommerlichen Nachmittags durch seinen Garten und freut sich über die schönen Blumen. Sie erwecken in ihm das Bedürfnis, einen Strauß an jemanden zu verschenken. Er pflückt deshalb ein paar von den „gewöhnlichen" Blumen. Die erste Person, die ihm einfällt, ist seine Nachbarin Miss D., deswegen möchte er ihr den Strauß schenken. Plötzlich bekommt er Bedenken, weil es für das Geschenk eigentlich keinen Grund gibt. Er wirft die Blumen auf die Straße und geht zurück in seinen Garten. Miss D., die aus ihrem Fenster alles beobachtet, ist einerseits traurig und andererseits erleichtert, dass Seal ihr die Blumen nicht geschenkt hat.

9
a) X trifft zu
b) X trifft zu
c) X trifft zu
d) X trifft zu
e) X trifft nicht zu

10
1. Textstelle: unvermittelter Einstieg
2. Textstelle: kurzer Zeitabschnitt

11 In der Kurzgeschichte wird ein „alltägliches Geschehen" beschrieben, weil beide Figuren sich in ihrem normalen Umfeld befinden und etwas Alltägliches tun.

12 Die Kurzgeschichte hat kein „offenes Ende", denn der Leser erfährt, dass Seal sein Vorhaben nicht verwirklicht.

Seite 92

13 Das Merkmal „nur wenige Figuren" trifft zu, da nur zwei Personen – Seal und Miss D. – an der Handlung beteiligt sind.

14 Seal ist ein vermutlich junger Mann, der in einem Haus mit einem Garten wohnt. Er mag seinen Garten sehr und genießt es, sich in ihm aufzuhalten. Er kennt seine Nachbarn nicht persönlich.

15 Miss D. ist eine unscheinbare Frau, die ungefähr 20 Jahre alt ist. Sie wohnt in einem Mietshaus, wahrscheinlich in einem Neubau, gegenüber von Seals Garten. Ihr Zimmer ist kahl und ungemütlich. Sie hat einen langen Oberkörper und kurze Beine, wodurch ihre Art zu gehen (zumindest auf Seal) etwas steif wirkt.

16 In der Geschichte gibt es keine eindeutigen Anzeichen dafür, dass Seal und Miss D. sich sehr mögen. Seal kennt Miss D. nicht weiter („Er kannte sie nur flüchtig“, Z. 16) und das Einzige, was ihm an ihr auffällt, ist ihr eigenartiger Gang. („Wenn Seal überhaupt je an Miss D. dachte, so war es, weil ihm ihre Art zu gehen missfiel.“ Z. 17–19) Außerdem ist er nicht an ihr interessiert. („Er fühlte sich zu Miss D. in keiner Weise hingezogen.“ Z. 15)
Miss D. weiß, dass Seal sich nicht für sie interessiert. („Es ist ja nicht so, als hätte er Absichten auf mich.“ Z. 65–66) Es wird nicht ganz klar, warum es für Miss D. „äußerst peinlich“ (Z. 65), aber dennoch „rührselig“ gewesen wäre, wenn Seal ihr Blumen geschenkt hätte. Entweder mag sie ihn doch ein bisschen oder sie ist einfach nur sehr schüchtern.

17 In der Kurzgeschichte „Lasst Blumen sprechen“ von William Sansom geht es um einen Mann, der einem Mitmenschen gern etwas Gutes tun möchte. Der Mann namens Seal läuft eines sommerlichen Nachmittags durch seinen Garten und freut sich über die schönen Blumen. Sie erwecken in ihm das Bedürfnis, einen Strauß an jemanden zu verschenken. Er pflückt deshalb ein paar von den „gewöhnlichen“ Blumen. Die erste Person, die ihm einfällt, ist seine Nachbarin Miss D., deswegen möchte er ihr den Strauß schenken. Plötzlich bekommt er Bedenken, weil es für das Geschenk eigentlich keinen Grund gibt. Er wirft die Blumen auf die Straße und geht zurück in seinen Garten. Miss D., die aus ihrem Fenster alles beobachtet, ist einerseits traurig und andererseits erleichtert, dass Seal ihr die Blumen nicht geschenkt hat.
Es handelt sich hier um eine Kurzgeschichte, da fast alle Merkmale dieser Gattung zutreffen. Die Geschichte beginnt unvermittelt in Seals Garten (Z. 1–2). Ein alltägliches Geschehen, an dem nur zwei Personen beteiligt sind, wird berichtet. Das Merkmal „nur wenige Figuren“ trifft also auf diese Kurzgeschichte zu. Die Geschichte findet an einem sommerlichen Nachmittag in einem Zeitraum von vermutlich weniger als einer Stunde statt. Es wird also nur über einen sehr kurzen Zeitabschnitt berichtet.
Es gibt zwei Hauptfiguren in der Kurzgeschichte. Seal ist ein vermutlich junger Mann, der in einem Haus mit einem Garten wohnt. Er mag seinen Garten sehr und genießt es, sich in ihm aufzuhalten. Seine Nachbarn kennt Seal nicht persönlich. So auch nicht Miss D., die zweite Hauptfigur. Sie ist eine unscheinbare Frau von ungefähr 20 Jahren. Sie wohnt in einem Mietshaus, wahrscheinlich einem Neubau, gegenüber von Seals Garten. Ihr Zimmer ist kahl und ungemütlich. Sie hat einen langen Oberkörper und kurze Beine, wodurch ihre Art zu gehen (zumindest auf Seal) etwas steif wirkt.
In der Geschichte gibt es keine eindeutigen Anzeichen dafür, dass Seal und Miss D. sich sehr mögen. Seal kennt Miss D. nicht weiter („Er kannte sie nur flüchtig“, Z. 16) und das Einzige, was ihm an ihr auffällt, ist ihr eigenartiger Gang. („Wenn Seal überhaupt je an Miss D. dachte, so war es, weil ihm ihre Art zu gehen missfiel. Sie hatte einen steifen Schritt, wobei der lange Oberkörper voraussegelte und die kurzen Beine ihn einzuholen trachteten.“ Z. 17–20) Außerdem ist er nicht an ihr interessiert. („Er fühlte sich zu Miss D. in keiner Weise hingezogen.“ Z. 15) Er hat sich zufällig dafür entschieden, ihr die Blumen zu schenken. Miss D. weiß, dass Seal sich nicht für sie interessiert. („Es ist ja nicht so, als hätte er Absichten auf mich.“ Z. 65–66) Trotzdem hätte sie sich sehr gefreut, wenn er ihr den Blumenstrauß geschenkt hätte. („Wäre es nicht nett gewesen [...] wenn dieser Mr Seal mir den hübschen Blumenstrauß gebracht hätte?“ Z. 58–59)
Es wird nicht ganz klar, warum es für Miss D. „äußerst peinlich“ (Z. 65), aber dennoch „rührselig“ gewesen wäre, wenn Seal ihr Blumen geschenkt hätte. Entweder mag sie ihn doch ein bisschen oder sie ist einfach nur sehr schüchtern.

18 *So könntest du ein anderes Ende formuliert haben:*
Entschlossen betrat Seal das Mietshaus, in dem Miss D. wohnte. Er war sich zwar nicht sicher, wie sie auf sein Geschenk reagieren würde, aber getragen von seiner guten Absicht, machte er sich darüber keine Gedanken. Als er die Treppe zu ihrer Wohnung hinaufging, summte er kaum hörbar eine Melodie, die er öfter im Kopf hatte. Miss D. öffnete beinahe sofort, nachdem er an ihrer Tür geklingelt hatte. Da stand er plötzlich mit den Blumen in der Hand und wusste gar nicht, was er sagen sollte. Immerhin streckte er ihr den Blumenstrauß entgegen. Miss D. strahlte, als sie die Blumen sah, und dann lächelte sie Seal freundlich an. Der räusperte sich und erklärte: „Ich habe so viele schöne Blumen im Garten und dachte, vielleicht kann ich Ihnen mit diesem Strauß eine Freude machen.“ Miss D. bedankte sich für die schönen Blumen und bat ihn einzutreten.
„Möchten Sie eine Tasse Kaffee?“, fragte sie. Seal zögerte mit der Antwort. Seinen Wunsch hatte er doch in die Tat umgesetzt – er hatte jemandem die Blumen geschenkt. Etwas anderes wollte er doch gar nicht und schon gar nicht von Miss D. Aber vermutlich wäre es unhöflich, ihr Angebot abzulehnen. Darüber hätte er vielleicht vorher nachdenken sollen, ärgerte er sich in Gedanken. Während er noch nachdachte und zu keinem Ende kam, sagte sie: „Vielleicht haben Sie zu tun. Wenn es Ihnen heute nicht passt, können Sie gerne ein anderes Mal auf einen Kaffee vorbeikommen. Ich will jetzt diese schönen Blumen in die Vase stellen.“ Dankbar für die Möglichkeit zum Rückzug, die sie ihm gegeben hatte, fiel es Seal viel leichter, eine Entscheidung zu fällen.

Eine Kurzgeschichte interpretieren – Auswertung	
58–80 Punkte	Du hast schon viel gelernt. Weiter so!
36–57 Punkte	Du kannst es sicher noch besser. Übe weiter.
0–35 Punkte	Arbeite die Seiten 32 bis 41 noch einmal durch.

2 *So solltest du die markierten Stellen korrigiert haben:*

Der Regenwald

Im tropischen Regenwald kommen viele Pflanzen- und Tierarten vor. Die Mehrzahl von ihnen ist wenig erforscht. Aber man weiß, dass rund 90 Prozent der Tiere Insekten sind, die vor allem den Boden in Massen bevölkern. Im feuchtwarmen Klima wachsen etwa 10 000 Baumarten. Diese tragen oft gleichzeitig Blüten, frische Blätter, welkende Blätter, junge Früchte und reife Früchte. Daher ist der tropische Regenwald immer grün. Im Durchschnitt sind die Bäume 40–50 Meter hoch. Einzelne Baumriesen erreichen stolze 80 Meter. Die nennt man Überständer. Leider ist der Regenwald bedroht. Das liegt an den Bodenschätzen, am Holz und an der landwirtschaftlichen Nutzung durch den Menschen.

3 *So könntest du die markierten Stellen korrigiert haben:*

Lasst Blumen sprechen

In der Kurzgeschichte „Lasst Blumen sprechen" von William Sansom geht es um einen Mann namens Seal, der einer Nachbarin eine Freude machen möchte. In seinem Garten stehen viele schöne Blumen. Da beschließt er, welche von ihnen zu pflücken. Er geht in den Garten, bückt sich und pflückt einen schönen Strauß. Diesen will er Miss D. schenken, doch plötzlich überlegt er es sich anders. Er denkt, Miss D. könne ihn belächeln, und wirft deshalb den Blumenstrauß weg.

Fehler vermeiden – Auswertung	
37–50 Punkte	Du hast schon viel gelernt. Weiter so!
23–36 Punkte	Du kannst es sicher noch besser. Übe weiter.
0–22 Punkte	Arbeite die Seiten 13, 25, 31, 37, 47, 51 und 54–67 noch einmal durch.

1 Ergänze fehlende Basen oder Exponenten.

a) $2^{2} = 4$ b) $2^{3} = 8$ c) $5^3 = 125$ d) $10^{3} = 1000$

e) $4^{3} = 64$ f) $6^3 = 216$ g) $100^2 = 10000$ h) $25^{2} = 625$

i) $0{,}1^{2} = 0{,}01$ j) $(\frac{1}{2})^{2} = 0{,}25$ k) $(\frac{1}{3})^3 = \frac{1}{27}$ l) $0{,}1^3 = 0{,}001$

2 Richtig oder falsch? Kreuze an und korrigiere gegebenenfalls.

	richtig	falsch
a) Die Basis einer Quadratzahl ist immer 2.	○	⊠
b) Eine Kubikzahl ist das Produkt aus drei gleichen Faktoren.	⊠	○
c) Es gibt Zahlen, die sowohl Quadrat- als auch Kubikzahlen sind.	⊠	○
d) Es gibt unendlich viele Quadratzahlen.	⊠	○
e) Die Reihe der Quadratzahlen steigt schneller als die Reihe der Kubikzahlen.	○	⊠

zu a): Die Basis einer Quadratzahl kann jede beliebige natürliche Zahl sein.

zu e): Die Reihe der Kubikzahlen steigt schneller.

3 Berechne bzw. vereinfache schrittweise ohne Taschenrechner.

a) $5^2 + 3^2 = 25 + 9 = 34$

b) $1^3 - 11^2 = 1 - 121 = -120$

c) $4^3 + 4^3 + 4^3 = 64 + 64 + 64 = 3 \cdot 64 = 192$

d) $(22 - 19) \cdot 7^2 = 3 \cdot 7^2 = 3 \cdot 49 = 147$

e) $69 - 3^2 \cdot 2^3 = 69 - 9 \cdot 8 = 69 - 72 = -3$

f) $5^2 + 2 \cdot 5^2 = 25 + 2 \cdot 25 = 75$

g) $-36 + 6^2 - 12 = -36 + 36 - 12 = -12$

h) $(19 - 7)^2 - 13^2 = 12^2 - 169 = 144 - 169 = -25$

i) $24a^3 : 4 - 15a^3 = 6a^3 - 15a^3 = -9a^3$

j) $5 \cdot 2x + 2x^2 + 3x^2 = 10x + 5x^2$

k) $3 \cdot (y^2 - 15) - 7 + y^2 = 3y^2 - 45 - 7 + y^2 = 4y^2 - 52$

l) $10x^2 - (-10x^2 + x^3) = 10x^2 + 10x^2 - x^3 = 20x^2 - x^3$

4 Ordne dem Volumen V eines Würfels seine Kantenlänge a und den Flächeninhalt A einer Seitenfläche zu. Nummeriere die Spalten entsprechend und achte auf die Einheiten. Ein Beispiel ist angegeben.

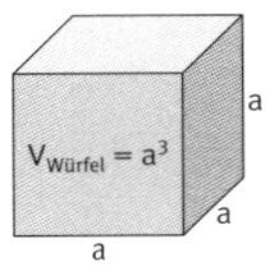

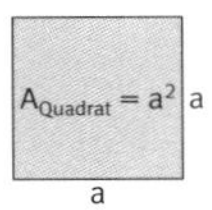

1	$V = 27\ cm^3$
2	$V = 1\ mm^3$
3	$V = 1\ dm^3$
4	$V = 3{,}375\ m^3$
5	$V = 1{,}331\ cm^3$
6	$V = 1728\ m^3$
7	$V = 64\ mm^3$
8	$V = 343\ cm^3$

6	a = 12 m
1	a = 0,3 dm
8	a = 7 cm
4	a = 15 dm
7	a = 0,04 dm
2	a = 1 mm
3	a = 10 cm
5	a = 1,1 cm

2	$A = 1\ mm^2$
1	$A = 9\ cm^2$
3	$A = 100\ cm^2$
5	$A = 1{,}21\ cm^2$
4	$A = 225\ dm^2$
8	$A = 0{,}49\ dm^2$
7	$A = 0{,}16\ cm^2$
6	$A = 144\ m^2$

1 Vervollständige die Tabelle.

	Potenzschreibweise	Multiplikationsaufgabe	Potenzwert
a)	7^3	$7 \cdot 7 \cdot 7$	343
b)	1^5	$1 \cdot 1 \cdot 1 \cdot 1 \cdot 1$	1
c)	3^5	$3 \cdot 3 \cdot 3 \cdot 3 \cdot 3$	243
d)	$(-2)^4$	$(-2) \cdot (-2) \cdot (-2) \cdot (-2)$	16
e)	$0{,}1^4$	$0{,}1 \cdot 0{,}1 \cdot 0{,}1 \cdot 0{,}1$	0,0001
f)	$(-100)^3$	$(-100) \cdot (-100) \cdot (-100)$	−1000000

2 Schreibe als Potenz bzw. als Term mit Potenzen.

a) $(-3) \cdot (-3) \cdot (-3) = (-3)^3$

b) $10 \cdot 10 + 10 \cdot 10 = 10^2 + 10^2$

c) $2 + 4 + 8 = 2^1 + 2^2 + 2^3$

d) $\frac{1}{5 \cdot 5 \cdot 5} = \frac{1}{5^3} = (\frac{1}{5})^3$

e) $\frac{1}{9} \cdot \frac{1}{9} \cdot \frac{1}{9} \cdot \frac{1}{9} = \frac{1}{9^4} = (\frac{1}{9})^4$

f) $(x + 3) \cdot (x + 3) = (x + 3)^2$

g) $-7 \cdot 7 \cdot 7 = -7 \cdot 7^2 = -7^3$

h) $y \cdot y \cdot y \cdot y \cdot y \cdot y = y^6$

i) $a \cdot b \cdot a \cdot b \cdot c \cdot a = a^3 \cdot b^2 \cdot c$

3 Richtig oder falsch? Kreuze an.

	richtig	falsch
a) $7^4 = 4 \cdot 4 \cdot 4 \cdot 4 \cdot 4 \cdot 4 \cdot 4$	○	⊠
b) Julia rechnet in ihren Hausaufgaben $2^5 = 10$ und $1^9 = 9$.	○	⊠
c) Die Potenz $(\frac{1}{3})^6$ hat den gleichen Wert wie die Potenz $\frac{1}{3^6}$.	⊠	○
d) Der Wert der Potenz $0{,}5^6$ ist größer als Wert der Potenz $0{,}5^5$.	○	⊠
e) $2^4 = 4^2$, also sind Basis und Exponent bei einer Potenz stets austauschbar, das Ergebnis bleibt gleich.	○	⊠

4 Überlege dir zuerst, ob die Basis a der Potenz positiv oder negativ ist. Kreuze deine Antwort in der Tabelle an. Berechne dann.

a) $-4^6 = -4096$ b) $(-4)^6 = 4096$ c) $-0{,}4^3 = -0{,}064$

d) $(-0{,}4)^3 = -0{,}064$ e) $(-1)^{18} = 1$ f) $1^{18} = 1$

g) $(-\frac{2}{5})^2 = \frac{4}{25}$ h) $-(\frac{2}{5})^2 = -\frac{4}{25}$ i) $-\frac{2^2}{5} = -\frac{4}{5}$

j) $-1^{18} = -1$ k) $-(-0{,}3)^4 = -0{,}0081$ l) $-(-0{,}3^4) = 0{,}0081$

	a)	b)	c)	d)	e)	f)	g)	h)	i)	j)	k)	l)
a > 0: Basis ist positiv	X		X			X		X	X	X		
a < 0: Basis ist negativ		X		X	X		X				X	X

5 Setze für x und y passende Zahlen ein, sodass eine wahre Aussage entsteht ($y \neq 0$). *Lösungsmöglichkeit:*

a) $2^x = x^2$ b) $15^x = 15$ c) $2^x = 32$ d) $x^y < 10$

$2^4 = 4^2$ $15^1 = 15$ $2^5 = 32$ $2^3 < 10$

1 Vereinfache die Terme, indem du Potenzgesetze anwendest. Berechne dann den Potenzwert.

	Gleiche Basis		Gleicher Exponent
a)	$10^3 \cdot 10^4 = 10^7 = 10\,000\,000$	i)	$2^3 \cdot 3^3 = 6^3 = 216$
b)	$2^3 \cdot 2^2 = 2^5 = 32$	j)	$10^2 \cdot 5^2 = 50^2 = 2\,500$
c)	$5^2 \cdot 5^4 = 5^6 = 15\,625$	k)	$2^6 \cdot 5^6 = 10^6 = 1\,000\,000$
d)	$3^2 \cdot 3^2 = 3^4 = 81$	l)	$5^4 \cdot 4^4 = 20^4 = 160\,000$
e)	$10^4 : 10^3 = 10^1 = 10$	m)	$15^2 : 5^2 = 3^2 = 9$
f)	$2^6 : 2^4 = 2^2 = 4$	n)	$14^4 : 7^4 = 2^4 = 16$
g)	$3^2 : 3^1 = 3^1 = 3$	o)	$20^2 : 4^2 = 5^2 = 25$
h)	$7^4 : 7^2 = 7^2 = 49$	p)	$10^7 : 10^7 = 1^7 = 1$

2 Schreibe als Potenz mit negativem Exponenten oder als Bruch mit Potenz. Vereinfache die Brüche.

a) $\frac{1}{6^4} = 6^{-4}$ b) $\frac{1}{2 \cdot 2 \cdot 2} = 2^{-3}$ c) $\frac{5}{5 \cdot 5 \cdot 5 \cdot 5} = \frac{5}{5^4} = 5^{-3}$

d) $5^{-5} = \frac{1}{5^5} = \frac{1}{3\,125}$ e) $2^{-4} = \frac{1}{2^4} = \frac{1}{16}$ f) $1^{-9} = \frac{1}{1^9} = 1$

g) $20 \cdot 5^{-2} = \frac{20}{5^2} = \frac{20}{25} = \frac{4}{5}$ h) $12 \cdot 6^{-2} = \frac{12}{6^2} = \frac{12}{36} = \frac{1}{3}$ i) $32 \cdot 2^{-5} = \frac{32}{2^5} = \frac{32}{32} = 1$

3 Überprüfe die Richtigkeit der Gleichungen. Verbessere Fehler.

	a) $5^7 : 5^{-3} = 5^{10}$	b) $5^{-3} : 5^3 = 1$	c) $(5^5)^3 = 5^8$	d) $5^{-3} \cdot 5^5 = 5^2$	e) $5^2 : 5^{-3} = 5^{-1}$
	⊗ richtig ◯ falsch	◯ richtig ⊗ falsch	◯ richtig ⊗ falsch	⊗ richtig ◯ falsch	◯ richtig ⊗ falsch
Korrektur		5^{-6}	5^{15}		5^5

4 Ergänze die Leerstellen so, dass wahre Aussagen entstehen.

a) $2^3 \cdot 2^5 = 2^{8}$ b) $5^{13} : 5^9 = 5^{4}$ c) $(-3)^2 : (-3)^5 = (-3)^{-3}$

d) $0{,}5^{-3} \cdot 0{,}5^7 = 0{,}5^4$ e) $9^{-3} \cdot 9^{-4} = 9^{-7}$ f) $(-9)^{-9} \cdot (-9) = (-9)^{-8}$

g) $(\frac{2}{7})^{-3} \cdot (\frac{2}{7}) \cdot (\frac{2}{7})^3 = (\frac{2}{7})^{1}$ h) $(-\frac{6}{19})^7 : (-\frac{6}{19})^{-4} = (-\frac{6}{19})^{11}$ i) $\frac{3}{11} : (\frac{3}{11})^{-2} = (\frac{3}{11})^{3}$

j) $0{,}3^{19} \cdot 0{,}3^{-7} = 0{,}3^{12}$ k) $8^{14} : 8^{11} = 8^3$ l) $(-7)^{-4} : (-7)^{-6} = (-7)^2$

5 Fasse unter Anwendung der Potenzgesetze zu einer Potenz zusammen.

a) $(-0{,}7)^9 \cdot 5^9 = (-3{,}5)^9$ b) $0{,}4^{-2} \cdot (-3)^{-2} = (-1{,}2)^{-2}$

c) $0{,}5^{12} : 10^{12} = 0{,}05^{12}$ d) $(\frac{2}{9})^7 : (-4)^7 = (-\frac{1}{18})^7$

e) $(8^4)^3 = 8^{12}$ f) $(8^3)^4 = 8^{12}$

g) $(2^{-3})^{-4} = 2^{12}$ h) $(\frac{1}{3})^{-3} = (3^{-1})^{-3} = 3^3$

1 Schreibe jeden Term als eine Potenz.

a) $a^2 \cdot a = a^3$ b) $a^3 \cdot b^3 = (a \cdot b)^3$ c) $a^3 : a = a^2$ d) $a^{-2} \cdot a^4 = a^2$

e) $a^4 : b^4 = (\frac{a}{b})^4$ f) $a^9 : a^9 = a^0\ (1^9)$ g) $(a^3)^6 = a^{18}$ h) $(a^{-3})^{-5} = a^{15}$

2 Färbe wertgleiche Karten mit der gleichen Farbe.

$x \cdot x + x \cdot 1$ | $x^2 + x$ | $2x^3 : x$ | $2x^2$ | $x^2 + x^2$
$x \cdot x \cdot x + x$ | $x^3 + x$ | $2 \cdot x \cdot x$ | $x^3 : x^3$ | x^0
$x^3 - x^3$ | 0 | $0 \cdot (x \cdot x + x \cdot x)$ | $x^3 - x + x + x$

3 Schreibe als Potenz mit negativem Exponeten oder als Bruch mit Potenz. *Lösungsmöglichkeit:*

a) $\frac{1}{a^3} = a^{-3}$ b) $\frac{1}{ab \cdot ab \cdot ab \cdot ab} = (ab)^{-4}$ c) $\frac{a}{a^3} = a^{-2}$

d) $a^{-n} = \frac{1}{a^n}$ e) $a^2 \cdot b^{-3} = \frac{a^2}{b^3}$ f) $a^n \cdot b^{-n} = (\frac{a}{b})^n$

4 Ordne jedem orangefarbenen Kärtchen das passende blaue Kärtchen zu. In der Reihenfolge der Aufgaben 1–12 ergibt sich ein Lösungswort.

1 $a^2 \cdot a^2 \cdot a^3$ | 2 $a^8 : a^5$ | $9a^2x^7$ N | $\frac{1}{27x^6}$ E
3 $5a^8 : 10a^6$ | 4 $4a^3 \cdot 25b^3$ | 0 I | $6x^3 + \frac{12}{x}$ E
5 $4a^{-1} \cdot 2a^3$ | 6 $-15^3 : 5^3$ | a^7 H | $100(ab)^3$ B
7 $(18x)^5 : 24^5$ | 8 $(3x^2)^{-3}$ | $\frac{1}{2}a^2$ R | -3^3 T
9 $(2^{-3})^2$ | 10 $-5x^2 + 14x^2 - 9x^2$ | $(\frac{3x}{4})^5$ F | $8a^2$ S
11 $2x^2(3x + 6x^{-3})$ | 12 $9x^3a^2x^4$ | $(\frac{1}{2})^6$ R | a^3 E

Lösungswort:

H	E	R	B	S	T	F	E	R	I	E	N
1	2	3	4	5	6	7	8	9	10	11	12

5 Vereinfache die Terme, indem du Potenzgesetze anwendest.

a) $(a^2)^3 = a^6$ $((-a)^3)^2 = (-a)^6 = a^6$ $((ab)^2)^3 = (ab)^6$

b) $c(c + c^2) = c^2 + c^3$ $c(1 + c) = c + c^2$ $cd(c + d) = c^2d + cd^2$

c) $\frac{s^3 \cdot t^3}{s^2 \cdot t^2} = s \cdot t$ $\frac{16s^3 5s^4}{25t^4 8t^3} = \frac{2}{5} \cdot \frac{s^7}{t^7}$ $\frac{12s^8}{49t^6} : \frac{6s^8}{7t^6} = \frac{2}{7}$

d) $u^3 + 5u^2 = u^2 \cdot (u + 5)$ $u^3 - u^4 = u^3 \cdot (1 - u)$ $10u^2 + 10uv^2 = 10u \cdot (u + v^2)$

1 Schreibe die Zahlen ohne und mit Zehnerpotenzen (ZP).

Zahl	Eins	Zehn	Hundert	Tausend	Zehntausend	Hunderttausend
ohne ZP	1	10	100	1 000	10 000	100 000
mit ZP	10^0	10^1	10^2	10^3	10^4	10^5

2 Murat ordnet der Größe nach. Überprüfe und vervollständige Teilaufgabe a). Arbeite bei b) dann ebenso.

a) $2{,}34 \cdot 10^5$ $234 \cdot 10^4$ $23{,}4 \cdot 10^3$ $0{,}234 \cdot 10^9$ $0{,}0234 \cdot 10^{12}$

$23{,}4 \cdot 10^3\ (= 2{,}34 \cdot 10^4) < 2{,}34 \cdot 10^5 < 234 \cdot 10^4\ (= 2{,}34 \cdot 10^6) <$

$0{,}234 \cdot 10^9\ (= 2{,}34 \cdot 10^8) < 0{,}0234 \cdot 10^{12}\ (= 2{,}34 \cdot 10^{10})$

b) $0{,}032 \cdot 10^5$ $32 \cdot 10^7$ $32\,000\,000$ $0{,}00032 \cdot 10^9$ $320 \cdot 10^2$

$0{,}032 \cdot 10^5\ (= 3{,}2 \cdot 10^3) < 320 \cdot 10^2\ (= 3{,}2 \cdot 10^4) < 0{,}00032 \cdot 10^9\ (= 3{,}2 \cdot 10^5) <$

$32\,000\,000\ (= 3{,}2 \cdot 10^7) < 32 \cdot 10^7\ (= 3{,}2 \cdot 10^8)$

3 Berechne mit dem Taschenrechner und gib das Ergebnis auch in Standardschreibweise an. Runde ggf. auf zwei Stellen nach dem Komma.

a) $500^3 =$ *125 000 000* In Standardschreibweise: *1,25* $\cdot 10^8$

b) $24\,500 \cdot 55\,000 =$ *1 347 500 000* In Standardschreibweise: *≈ 1,35* $\cdot 10^9$

c) $12\,345 \cdot 12\,345 =$ *152 399 025* In Standardschreibweise: *≈ 1,52* $\cdot 10^8$

4 a) Man weiß heute schon viel über die Entstehung des Lebens auf der Erde. Vervollständige die Tabelle.

Ereignis der Erdgeschichte	vor ca. ... Jahren	in Standardschreibweise
1. Entstehung der Erde	*4,6 Milliarden*	$4{,}6 \cdot 10^9$
2. erste Lebensformen	3,7 Milliarden	*$3{,}7 \cdot 10^9$*
3. erste Lebewesen auf dem Land	480 000 000	*$4{,}8 \cdot 10^8$*
4. erste Dinosaurier	*230 Millionen*	$2{,}3 \cdot 10^8$
5. erste Urmenschen	*4 Millionen*	$4 \cdot 10^6$
6. erste menschliche Werkzeuge	2,5 Millionen	*$2{,}5 \cdot 10^6$*
7. erster Homo Sapiens	*300 000*	$3 \cdot 10^5$

b) Um die Abfolge dieser Ereignisse der Erdgeschichte im Vergleich deutlich werden zu lassen, sollen die Angaben in einer Zeitleiste dargestellt werden. Gib die Jahresangaben in cm an, wobei 1×10^8 einem Zentimeter entspricht.

Entstehung der Erde	2.	3.	4.	5.	6.	7.
46 cm	*37 cm*	*4,8 cm*	*2,3 cm*	*0,04 cm*	*0,025 cm*	*0,003 cm*

1 Schreibe die Zahlen ohne und mit Zehnerpotenzen (ZP).

Zahl	Zehntel (Dezi-)	Hundertstel (Zenti-)	Tausendstel (Milli-)	Zehntausendstel	Hunderttausendstel	Millionstel (Mikro-)
ohne ZP	$\frac{1}{10}$	$\frac{1}{100}$	$\frac{1}{1000}$	$\frac{1}{10000}$	$\frac{1}{100000}$	$\frac{1}{1000000}$
mit ZP	10^{-1}	10^{-2}	10^{-3}	10^{-4}	10^{-5}	10^{-6}

2 Anife ordnet der Größe nach. Überprüfe und vervollständige Teilaufgabe a). Arbeite bei b) dann ebenso.

a) $4{,}7 \cdot 10^{-4}$ $0{,}47 \cdot 10^{-6}$ $0{,}0047 \cdot 10^{-8}$ $470 \cdot 10^{-3}$ $0{,}47 \cdot 10^{-1}$

$470 \cdot 10^{-3}\ (= 4{,}7 \cdot 10^{-1}) > 0{,}47 \cdot 10^{-1}\ (= 4{,}7 \cdot 10^{-2}) > 4{,}7 \cdot 10^{-4} >$

$0{,}47 \cdot 10^{-6}\ (= 4{,}7 \cdot 10^{-7}) > 0{,}0047 \cdot 10^{-8}\ (= 4{,}7 \cdot 10^{-11})$

b) $88 \cdot 10^{-5}$ $8{,}8 \cdot 10^{-5}$ $0{,}00000088$ $0{,}88 \cdot 10^{-1}$ $8800 \cdot 10^{-11}$

$0{,}88 \cdot 10^{-1}\ (= 8{,}8 \cdot 10^{-2}) > 88 \cdot 10^{-5}\ (= 8{,}8 \cdot 10^{-4}) > 8{,}8 \cdot 10^{-5} >$

$0{,}00000088\ (= 8{,}8 \cdot 10^{-7}) > 8\,800 \cdot 10^{-11}\ (= 8{,}8 \cdot 10^{-8})$

3 Berechne mit dem Taschenrechner und gib das Ergebnis auch in Standardschreibweise an.

a) $0{,}009^3 =$ *0,000000729* = *7,29* $\cdot 10^{-7}$

b) $0{,}00000009 : 0{,}000045 =$ *0,002* = *2* $\cdot 10^{-3}$

c) $0{,}00012 \cdot 0{,}0024 =$ *0,000000288* = *2,88* $\cdot 10^{-7}$

4 a) Nur unter einem starken Mikroskop kann man solch kleine Dinge erkennen. Vervollständige die Tabelle und sortiere der Größe nach (1: am größten; 8: am kleinsten).

	Größenangabe in Metern	in Zehnerpotenzschreibweise	Rangfolge
Pockenvirus	0,00000025	*$2{,}5 \cdot 10^{-7}$*	*6*
Dicke eines Haares	*0,00007*	$7 \cdot 10^{-5}$	*4*
Bakterie	0,0000006	*$6 \cdot 10^{-7}$*	*7*
Sehnerv	0,04	*$4 \cdot 10^{-2}$*	*1*
rotes Blutkörperchen	*0,000007*	$7 \cdot 10^{-6}$	*5*
Gehörknöchelchen	*0,0033*	$3{,}3 \cdot 10^{-3}$	*2*
Dicke einer Wimper	0,00015	*$1{,}5 \cdot 10^{-4}$*	*3*
Herpesvirus	*0,000000018*	$1{,}8 \cdot 10^{-8}$	*8*

b) Vergleiche die Größe / Dicke von ... *Lösungsmöglichkeit:*
(1) Sehnerv und Gehörknöchelchen, (2) Wimper und Haar, (3) Bakterie und Herpesvirus.

(1) *Ein Sehnerv ist ca. 12 -mal so groß wie ein Gehörknöchelchen.*

(2) *Eine Wimper ist ca. 2-mal so dick wie ein Haar.*

(3) *Eine Bakterie ist ca. 33-mal so groß wie ein Herpesvirus.*

1 Vor langer Zeit wurde in Indien das Brettspiel Schach erfunden. Der indische Kaiser Sheram wollte den Erfinder dieses Spieles, Zeta, unbedingt belohnen, da er großen Gefallen an diesem Spiel gefunden hatte. Zeta sollte als Belohnung einen Wunsch äußern und dabei nicht zu bescheiden sein. Dieser sagte darauf: „Gebieter, gib mir für das erste Feld des Schachbrettes 1 Reiskorn, 2 Körner für das zweite Feld, 4 für das dritte und für jedes weitere Feld doppelt so viele Körner wie für das vorhergehende.“. Der Kaiser hielt dies für eine sehr bescheidene Belohnung.

a) Vervollständige die Tabelle. Runde ggf. auf zwei Stellen nach dem Komma.

	Potenzschreibweise	Anzahl der Reiskörner
1. Feld	2^0	1
2. Feld	2^1	2
3. Feld	2^3	8
7. Feld	2^7	128
15. Feld	2^{15}	32 768
30. Feld	2^{30}	1 073 741 824
64. Feld	2^{64}	$\approx 1{,}84 \cdot 10^{19}$

b) Wie viele Tonnen Reis würden die Körner des letzten Feldes ergeben, wenn 20 000 Körner 1 kg wiegen?
c) Wie lang würde ein Eisenbahnzug werden, wenn jeder Wagen 20 m lang ist und 40 t Reis aufnehmen kann?

b) Reismenge in kg: $1{,}84 \cdot 10^{19} : 20\,000 \approx 9{,}2 \cdot 10^{14}$ kg

in t: $9{,}2 \cdot 10^{11}$ t

c) Anzahl Wagen: $9{,}2 \cdot 10^{11}\,t : 40\,t \approx 2{,}3 \cdot 10^{10}$ (Wagen)

Länge des Zuges: $2{,}3 \cdot 10^{10} \cdot 20\,m = 4{,}6 \cdot 10^{11}$ m

2 Rechne mit Zehnerpotenzen in Standardschreibweise.
a) Wie viele Meter hoch wird ein Stapel im Wert von 1 000 000 000 €?
b) Berechne das Gewicht des Stapels in kg.
c) Welche Fläche könntest du mit diesen Geldscheinen auslegen?

Gewicht: 1,02 g
Dicke: 0,1 mm
Länge: 147 mm
Breite: 82 mm

a) $10^7 \cdot 0{,}1\,mm = 1 \cdot 10^6\,mm = 1 \cdot 10^3\,m = 1\,km$

b) $10^7 \cdot 1{,}02\,g = 1{,}02 \cdot 10^7\,g = 10{,}2\,t$

c) Flächeninhalt eines Scheins: $147 \cdot 82 = 12\,054$ (mm^2)

$10^7 \cdot 12\,054\,mm^2 = 1{,}2054 \cdot 10^{11}\,mm^2 = 1{,}2054 \cdot 10^5\,m^2$

Die Fläche der Geldscheine entspricht in etwa der Größe von 17 Fußballfeldern (68 m x 105 m).

1 Vervollständige die Tabelle.

a)

Quadratzahl	144	196	484	676
Quadratwurzel	12	14	22	26

b)

Kubikzahl	216	512	1331	2197
Kubikwurzel	6	8	11	13

2 Bestimme die Wurzel im Kopf.

a) $\sqrt{225} = 15$ b) $\sqrt{36^2} = 36$ c) $\sqrt[3]{343} = 7$ d) $\sqrt[3]{18^3} = 18$

e) $\sqrt{\frac{4}{324}} = \frac{2}{18}$ f) $\sqrt[3]{\frac{27}{216}} = \frac{3}{6} = \frac{1}{2}$ g) $\sqrt[3]{8^2} = 4$ h) $\sqrt{100^3} = 1000$

3 Wie lautet die Wurzel aus der gegebenen Zahl? Kreuze an.

a)	$\sqrt{121} = 11$	$\sqrt{1{,}21} =$	○ 11,1	⊠ 1,1	○ 1,01	○ 0,11
b)	$\sqrt{16} = 4$	$\sqrt{0{,}16} =$	○ 40	○ 4,4	⊠ 0,4	○ 0,04
c)	$\sqrt{9} = 3$	$\sqrt{0{,}0009} =$	○ 0,3	⊠ 0,03	○ 0,003	○ 0,0003
d)	$\sqrt{625} = 25$	$\sqrt{0{,}0625} =$	○ 25,0	○ 2,5	⊠ 0,25	○ 0,025
e)	$\sqrt[3]{27} = 3$	$\sqrt[3]{0{,}027} =$	⊠ 0,3	○ 0,03	○ 0,003	○ 0,0003
f)	$\sqrt[3]{1000} = 10$	$\sqrt[3]{0{,}000001} =$	○ 1,0	○ 0,1	⊠ 0,01	○ 0,001

Er-Aufgaben Höhere Wurzeln berechnen

4 Ergänze jeweils die fehlende Zahl.

a) $\sqrt[5]{3125} = 5$ b) $\sqrt[2]{12^0} = 1$ c) $\sqrt[4]{9^2} = 3$

d) $\sqrt[9]{512} = 2$ e) $\sqrt[5]{\frac{1024}{243}} = \frac{4}{3}$ f) $\sqrt[5]{0{,}00001} = 0{,}1$

g) $\sqrt[7]{2187} = 3$ h) $\sqrt[4]{0{,}0016} = 0{,}2$ i) $\sqrt[4]{\frac{16}{81}} = \frac{2}{3}$

5 Finde wertgleiche Kärtchen und nummeriere sie mit derselben Nummer.

1: $\sqrt[5]{16\,807}$	2: $3 : 10$	5: $10\,000^{\frac{1}{2}}$	6: $\sqrt[5]{0{,}00032}$	6: $0{,}00032^{\frac{1}{5}}$	1: 7	8: $0{,}3 \cdot 10$	8: $2187^{\frac{1}{7}}$
2: $0{,}027^{\frac{1}{3}}$	4: $10\,000^{\frac{1}{4}}$	2: $\sqrt[3]{0{,}027}$	5: 100	3: $512^{\frac{1}{3}}$	4: $\sqrt[4]{10\,000}$	6: $2 : 10$	7: $\sqrt[3]{8}$
3: $\sqrt[3]{512}$	3: 8	8: $\sqrt[7]{2187}$	1: $16\,807^{\frac{1}{5}}$	7: $4 \cdot 0{,}5$	4: $0{,}1 \cdot 100$	7: $8^{\frac{1}{3}}$	5: $\sqrt[2]{10\,000}$

1 Die Stadtwerke in Cottbus erhöhen die Strompreise zum nächsten Jahr.

STADTWERKE
Jährlicher
Grundpreis: 80 €
Preis pro kWh: 27 Ct

a) Berechne die Gesamtkosten bei einem Verbrauch von 500 kWh (2350 kWh).

Kosten bei 500 kWh: *0,27 € / kWh · 500 kWh + 80 € = 215 €*

Kosten bei 2350 kWh: *0,27 € / kWh · 2 350 kWh + 80 € = 714,50 €*

b) Stelle die zugehörige Funktionsgleichung auf, mit der man die Gesamtkosten für jeden Verbrauch in Kilowattstunden berechnen kann.

y: Gesamtkosten in €   x: Verbrauch in kWh   f(x) = y = 0,27x + 80

c) Ermittle den Stromverbrauch in Kilowattstunden, wenn die Gesamtkosten 485 € betragen.

485 = 0,27x + 80

x = 1 500 (kWh)

2 Drei Autovermietungen bieten dasselbe Fahrzeug zu unterschiedlichen Konditionen an.

① **cardrive** 80 € pro Tag
② **carfahr** 50 € pro Tag, 1 € je 10 km
③ **mietcar** 20 € pro Tag, 3 € je 10 km

a) Vervollständige die Tabelle.

km pro Tag	0	20	40	60	80	100	120	140
Preis pro Tag cardrive (€)	80	80	80	80	80	80	80	80
Preis pro Tag carfahr (€)	50	52	54	56	58	60	62	64
Preis pro Tag mietcar (€)	20	26	32	38	44	50	56	62

b) Zeichne für jedes Angebot den Graphen. Notiere an den Geraden die zugehörigen Funktionsgleichungen.

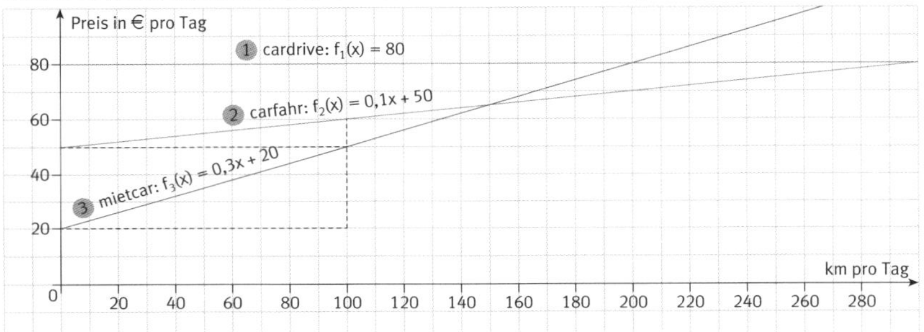

c) Entscheide und begründe, welche Autovermietung jeweils am günstigsten ist. Kreuze an.

Aussage	cardrive	carfahr	mietcar
Ⓐ Das Auto soll für einen Umzug innerhalb der Stadt für drei Tage gemietet werden.			X
Ⓑ Das Auto wird für drei Tage für einen Transport nach Spanien und zurück gebraucht.	X		
Ⓒ Mit dem Auto möchte man eine Tagesfahrt über ungefähr 500 km unternehmen.	X		
Ⓓ Das Auto soll für einen Tag gemietet werden. Die zu fahrende Strecke beträgt hin und zurück jeweils etwa 100 km.		X	

1 a) Gib jeweils die Steigung der Geraden und die Funktionsgleichung an.

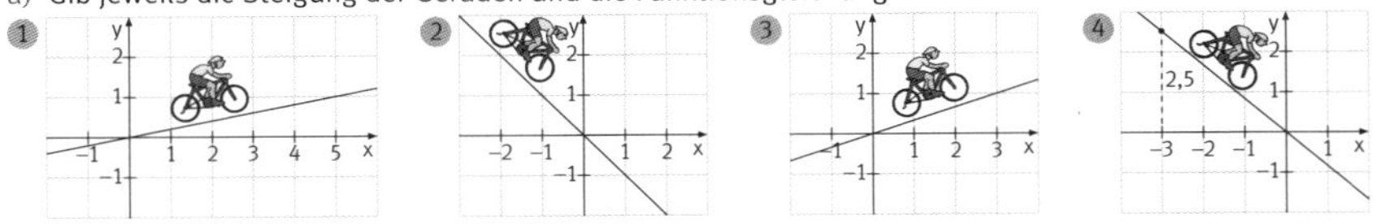

① $m_1 = \frac{1}{5}$, $f_1(x) = \frac{1}{5}x$
② $m_2 = -1$, $f_2(x) = -x$
③ $m_3 = \frac{1}{3}$, $f_3(x) = \frac{1}{3}x$
④ $m_4 = -\frac{5}{6}$, $f_4(x) = -\frac{5}{6}x$

b) Aus den Skizzen anderer „Radwege" haben sich weitere Steigungen ergeben:

Weg 1	Weg 2	Weg 3	Weg 4	Weg 5	Weg 6
$m_1 = -0{,}25$	$m_2 = \frac{1}{4}$	$m_3 = 0$	$m_4 = -0{,}8$	$m_5 = -2$	$m_6 = -\frac{4}{5}$

① Bei welchen Wegen fährt der Radfahrer …

bergab? *1; 4; 5; 6*   bergauf? *2*   in der Ebene? *3*

② Welche Wege sind gleich steil? *1 und 2; 4 und 6*

2 a) Zeichne die Graphen in das Koordinatensystem und vervollständige die Tabelle durch Ablesen.

	Funktionsgleichung	m	n	Verlauf	Nullstelle
①	$f(x) = y = x + 3$	1	3	steigend	−3
②	$f(x) = y = -\frac{1}{2}x - 2$	$-\frac{1}{2}$	−2	*fallend*	−4
③	$f(x) = y = -\frac{3}{4}x + 3$	$-\frac{3}{4}$	3	*fallend*	4
④	$f(x) = y = \frac{4}{3}x - 2$	$\frac{4}{3}$	−2	*steigend*	1,5
⑤	$f(x) = y = -\frac{5}{4}x + 2{,}5$	$-\frac{5}{4}$	2,5	*fallend*	2

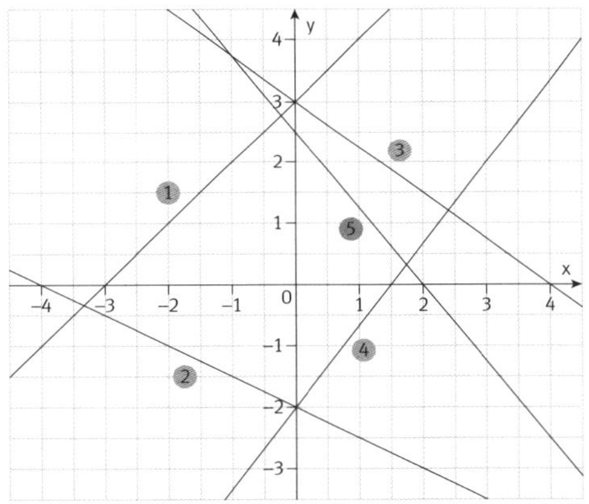

b) Bestimme die Nullstellen der Funktionen ① bis ④ rechnerisch.

① $0 = x + 3$ $| -3$
$x = -3$

② $0 = -\frac{1}{2}x - 2$ $| +2;\ :(-\frac{1}{2})$
$x = -4$

③ $0 = -\frac{3}{4}x + 3$ $| -3;\ :(-\frac{3}{4})$
$x = 4$

④ $0 = \frac{4}{3}x - 2$ $| +2;\ :\frac{4}{3}$
$x = 1{,}5$

1 Berechne zuerst im Kopf die fehlenden Koordinaten eines Punkts auf dem Graphen. Zeichne dann die Graphen farbig in das Koordinatensystem.

$f_1(x) = -\frac{1}{6}x$	A (3 | −0,5)
$f_2(x) = 2{,}5x$	B (1 | 2,5)
$f_3(x) = \frac{2}{3}x + 1$	C (3 | 3)
$f_4(x) = -3x + 0{,}5$	D (1 | −2,5)
$f_5(x) = 2{,}5$	E (−2 | 2,5)

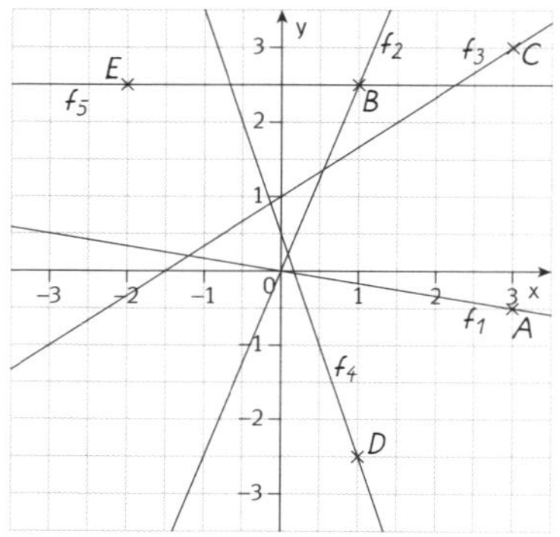

2 Zeichne die Geraden mithilfe von g und h und verschiedenen Farben in das Koordinatensystem. Gib jeweils die Funktionsgleichung an.

a) Ursprungsgerade durch A (−2 | −3)

$f_1(x) = \frac{3}{2}x = 1{,}5x$

b) Gerade durch den Punkt B (2 | −1,5) und der Steigung m = −0,5

$f_2(x) = -\frac{1}{2}x - 0{,}5$

c) Parallele zu g(x) = 1,5x + 1,5 durch C (−1 | −1)

$f_3(x) = 1{,}5x + 0{,}5$

d) Senkrechte zu $h(x) = \frac{3}{4}x$ durch D (1,5 | −1)

$f_4(x) = -\frac{4}{3}x + 1$

e) Gerade durch E (0 | 3,5) und F (4 | 2,5)

$f_5(x) = -\frac{1}{4}x + 3{,}5$

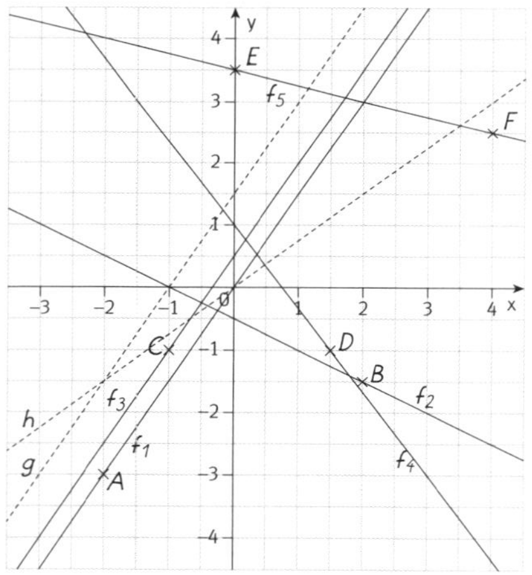

3 Ein Forscherteam untersucht den Einfluss des Klimawandels auf das Wachstum von Korallenriffen im Südpazifik. Der Graph zeigt die gradlinige Bewegungsbahn eines Forschers in einer Taucherglocke.

a) Ergänze die Koordinaten der Punkte T_1 und T_2 im Koordinatensystem.

b) Bestimme die Funktionsgleichung, die den Weg der Taucherglocke beschreibt und notiere diese an der Geraden.

c) Ermittle zeichnerisch und rechnerisch ggf. auf einem Extrablatt. Wie weit muss das Schiff noch vorwärts fahren, damit der Taucher bei gleichbleibendem Weg aufgenommen werden kann?

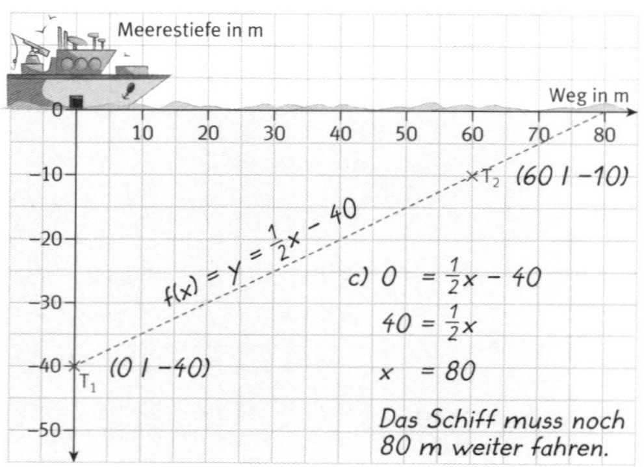

1 Eine Gerade verläuft jeweils durch die Punkte P und Q. Kreuze an, welche Steigung sie hat.

a)	P (0 | 1), Q (−1 | 0)	☒ m = 1	○ m = −1	○ m = 0	○ m nicht definiert
b)	P (−1 | 1), Q (1 | −1)	○ m = 1	☒ m = −1	○ m = 0	○ m nicht definiert
c)	P (−1 | 1), Q (−1 | 0)	○ m = 1	○ m = −1	○ m = 0	☒ m nicht definiert
d)	P (0 | −1), Q (−1 | 0)	○ m = 1	☒ m = −1	○ m = 0	○ m nicht definiert
e)	P (−1 | −1), Q (0 | −1)	○ m = 1	○ m = −1	☒ m = 0	○ m nicht definiert

2 Eine Gerade verläuft jeweils durch die Punkte P und Q. Berechne zunächst jeweils die Steigung der Geraden und bestimme dann die Funktionsgleichung.

a)	P (3 | 2) Q (5 | 4)	$m = \frac{4-2}{5-3} = 1$ $f(x) = y = x - 1$	$2 = 1 \cdot 3 + n$ $-1 = n$	m = 1 n = −1
b)	P (−1 | 0) Q (2,5 | 7)	$m = \frac{7-0}{2{,}5+1} = \frac{7}{3{,}5} = 2$ $f(x) = y = 2x + 2$	$0 = 2 \cdot (-1) + n$ $2 = n$	m = 2 n = 2
c)	P (−5 | −6) Q (3 | −2)	$m = \frac{-2+6}{3+5} = \frac{4}{8} = \frac{1}{2}$ $f(x) = y = \frac{1}{2}x - 3{,}5$	$-6 = \frac{1}{2} \cdot (-5) + n$ $-3{,}5 = n$	m = $\frac{1}{2}$ n = −3,5
d)	P (−3 | $-\frac{1}{2}$) Q (−2 | −3,5)	$m = \frac{-3{,}5+0{,}5}{-2+3} = -3$ $f(x) = y = -3x - 9{,}5$	$-0{,}5 = -3 \cdot (-3) + n$ $-9{,}5 = n$	m = −3 n = −9,5

3 Familie Ergül zieht von Cottbus nach Berlin. Sie leiht sich einen Möbelwagen. Der Preis setzt sich aus einer Grundgebühr und dem Kilometergeld zusammen. Für 120 km zahlen sie 103 €. Fabian leiht sich bei derselben Firma ein Auto, um innerhalb Berlins seinen Umzug zu organisieren. Seine neue WG ist nur 10 km weit entfernt und er zahlt 59 €.

Nicola muss beruflich von Berlin nach Bamberg ziehen (Entfernung: 400 km). Was wird sie der Umzug mit diesem Unternehmen kosten?

a) Stelle aus den Angaben zwei Wertepaare auf: (120 | 103) und (10 | 59)

b) Stelle die Funktionsgleichung auf und bestimme die Höhe der Grundgebühr und des Kilometergeldes.

c) Berechne die Kosten für Nicolas Umzug.

b) $m = \frac{103 - 59}{120 - 10} = 0{,}4 = \frac{2}{5}$ $103 = \frac{2}{5} \cdot 120 + n$ $f(x) = y = \frac{2}{5}x + 55$

$55 = n$

c) Kosten für Nicola: $\frac{2}{5} \cdot 400 + 55 = 215$ (€)

1 Löse die Gleichungen nach y auf. Zeichne die zugehörige Gerade in das Koordinatensystem.

a) $3x + 2y = 8$

$2y = -3x + 8$

$y = -\frac{3}{2}x + 4$

b) $-4y + 8x = 12$

$-4y = -8x + 12$

$y = 2x - 3$

c) $\frac{3}{4}x + \frac{1}{2}y = \frac{1}{4}$

$\frac{1}{2}y = -\frac{3}{4}x + \frac{1}{4}$

$y = -\frac{3}{2}x + \frac{1}{2}$

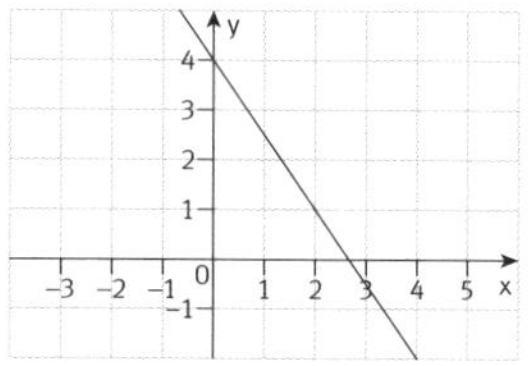
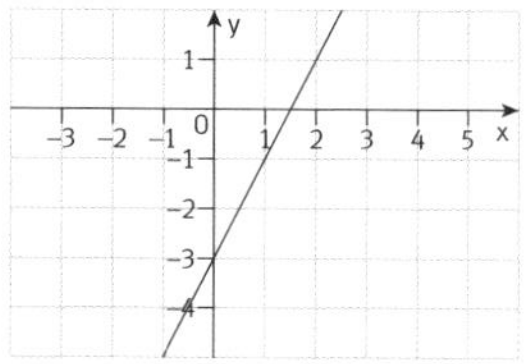
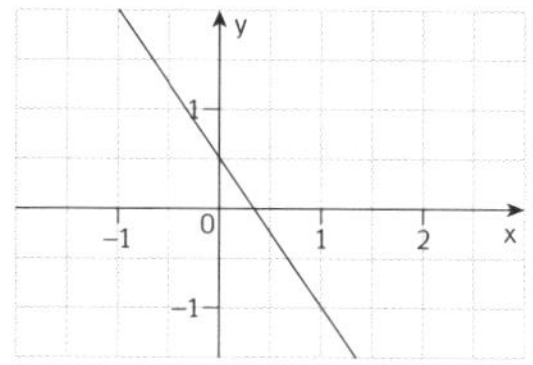

2 Kreuze an, welches Zahlenpaar jeweils Lösung der Gleichung ist.

a) $3x = -2y + 2$
- ☒ (−2|4)
- ◯ (−2|3)
- ◯ (4|−2)
- ◯ (−2|−4)

b) $4x = 5y - 2$
- ◯ (−2|2)
- ☒ (2|2)
- ◯ (−2|−2)
- ◯ (7|6)

c) $-3x + y = -9$
- ◯ (0|3)
- ☒ (3|0)
- ◯ (2|−3)
- ◯ (−3|2)

d) $3 \cdot (x + 2) = y$
- ◯ (1|7)
- ☒ (0|6)
- ◯ (1|−7)
- ◯ (−2|0)

3 Die Zahlenpaare sollen die Gleichung $3x - 6y = -9$ lösen. Ergänze die fehlenden Werte.

a) (1| 2) b) (3 |3) c) (5| 4) d) (17 |10)

4 Vervollständige die Tabelle und zeichne anschließend die zugehörige Gerade in das Koordinatensystem.

a) $8y - 4x = -16$

x	−2	0	2	4
y	−3	−2	−1	0

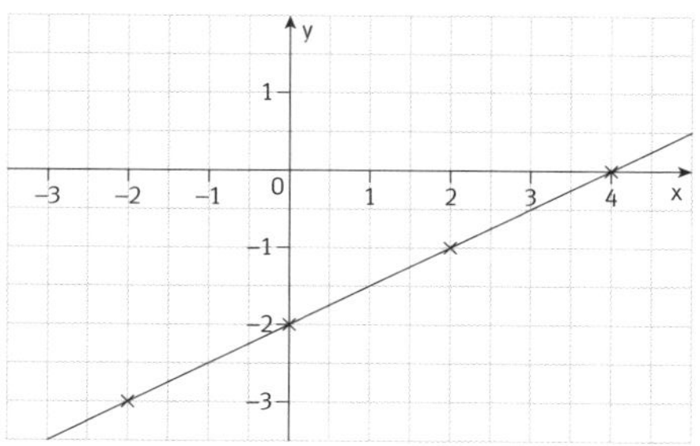

b) $2 \cdot (2x + y) = 8$

x	2	1	0
y	0	2	4

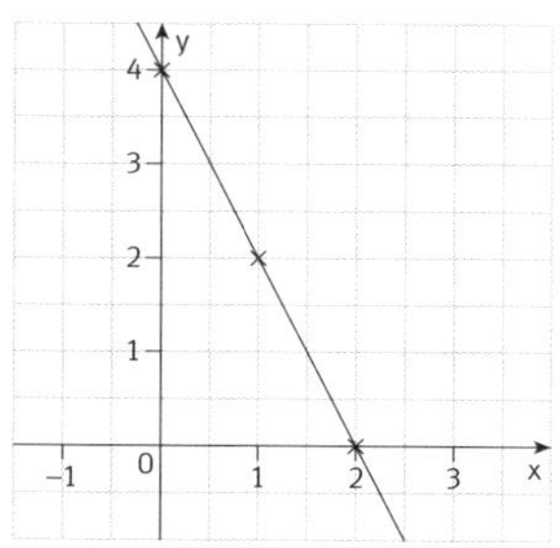

Lineare Gleichungssysteme kennenlernen

1 Bei der Fußballweltmeisterschaft 2018 in Russland wurden in 64 Spielen insgesamt 169 Tore geschossen. Bester Torschütze des Turniers war Harry Kane aus Großbritannien, als bester deutscher Torschütze wird Marco Reus aufgeführt.

I Zusammen haben Harry Kane und Marco Reus sieben Tore geschossen.

II Harry Kane hat fünf Tore mehr als Marco Reus geschossen.

Wie viele Tore hat jeder von ihnen geschossen?

a) Vervollständige dazu zunächst die Tabellen. Markiere die Lösung.

I	HK	1	2	3	4	5	6
	MR	6	5	4	3	2	1
II	HK	5	6	7	8	9	10
	MR	0	1	2	3	4	5

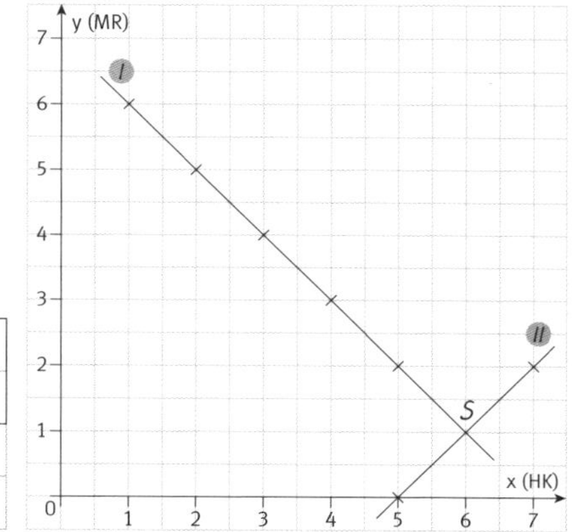

b) Überprüfe deine Lösung, indem du die Wertepaare in das Koordinatensystem einträgst.

2 Bestimme den Einzelpreis eines Kugelschreibers und eines Tagebuchs.

a) Notiere für die Abbildungen I und II jeweils eine Gleichung über der Tabelle. Wofür stehen die Variablen x und y?

x: *Preis für einen Stift*

y: *Preis für ein Tagebuch*

b) Vervollständige dann die Tabellen und überprüfe deine Lösung, indem du die Wertepaare in das Koordinatensystem einträgst. Formuliere einen Antwortsatz.

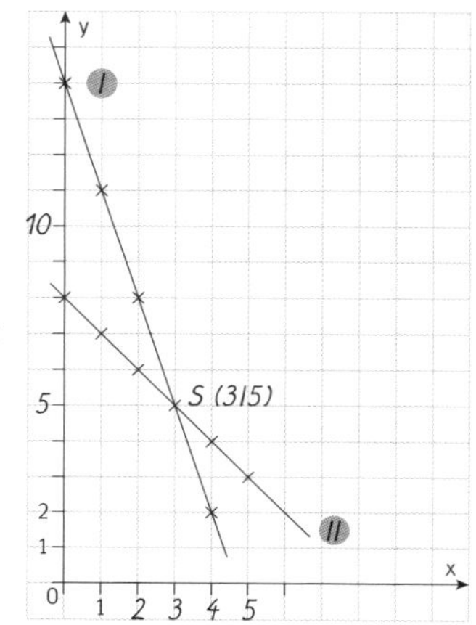

I Gleichung: $3x + y = 14$

x	y	Probe
0	14	$3 \cdot 0 + 14 = 14$
1	11	$3 \cdot 1 + 11 = 14$
2	8	$3 \cdot 2 + 8 = 14$
3	5	$3 \cdot 3 + 5 = 14$
4	2	$3 \cdot 4 + 2 = 14$

II Gleichung: $2x + 2y = 16$

x	y	Probe
0	8	$2 \cdot 0 + 2 \cdot 8 = 16$
1	7	$2 \cdot 1 + 2 \cdot 7 = 16$
2	6	$2 \cdot 2 + 2 \cdot 6 = 16$
3	5	$2 \cdot 3 + 2 \cdot 5 = 16$
4	4	$2 \cdot 4 + 2 \cdot 4 = 16$

Antwort: *Ein Stift kostet 3 €, ein Tagebuch 5 €.*

1 Gegeben ist das folgende lineare Gleichungssystem: I $2x + 2y = 6$ II $2x - 2y = 4$

a) Löse die Gleichungen jeweils nach y auf.

I $2y = -2x + 6$

$y = -x + 3$

II $-2y = -2x + 4$

$y = x - 2$

I $y =$ $-x + 3$

II $y =$ $x - 2$

b) Bestimme die Lösungsmenge des linearen Gleichungssystems grafisch.

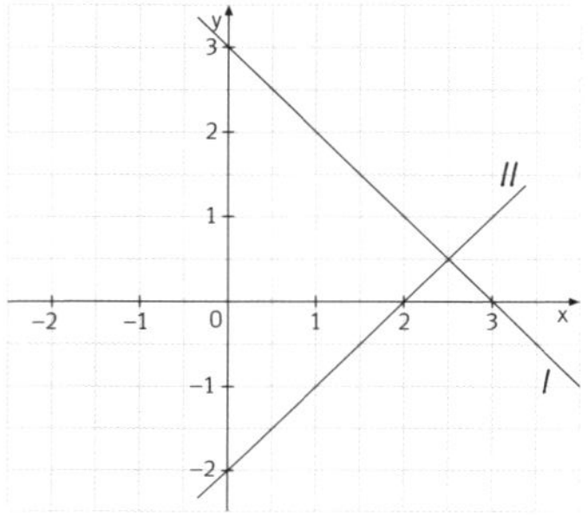

$\mathbb{L} = \{ (2,5|0,5) \}$

c) Mache die Probe, indem du die Lösung in beide Gleichungen einsetzt.

I $0,5 = -2,5 + 3$ II $0,5 = 2,5 - 2$

$0,5 = 0,5$ $0,5 = 0,5$

2 a) Löse die Gleichungen jeweils nach y auf und zeichne die Graphen.

① I $2y + 4x = 12$ II $4y - 24 = -8x$

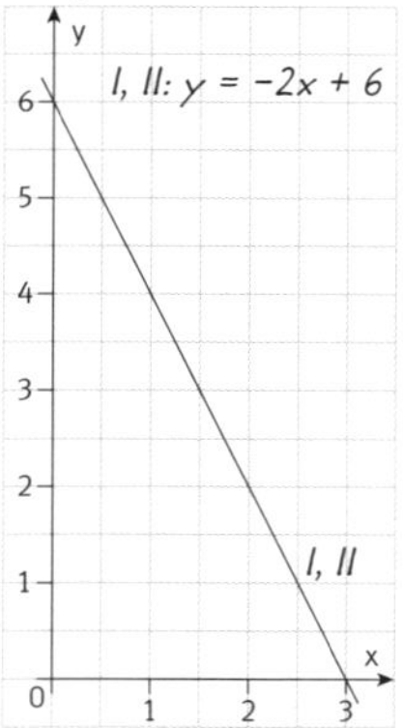

② I $-x + 7 = 2y$ II $-0,5x - y = -2$

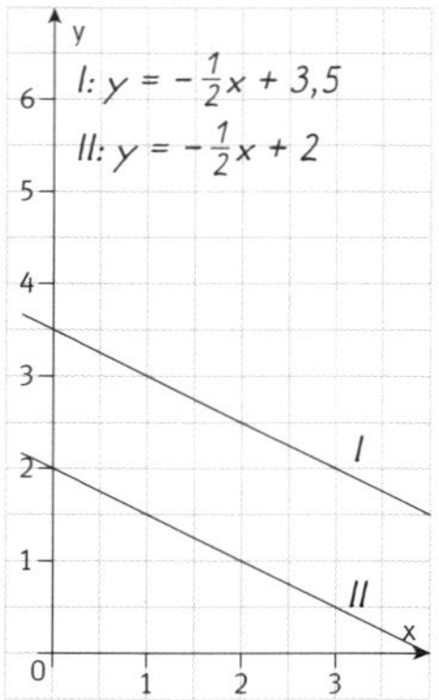

③ I $2x + 10 = 4y$ II $2x - 2y = -2$

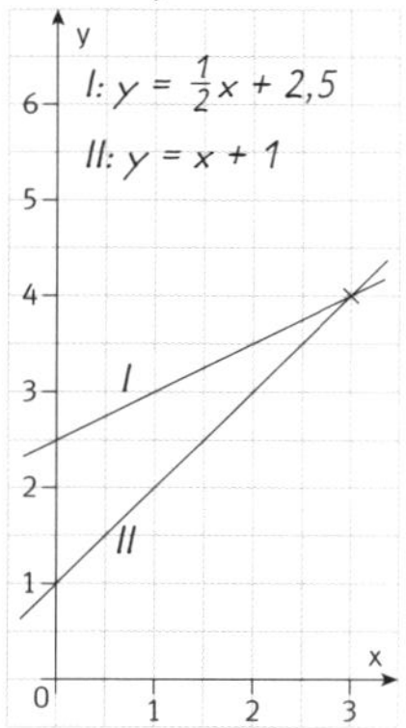

b) Kreuze an, wie viele Lösungen das Gleichungssystem hat. Notiere die Lösungsmenge.

① ○ keine Lösung ○ eine Lösung ⊠ unendlich viele Lösungen — $\mathbb{L} = \{(x|y) \text{ mit } y = -2x + 6\}$

② ⊠ keine Lösung ○ eine Lösung ○ unendlich viele Lösungen — $\mathbb{L} = \{ \}$

③ ○ keine Lösung ⊠ eine Lösung ○ unendlich viele Lösungen — $\mathbb{L} = \{ (3|4) \}$

1 Löse die linearen Gleichungssysteme mithilfe des Gleichsetzungsverfahrens.

a) I $y = 2x + 7$
II $y = -3x - 3$

Gleichsetzen:

$2x + 7 = -3x - 3$
$5x + 7 = -3$
$5x = -10$
$x = -2$

$x = -2$ in I: $y = 2 \cdot (-2) + 7$

$y = 3$ $\mathbb{L} = \{ (-2|3) \}$

b) I $7x + 10,5y = 31,5 \Leftrightarrow$ I $7x = -10,5y + 31,5$
II $y + 7x = 12,5 \Leftrightarrow$ II $7x = -y + 12,5$

$-10,5y + 31,5 = -y + 12,5$
$-9,5y = -19$
$y = 2$ (einsetzen in I)

$7x = -10,5 \cdot 2 + 31,5$
$7x = 10,5$
$x = 1,5$ $\mathbb{L}\ \{(1,5|2)\}$

2 Entnimm der Zeichnung die Funktionsgleichungen der Geraden g und h und berechne die Koordinaten ihres Schnittpunktes.

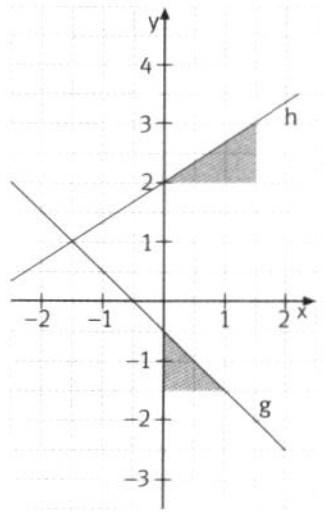

g: $y = -x - \frac{1}{2}$ h: $y = \frac{2}{3}x + 2$

Gleichsetzen: $-x - \frac{1}{2} = \frac{2}{3}x + 2$

$-x - \frac{1}{2} = \frac{2}{3}x + 2$
$-\frac{5}{3}x = \frac{5}{2}$
$x = -\frac{3}{2} = -1,5$

$x = -1,5$ einsetzen in g:
$y = -(-1,5) - 0,5$
$y = 1$

$x = -1,5$ $y = 1$ $\mathbb{L} = \{(1,5|1)\}$

3 Hier stimmt doch etwas nicht. Markiere die Fehler und verbessere anschließend.
I $3x + 5y = 11$ II $10x - 19 = y$

I $-3x + 11 = 5y$
II $10x - 19 = y$

I und II gleichsetzen:
$-3x + 11 = 10x - 19$ | $-10x - 11$
$-13x = -30$ | $:(-13)$
$x = \frac{30}{13}$

x einsetzen in II:
$y = 10 \cdot \frac{30}{13} - 19 = \frac{53}{13}$

$\mathbb{L} = \{(\frac{30}{13}|\frac{53}{13})\}$

Verbesserung:
Die Gleichung II wurde zunächst mit 5 multipliziert.
I $-3x + 11 = 5y$
II $50x - 95 = 5y$

I und II gleichsetzen:
$-3x + 11 = 50x - 95$
$-53x = -106$
$x = 2$

x einsetzen in II:
$y = 10 \cdot 2 - 19 = y$
$1 = y$

$\mathbb{L} = \{(2|1)\}$

1 Justus bezahlt eine neue Jeansjacke mit 5-€- und 10-€-Scheinen. Insgesamt benutzt er 13 Scheine.

a) Berechne den neuen Preis der Jacke. *118,75 € · 0,8 = 95 €*

b) Stelle das Gleichungssystem auf und bestimme die Anzahl der Scheine von jeder Sorte.

b) x : Anzahl 5-€-Scheine; y : Anzahl 10-€-Scheine

I $x + y = 13 \Leftrightarrow x = -y + 13$
II $5x + 10y = 95 \Leftrightarrow x = -2y + 19$

I = II: $-y + 13 = -2y + 19$; $y = 6$
y in I: $x + 6 = 13$; $x = 7$
$\mathbb{L} = \{(7|6)\}$

Justus verwendet *sieben* 5-€-Scheine und *sechs* 10-€-Scheine.

2 Im Rahmen der Gesundheitswoche einer Schule bietet eine Getränkefirma Multivitaminsaft und Orangensaft an. Bestimme mithilfe eines Gleichungssystems den Einzelpreis einer Flasche Multivitaminsaft und einer Flasche Orangensaft.

x : Preis Multivitaminsaft
y : Preis Orangensaft

I $4x + 2y = 5{,}10 \Leftrightarrow 4x = -2y + 5{,}10$
II $4x + 3y = 5{,}85 \Leftrightarrow 4x = -3y + 5{,}85$

I = II: $-2y + 5{,}10 = -3y + 5{,}85$; $y = 0{,}75$
y in I: $4x + 2 \cdot 0{,}75 = 5{,}10$; $x = 0{,}90$
$\mathbb{L} = \{(0{,}90|0{,}75)\}$

Eine Flasche Multivitaminsaft kostet 0,90 €, eine Flasche Orangensaft 0,75 €.

3 Berechne den Eintrittspreis für Erwachsene und Kinder für den Funparc und damit die möglichen Kosten für Vickys Eltern.

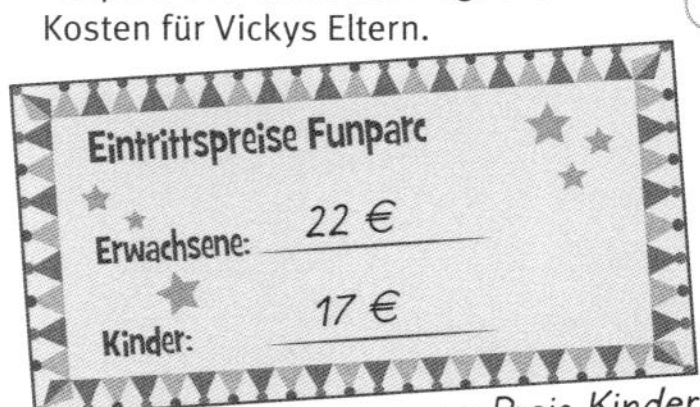

x: Preis Erwachsene y: Preis Kinder

I $x + 2y = 56$ | $\cdot 2$
II $2x + 3y = 95$ | $-3y$

I $2x = -4y + 112$
II $2x = -3y + 95$

I = II: $-4y + 112 = -3y + 95$; $-y = -17$; $y = 17$
y in I: $x + 2 \cdot 17 = 56$; $x = 22$
$\mathbb{L} = \{(22|17)\}$

Kosten für Vickys Eltern: $4 \cdot 22 + 9 \cdot 17 = 241$ (€)

1 Entscheide, bei welchen Gleichungssystemen das Einsetzungsverfahren zur Lösung günstig ist. Wie könnte man dann einsetzen („I in II" oder „II in I")?

a) I $3 = 4x + 9y$; II $x = 5y + 2$
Einsetzungsverfahren ☒ günstig ◯ ungünstig; ◯ I in II ☒ II in I

b) I $5y = 11x + 3{,}9$; II $7x - 3y = 3{,}9$
Einsetzungsverfahren ◯ günstig ☒ ungünstig; ◯ I in II ◯ II in I

c) I $3y = 2x - 7$; II $x = 3y$
Einsetzungsverfahren ☒ günstig ◯ ungünstig; ☒ I in II ☒ II in I

2 Löse die Gleichungssysteme mithilfe des Einsetzungsverfahrens.

a) I $y = 3x + 12$; II $9x - 5y = -36$

I in II einsetzen:
$9x - 5 \cdot (3x + 12) = -36$
$9x - 15x - 60 = -36$
$-6x = 24$
$x = -4$ (in I)
$y = 3 \cdot (-4) + 12$
$y = 0$
$\mathbb{L} = \{(-4|0)\}$

b) I $-0{,}27x + 13y = -12$; II $0{,}27x + 9 = 13y$

II in I einsetzen:
$-0{,}27x + 0{,}27x + 9 = -12$
$9 = -12$ falsche Aussage
$\mathbb{L} = \{\ \}$

3 Auf einem Grillfest trinkt jedes Kind im Durchschnitt 3 Getränke und isst 2 Würstchen. Die Erwachsenen trinken hingegen jeweils 4 Getränke, essen aber jeweils nur 1 Würstchen (schließlich gibt es ja auch noch andere Leckereien!). Es werden insgesamt 110 Getränke und 45 Würstchen verzehrt.

a) Welches Gleichungssystem passt zu diesem Sachverhalt, wenn x für die Anzahl der Kinder und y für die Anzahl der Erwachsenen steht?

◯ I $3x + 2x = 45$; II $4y + y = 110$
◯ I $4x + y = 45$; II $2x + 3y = 110$
☒ I $3x + 4y = 110$; II $2x + y = 45$
◯ I $3x + 2y = 110$; II $4x + 3y = 45$

b) Berechne, wie viele Kinder und wie viele Erwachsene auf dem Grillfest waren.

I $3x + 4y = 110$
II $2x + y = 45$ | $-2x$
II $y = -2x + 45$ (einsetzen in I)

II in I: $3x + 4 \cdot (-2x + 45) = 110$
$3x - 8x + 180 = 110$
$-5x = -70$
$x = 14$
x = 14 einsetzen in II:
$2 \cdot 14 + y = 45$
$y = 17$ $\mathbb{L} = \{(14|17)\}$
Anzahl Kinder: 14
Anzahl Erwachsene: 17

4 Löse die Aufgaben aus der Geometrie mithilfe eines Gleichungssystems. Notiere die Gleichungen und nutze für die Nebenrechnungen ein Extrablatt.

a) Die Länge eines rechteckigen Grundstücks a ist um 24 m größer als die Breite b. Der Umfang beträgt 78 m.

I *$a = b + 24$*
II *$2a + 2b = 78$*
a = *31,5 (m)* b = *7,5 (m)*

b) In einem gleichschenkligen Dreieck sind die Basiswinkel (α bzw. β) jeweils um 9° größer als der Winkel an der Spitze (γ).

I *$\alpha = \gamma + 9$*
II *$2\alpha + \gamma = 180$*
$\alpha = \beta =$ *63°* $\gamma =$ *54°*

Schrägbilder von Pyramiden und Kegeln zeichnen

1 Vervollständige die Schrägbilder der Körper mit einer Körperhöhe von $h_K = 4$ cm.

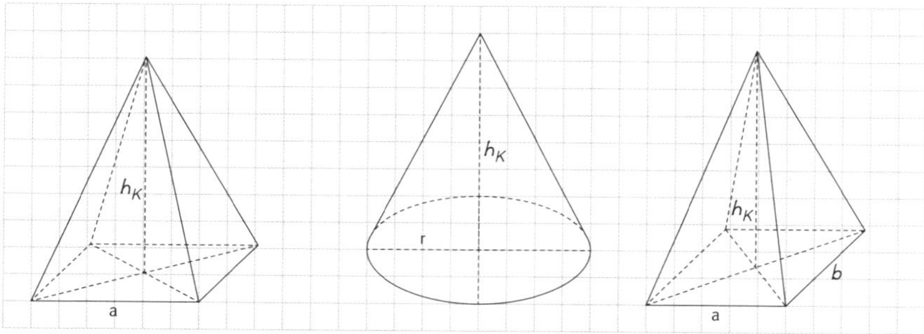

Pyramide mit quadratischer Grundfläche (a = 3 cm)	Kegel mit r = 2 cm	Pyramide mit rechteckiger Grundfläche (a = 2,5 cm, b = 4 cm)

2 Zeichne das Schrägbild
a) einer rechteckigen Pyramide mit a = 4,5 cm, b = 3 cm und $h_K = 4$ cm.

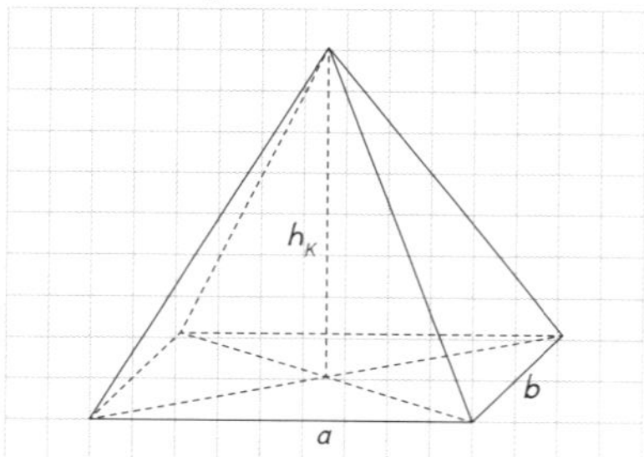

b) eines Kegels mit dem Durchmesser d = 3 cm und der Körperhöhe $h_K = 4$ cm.

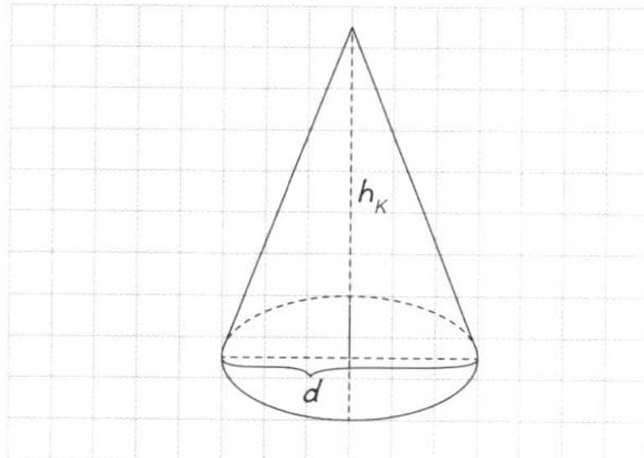

3 Zeichne die Schrägbilder der beiden Türme im Maßstab 1 : 400.

a) Der Turm im Reschensee hat eine Gesamthöhe von circa 24 m. Die Spitze ist 8 m hoch. Die Grundfläche ist annähernd quadratisch mit einer Seitenlänge von 4 m.

4 m ≘ 1 cm
8 m ≘ 2 cm
24 m ≘ 6 cm

b) Der Turm an der Stadtmauer in Tallinn hat eine Gesamthöhe von circa 32 m. Die Spitze ist 12 m hoch. Die Grundfläche hat einen Durchmesser von circa 12 m.

12 m ≘ 3 cm
32 m ≘ 8 cm

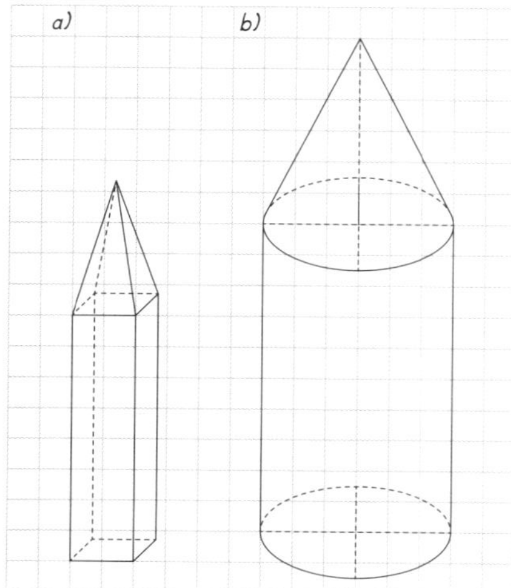

Netze von Pyramiden und Kegeln zeichnen

1 Kreuze an, ob aus den Netzen eine Pyramide oder ein Kegel gefaltet werden kann.

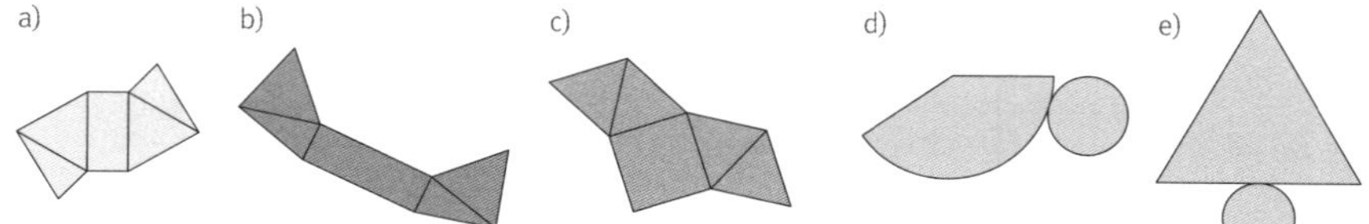

a) ☒ ja ◯ nein
b) ◯ ja ☒ nein
c) ☒ ja ◯ nein
d) ☒ ja ◯ nein
e) ◯ ja ☒ nein

2 Ergänze die Pyramidennetze. Berechne dazu die Höhen der Seitenflächen h_s. Runde sinnvoll.

a) a = 2 cm; $h_K = 2,3$ cm

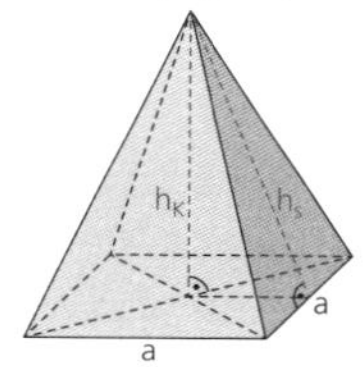

Kreuze den richtigen Rechenweg an:

◯ $h_s = \sqrt{2,3^2 + 2^2}$ cm
☒ $h_s = \sqrt{2,3^2 + 1^2}$ cm
◯ $h_s = \sqrt{2,3^2 - 1^2}$ cm

$h_s \approx$ *2,5 cm*

b) a = 3 cm; s = 2,5 cm

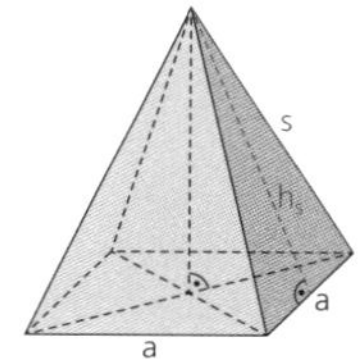

$h_s =$ *$\sqrt{2,5^2 - 1,5^2}$ cm*
$=$ *2 cm*

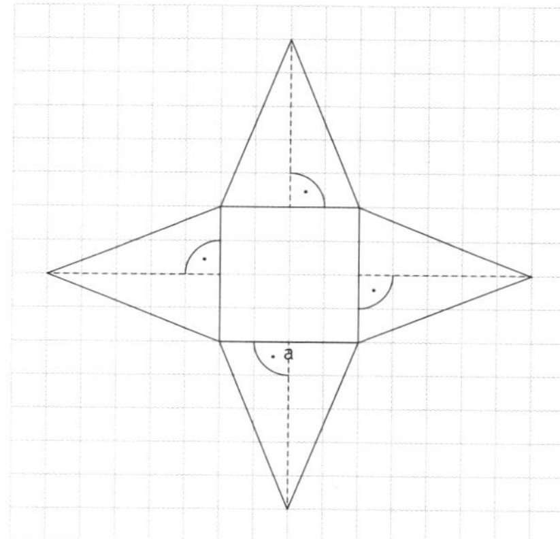

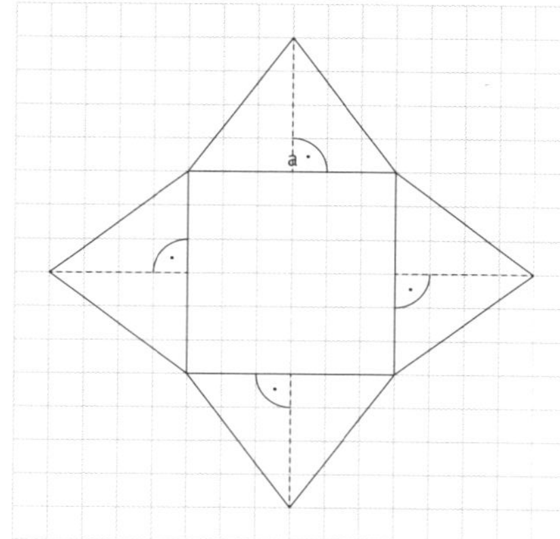

3 Vervollständige das Netz zum abgebildeten Kegel. Berechne dazu die Länge der Mantellinie s. Runde sinnvoll. Der Winkel im Kreisausschnitt beträgt 72°.

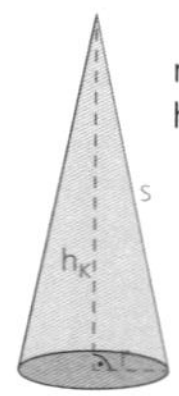

r = 1 cm
$h_K = 4,9$ cm

Kreuze den richtigen Rechenweg an:

☒ $s = \sqrt{1^2 + 4,9^2}$ cm
◯ $s = \sqrt{4,9^2 - 1^2}$ cm

$s \approx$ *5 cm*

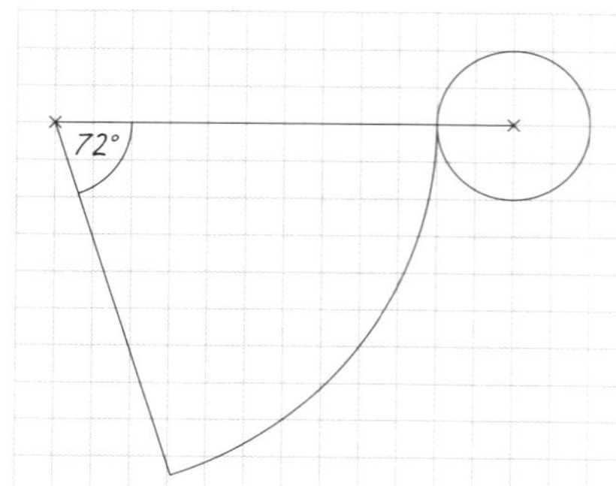

1 Berechne zuerst den Inhalt der Grundfläche, dann das Volumen der Pyramiden.

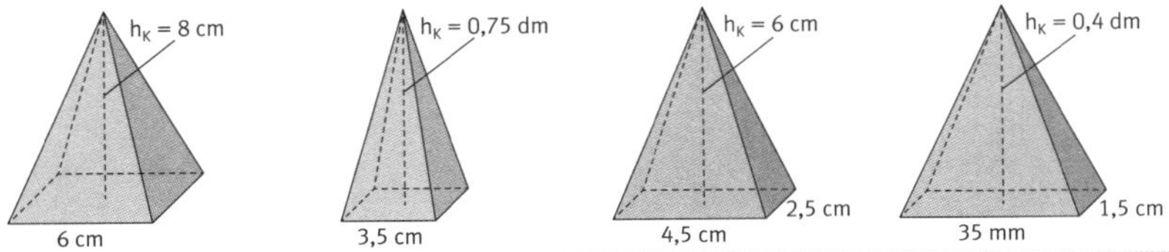

A_G	*36 cm²*	*12,25 cm²*	*11,25 cm²*	*5,25 cm²*
V	*96 cm³*	*30,625 cm³*	*22,5 cm³*	*7 cm³*

2 Eine quadratische (rechteckige) Pyramide hat die Maße a = 26 cm und h_s = 28 cm (a = 46,8 cm und b = 24,6 cm; h_a = 51,5 cm und h_b = 55,2 cm). Fehlende Maße werden mithilfe des Satz des Pythagoras berechnet.

1. Vervollständige die Skizzen, indem du die gegebenen Maße einträgst und die benötigten rechtwinkligen Dreiecke farbig einzeichnest.
2. Berechne zunächst die Körperhöhe und dann das Volumen der Pyramiden.

a) quadratische Pyramide:

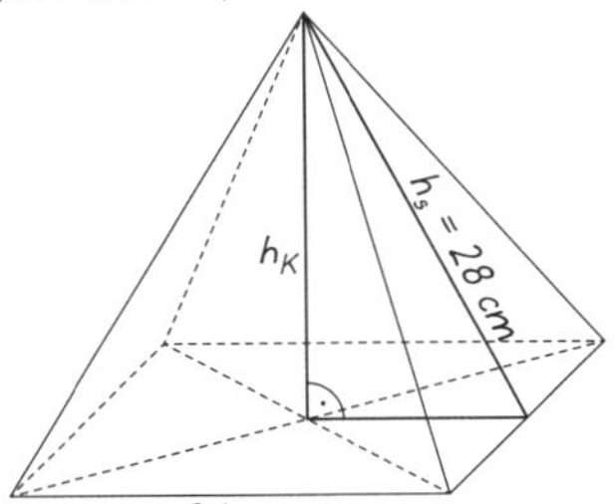

$h_K = \sqrt{28^2 - 13^2}$ cm ≈ 24,8 cm

$V = \frac{1}{3} \cdot 26^2 \cdot 24,8$

V ≈ 5 588,3 (cm³)

b) rechteckige Pyramide:

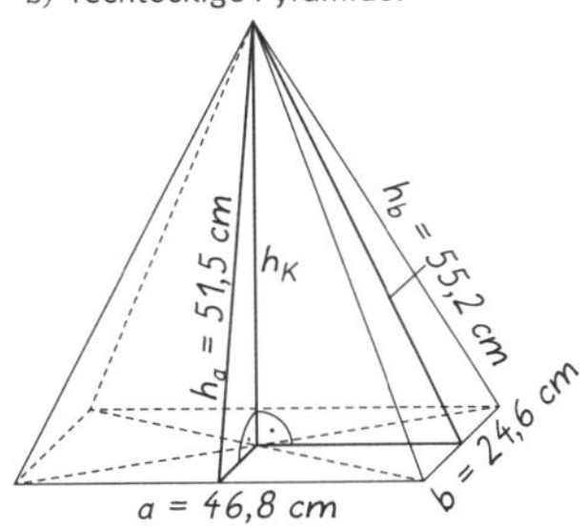

$h_K = \sqrt{55,2^2 - 23,4^2}$ cm ≈ 50 cm

$V = \frac{1}{3} \cdot 46,8 \cdot 24,6 \cdot 50$

V = 19 188 (cm³)

3 Berechne das Volumen der Pyramiden. Runde sinnvoll.

a)

a = 1,2 m; h_K = 1,7 m

$V = \frac{1}{3} \cdot 1,2^2 \cdot 1,7$

V ≈ 0,82 (m³)

b)

a = 2,5 cm; h_K = 25 mm

$V = \frac{1}{3} \cdot 2,5^2 \cdot 2,5$

V ≈ 5,2 (cm³)

c)

a = 5,5 m; h_S = 4,1 m

$h_K = \sqrt{4,1^2 - 2,75^2}$ m ≈ 3,04 m

$V = \frac{1}{3} \cdot 5,5^2 \cdot 3,04 ≈ 30,65$ (m³)

1 a) Färbe die Grundfläche und die Mantelfläche im Pyramidennetz mit unterschiedlichen Farben.
b) Fülle die Tabelle aus. Kreuze an, wie man mit der Formel den Oberflächeninhalt der Pyramide berechnen kann.

Netz	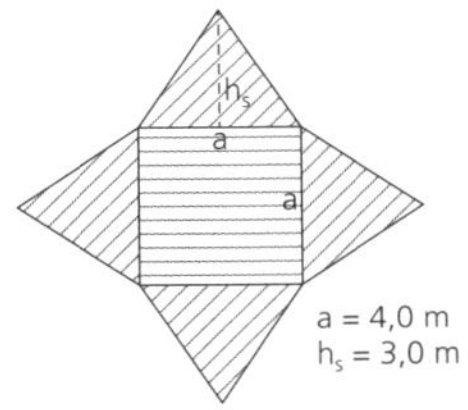	Berechnung des Oberflächeninhalts A_O	○ $A_O = a^2 + \frac{1}{2}a \cdot s$ ○ $A_O = a^2 + 4 \cdot (\frac{1}{2}a \cdot s)$ ☒ $A_O = a^2 + 2a \cdot h_s$ ○ $A_O = a^2 + 2s^2$ ☒ $A_O = a^2 + 4 \cdot (\frac{1}{2}a \cdot h_s)$
A_G	*4 · 4 = 16 (m²)*		
A_M	*$4 \cdot \frac{4 \cdot 3}{2} = 2 \cdot 4 \cdot 3 = 24$ (m²)*		
A_O	*40 (m²)*		

2 Berechne den Oberflächeninhalt der Pyramiden. Runde ggf. sinnvoll.

a)

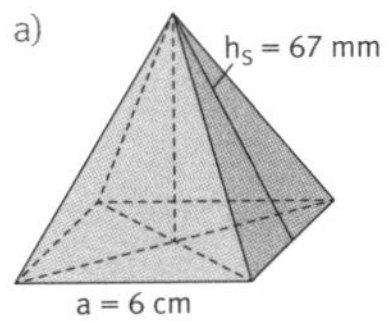

$A_O = 6^2 + 2 \cdot 6 \cdot 6,7$

A_O = 116,4 (cm²)

b)

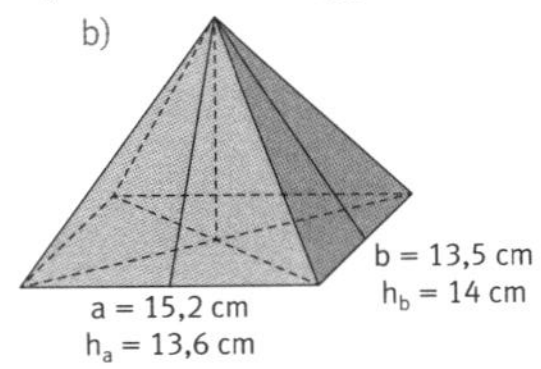

$A_O = 15,2 \cdot 13,5 + 2 \cdot \frac{15,2 \cdot 13,6}{2} + 2 \cdot \frac{13,5 \cdot 14}{2}$

A_O = 600,92 (cm²)

c)

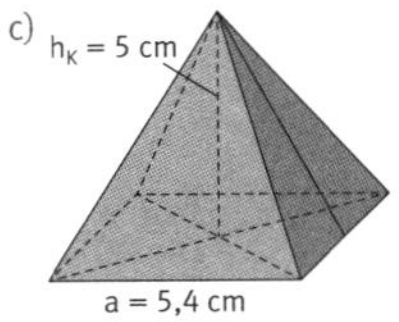

$h_S = \sqrt{5^2 + 2,7^2}$ cm
h_S ≈ 5,7 cm

$A_O = 5,4^2 + 2 \cdot 5,4 \cdot 5,7$

A_O = 90,72 (cm²)

3 Überlege zunächst, welche Größe (A_M oder A_O) sinnvoll zu berechnen ist. Kreuze an und berechne dann diese Größe. Runde ggf. sinnvoll.

a) ☒ A_M ○ A_O

a = 5,5 m; h_S = 4,1 m

$A_M = 2 \cdot 5,5 \cdot 4,1$

A_M = 45,1 (m²)

b) ○ A_M ☒ A_O

a = 1,2 m; h_S = 18 dm

$A_O = 1,2^2 + 2 \cdot 1,2 \cdot 1,8$

A_O = 5,76 (m²)

c) ○ A_M ☒ A_O

a = 2,5 cm; h_K = 2,5 cm

$h_S = \sqrt{1,25^2 + 2,5^2}$ cm
h_S ≈ 2,8 cm

$A_O = 2,5^2 + 2 \cdot 2,5 \cdot 2,8$

A_O = 20,25 (cm²)

1 Berechne zuerst den Inhalt der Grundfläche, dann das Volumen der Kegel. Runde sinnvoll.

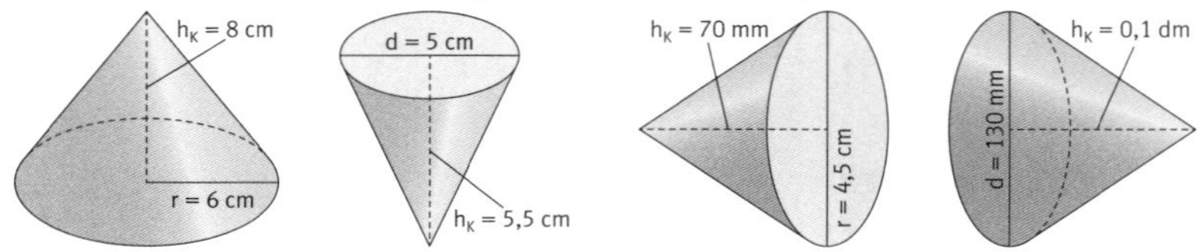

A_G	*113,1 cm²*	*19,6 cm²*	*63,6 cm²*	*132,7 cm²*
V	*301,6 cm³*	*36 cm³*	*148,4 cm³*	*442,4 cm³*

Hinweis: Rundungsbedingte Abweichungen sind möglich.

2 Der linke Kegel hat die Maße r = 24 cm und s = 50 cm, der rechte Kegel die Maße d = 45,5 cm und s = 66,5 cm. Fehlende Maße werden mithilfe des Satz des Pythagoras berechnet.
a) Vervollständige die Skizzen, indem du die gegebenen Maße einträgst und die benötigten rechtwinkligen Dreiecke farbig einzeichnest.
b) Berechne zunächst die Körperhöhe und dann das Volumen der Kegel. Runde sinnvoll.

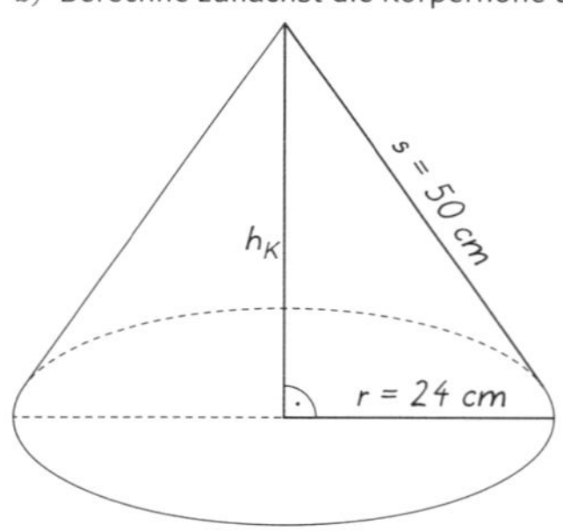

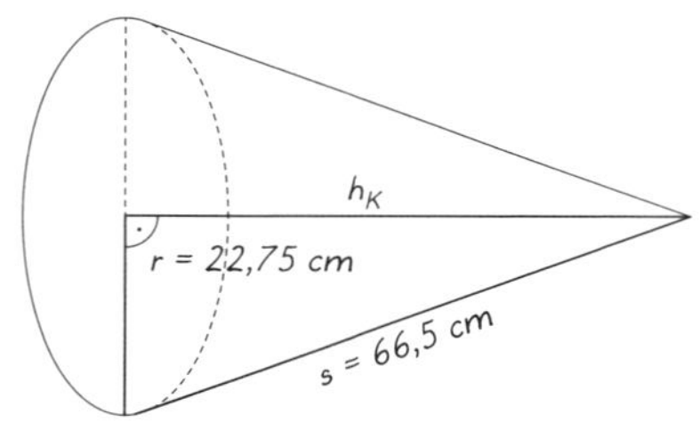

$h_K = \sqrt{50^2 - 24^2}$ cm
$h_K \approx 43{,}9$ cm

$V = \frac{1}{3} \cdot \pi \cdot 24^2 \cdot 43{,}9$
$V \approx 26\,479{,}9$ (cm³)

$h_K = \sqrt{66{,}5^2 - 22{,}75^2}$ cm
$h_K \approx 62{,}5$ cm

$V = \frac{1}{3} \cdot \pi \cdot 22{,}75^2 \cdot 62{,}5$
$V \approx 33\,874{,}4$ (cm³)

3 Berechne das Volumen der Kegel. Runde sinnvoll.

a)

r = 25 mm; $h_K = 66$ mm

$V = \frac{1}{3} \cdot \pi \cdot 25^2 \cdot 66$
$V \approx 43\,197$ (mm³)

b)

d = 6 cm; $h_K = 1{,}5$ dm

$V = \frac{1}{3} \cdot \pi \cdot 3^2 \cdot 15$
$V \approx 141{,}4$ (cm³)

c)

r = 5,5 m; s = 6,8 m

$h_K = \sqrt{6{,}8^2 - 5{,}5^2}$ m
$h_K \approx 4$ m

$V = \frac{1}{3} \cdot \pi \cdot 5{,}5^2 \cdot 4$
$V \approx 126{,}7$ (m³)

1 a) Färbe die Grundfläche und die Mantelfläche im Kegelnetz mit unterschiedlichen Farben.
b) Fülle die Tabelle aus. Kreuze an, wie man mit der Formel den Oberflächeninhalt des Kegels berechnen kann. Runde sinnvoll.

Netz	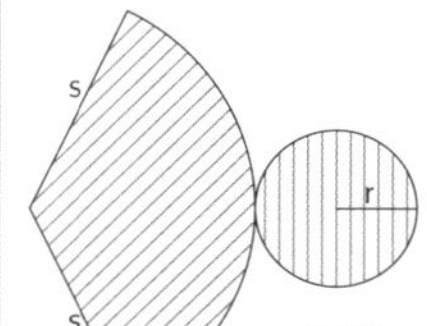 r = 0,9 m; s = 2,5 m	Berechnung des Oberflächeninhalts A_O	◯ $A_O = 2\pi r^2 + \pi \cdot r \cdot s$ ⊗ $A_O = \pi r^2 + \pi \cdot r \cdot s$ ◯ $A_O = \pi r^2 + 2\pi \cdot r^2$ ⊗ $A_O = \pi r \cdot (r + s)$ ◯ $A_O = \pi r^2 + \pi \cdot r \cdot h_K$
A_G	*$\pi \cdot 0{,}9^2 \approx 2{,}5$ (m²)*		
A_M	*$\pi \cdot 0{,}9 \cdot 2{,}5 \approx 7{,}1$ (m²)*		
A_O	*9,6 (m²)*		

2 Berechne den Oberflächeninhalt der Kegel. Runde sinnvoll.

a)
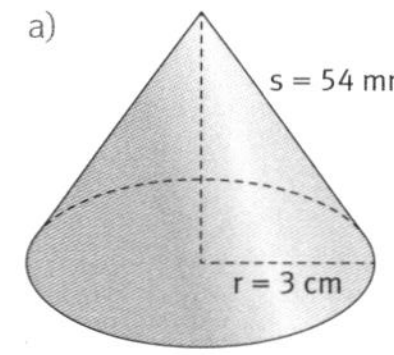

$A_O = \pi \cdot 3^2 + \pi \cdot 3 \cdot 5{,}4$
$A_O \approx 79{,}2$ (cm²)

b)
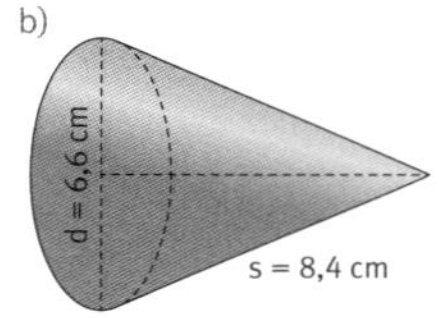

$A_O = \pi \cdot 3{,}3^2 + \pi \cdot 3{,}3 \cdot 8{,}4$
$A_O \approx 121{,}3$ (cm²)

c)
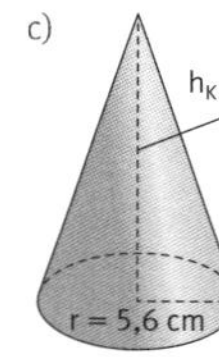

$s = \sqrt{5{,}6^2 + 16{,}8^2}$ cm
$s \approx 17{,}7$ cm

$A_O = \pi \cdot 5{,}6^2 + \pi \cdot 5{,}6 \cdot 17{,}7$
$A_O \approx 409{,}9$ (cm²)

3 Überlege zunächst, welche Größe (A_M oder A_O) sinnvoll zu berechnen ist. Kreuze an und berechne dann diese Größe. Runde sinnvoll.

a) ⊗ A_M ◯ A_O

r = 5,5 m; s = 6,8 m

$A_M = \pi \cdot 5{,}5 \cdot 6{,}8$
$A_M \approx 117{,}5$ (m²)

b) ◯ A_M ⊗ A_O

r = 25 mm; s = 7,1 cm

$A_O = \pi \cdot 2{,}5^2 + \pi \cdot 2{,}5 \cdot 7{,}1$
$A_O \approx 75{,}4$ (cm²)

c) ⊗ A_M ◯ A_O

r = 3 cm; $h_K = 15$ cm

$s = \sqrt{3^2 + 15^2}$ cm
$s \approx 15{,}3$ cm

$A_M = \pi \cdot 3 \cdot 15{,}3$
$A_M \approx 144{,}2$ (cm²)

1 Berechne fehlende Werte für eine Pyramide und einen Kegel. Runde sinnvoll. Nutze für benötigte Nebenrechnungen gegebenenfalls ein Extrablatt.

	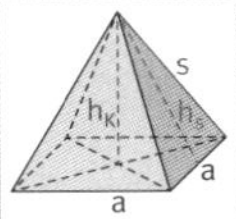	a	h_K	h_s	s	A_G	A_M	A_O	V
a)		5,2 m	*8,7 m*	9,1 m	*9,5 m*	*27,04 m²*	*94,64 m²*	*121,68 m²*	*78,4 m³*
b)		*14,2 cm*	*19,8 cm*	*21 cm*	22,2 cm	201,6 cm²	*596,4 cm²*	*798 cm²*	*1 330,8 cm³*

	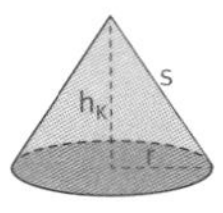	r	h_K	s	A_G	A_M	A_O	V
c)		8,5 dm	*6,8 dm*	10,9 dm	*227 dm²*	*291,1 dm²*	*518,1 dm²*	*514,5 dm³*
d)		*4,8 cm*	*6,4 cm*	8,0 cm	72,3 cm²	*120,6 cm²*	*192,9 cm²*	*154,4 cm³*

Hinweis: Rundungsbedingte Abweichungen sind möglich.

2 Mareike und Jonas machen eine Ausbildung zum Zerspannungsmechaniker. In der ersten Woche bekommt Jonas die Aufgabe, ein pyramidenförmiges Werkstück (a = 5 cm; h_K = 11 cm) aus Aluminium zu fräsen. Mareike soll ein kegelförmiges Werkstück (d = 12 cm; h_K = 9 cm) aus Eisen herstellen. Am Ende der Woche sollen beide ihre Werkstücke der Ausbildungsgruppe mit einem Steckbrief vorstellen. Nutze für Nebenrechnungen ein Extrablatt.

Stoff	Dichte ($\frac{g}{cm^3}$)
Kork	0,25
Benzin	0,75
Eis	0,9
Sand	1,6
Beton	2,2
Kalkstein	2,6
Aluminium	2,7
Glas	2,8
Granit	2,8
Eisen	7,8
Kupfer	8,9
Silber	10,5
Blei	11,3
Gold	19,3

Beschriftete Skizze:

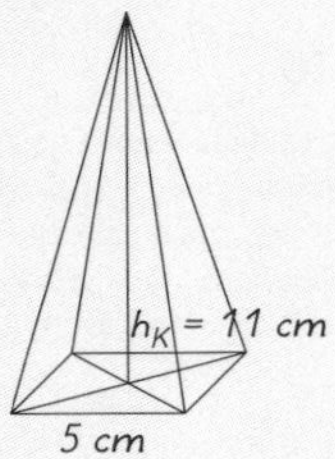

Volumen: *≈ 91,7 cm³*

Masse: *≈ 247,6 g*

Oberflächeninhalt: *≈ 138 cm²*

Beschriftete Skizze:

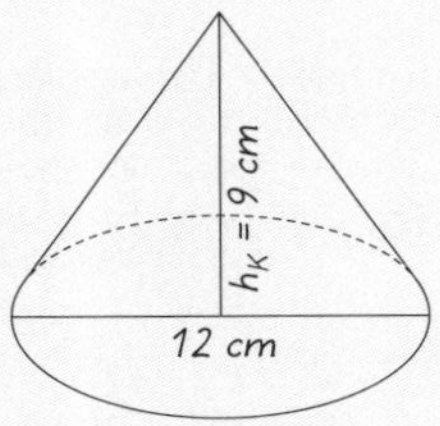

Volumen: *≈ 339,3 cm³*

Masse: *≈ 2 646,5 g*

Oberflächeninhalt: *≈ 316,7 cm²*

3 Pia behauptet: „Diese beiden Körper haben das gleiche Volumen." Hat sie Recht? Überprüfe.

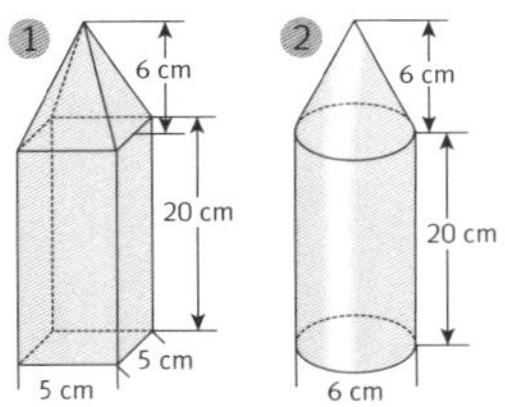

$V_{①} = 5 \cdot 5 \cdot 20 + \frac{1}{3} \cdot 5^2 \cdot 6$ *Pia hat nicht Recht.*

$V_{①} = 550\ (cm^3)$

$V_{②} = \pi \cdot 3^2 \cdot 20 + \frac{1}{3} \cdot \pi \cdot 3^2 \cdot 6$

$V_{②} \approx 622\ (cm^3)$

1 a) Mit welcher Formel lässt sich das Volumen der jeweiligen Pyramide berechnen. Ordne zu.

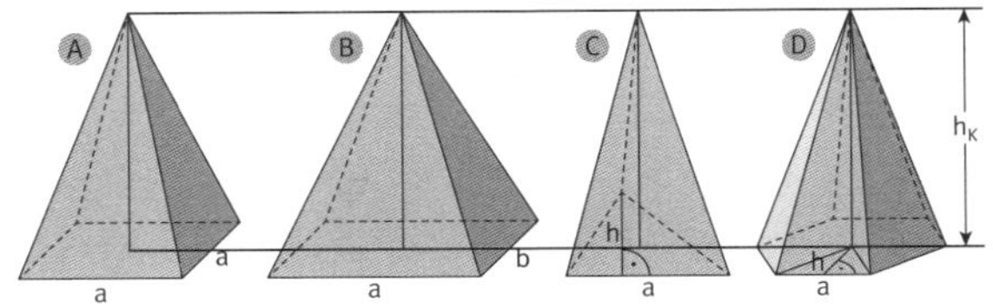

① $V = \frac{1}{2} \cdot a \cdot h \cdot h_K : 3$ (*C*)
② $V = \frac{1}{3} \cdot a^2 \cdot h_K$ (*A*)
③ $V = \frac{1}{3} \cdot \frac{a \cdot h}{2} \cdot 6 \cdot h_K$ (*D*)
④ $V = a \cdot b \cdot h_K : 3$ (*B*)

b) Welche allgemeine Formel würde für die Volumenberechnung aller Pyramiden passen? Trage ein.

$V_{Pyramide} = \frac{1}{3} \cdot A_G \cdot h_K$

2 Berechne das Volumen folgender Pyramiden mit

a) dreieckiger Grundfläche
g = 6,6 cm; h = 18 cm; h_K = 9,6 cm

b) sechseckiger Grundfläche
a = 6 cm; h = 5,2 cm; h_K = 9 cm

a) $V = \frac{1}{3} \cdot \frac{6{,}6 \cdot 18}{2} \cdot 9{,}6$

$V = 190{,}08\ (cm^3)$

b) $V = \frac{1}{3} \cdot \frac{6 \cdot 5{,}2}{2} \cdot 6 \cdot 9$

$V = 280{,}8\ (cm^3)$

3 Eine Blumenampel hat die Form einer dreiseitigen Pyramide, bei der die Grundfläche ein gleichseitiges Dreieck mit einer Seitenlänge von 24 cm ist. Die Innenhöhe der Blumenampel beträgt 35 cm.
Wie viel Erde passt in den Blumentopf, wenn er voll gefüllt ist?

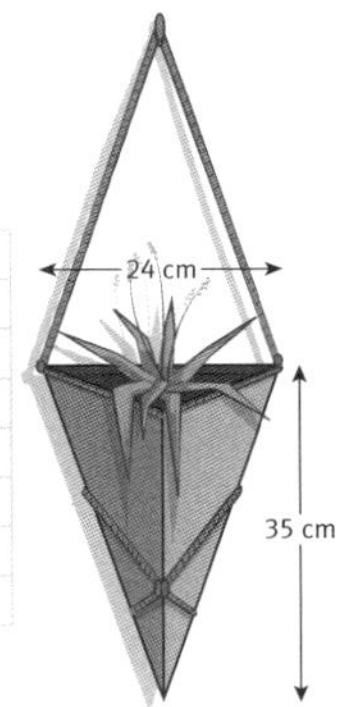

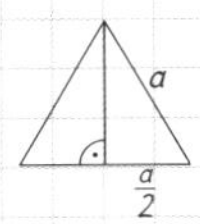

$h = \sqrt{a^2 - (\frac{a}{2})^2}$ $V = \frac{1}{3} \cdot \frac{24 \cdot 20{,}8}{2} \cdot 35$

$h = \sqrt{24^2 - 12^2}\ cm$ $V = 2\,912\ (cm^3)$

$h \approx 20{,}8\ cm$ $V \approx 2{,}9\ (l)$

Antwort: In den Blumentopf passen etwa *2,9* l Erde.

4 Für ein Kinderzelt mit Boden soll der Materialbedarf errechnet werden. Das Zelt hat eine Pyramidenform mit einem regelmäßigen Sechseck als Grundfläche. Wie viel Quadratmeter Stoff wird für solch ein Kinderzelt gebraucht, wenn die Sechseckkanten 80 cm lang sind und das Zelt 1,40 m hoch ist? Rechne 10 % Verschnitt dazu.

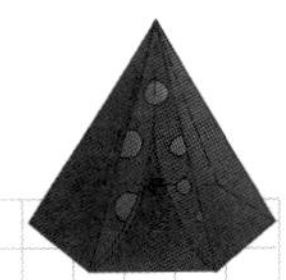

Höhe eines Teildreiecks der Grundfläche:

$h = \sqrt{80^2 - 40^2}\ cm$

$h \approx 69{,}3\ cm$

$A_G = 6 \cdot \frac{80 \cdot 69{,}3}{2} = 16\,632\ (cm^2)$

Höhe einer Seitenfläche:

$h_S = \sqrt{140^2 + 69{,}3^2}\ cm$

$h_S \approx 156{,}2\ cm$

$A_M = 6 \cdot \frac{80 \cdot 156{,}2}{2} = 37\,488\ (cm^2)$

$A_O = A_G + A_M$
$= 54\,120\ cm^2$
$\approx 5{,}4\ m^2$

Materialbedarf inkl. Verschnitt (10 %) : 5,4 · 1,1 = 5,94 (m²)

1 a) Eines dieser Glücksräder wird 800-mal gedreht. Kreuze an, mit welchem am ehesten die im Diagramm angegebenen absoluten Häufigkeiten für die einzelnen Farben erzielt werden kann.

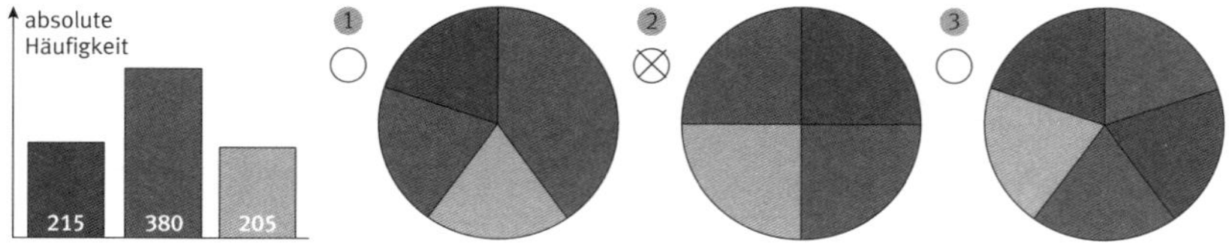

b) Bestimme mit den Werten aus dem Diagramm die relativen Häufigkeiten der einzelnen Farben in Prozent. Runde geeignet.

rot: *$\frac{215}{800} \approx 0{,}269 = 26{,}9\,\%$* blau: *$\frac{380}{800} \approx 0{,}475 = 47{,}5\,\%$* gelb: *$\frac{205}{800} \approx 0{,}256 = 25{,}6\,\%$*

c) Berechne für jedes Glücksrad einzeln: Wie groß ist die Wahrscheinlichkeit, bei einmaligem Drehen „nicht Rot" zu erzielen? Gib die Wahrscheinlichkeit als Bruch und in Prozentschreibweise an.

Berechnung der Wahrscheinlichkeiten über die Kreisanteile:

① $P(\text{„nicht rot"}) = \frac{288}{360} = \frac{80}{100} = 0{,}8 = 80\,\%$

② $P(\text{„nicht rot"}) = \frac{270}{360} = \frac{75}{100} = 0{,}75 = 75\,\%$

③ $P(\text{„nicht rot"}) = \frac{216}{360} = \frac{60}{100} = 0{,}6 = 60\,\%$

2 An einem Glücksrad wird einmal gedreht. Das Baumdiagramm zeigt die möglichen Ausgänge dieses Zufallsversuchs.

a) Kennzeichne farbig, wie das Glücksrad bemalt sein könnte, wenn …

① alle möglichen Ergebnisse gleich wahrscheinlich sind.

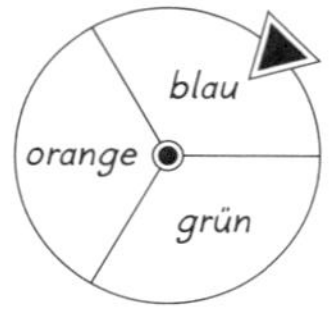

② eines der drei möglichen Ergebnisse doppelt so wahrscheinlich wie jedes der beiden anderen ist.

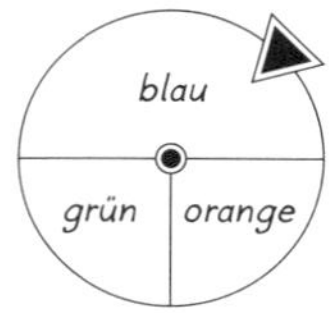

b) Was meinst du zu Petras Aussage? Erläutere.

Lösungsmöglichkeit: Dies lässt sich anhand des Baumdiagramms nicht sagen. Es könnte genausogut in zwei blaue, einen orangefarbenen und einen grünen Sektor unterteilt sein.

3 Der abgebildete Glückskreisel wird gedreht. Verbinde jeweils Ereignis und zugehöriges Gegenereignis.

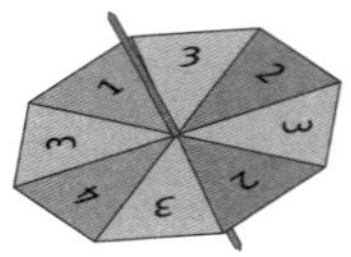

Ereignis	Gegenereignis
Man erhält die Farbe Rosa.	Man erhält eine Zahl größer als 2.
Man erhält die 1.	Man erhält 1 oder 4.
Man erhält Grün oder Blau.	Man erhält mindestens eine 2.
Man erhält höchstens eine 2.	Man erhält nicht die Farbe Rosa.

1 a) In den verschiedenen Kisten befinden sich blaue, rote und gelbe Zettel. Verbinde jedes Baumdiagramm mit der dazugehörigen Kiste.

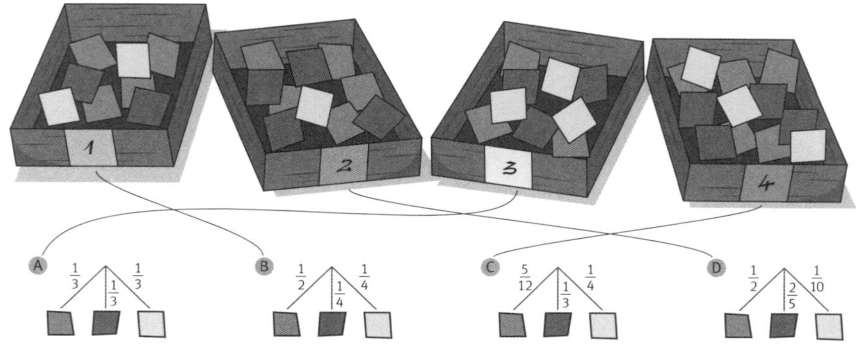

b) Bei welcher Kiste ist die Wahrscheinlichkeit am größten, einen roten Zettel zu ziehen? *2*

2 In der Klasse von Herrn Schwarz sind 14 Mädchen und 10 Jungen. Immer eine Woche lang hat eine Schülerin oder ein Schüler Tafeldienst. Herr Schwarz verteilt den Dienst nach dem Zufallsprinzip. Er zieht jedes Mal aus einer Kiste einen Zettel. In der Kiste befinden sich Zettel mit den Zahlen von 1 bis 24. Die/der dazugehörige Schülerin/Schüler mit dieser Listennummer hat dann den Dienst. Der Zettel kommt wieder zurück in die Kiste.

a) Entscheide jeweils, ob die Aussage wahr oder falsch ist.

Behauptung	wahr	falsch
Es ist möglich, dass 3-mal hintereinander ein Junge Tafeldienst hat.	X	
Spätestens nach 10 Wochen hat ein Mädchen Tafeldienst.		X

b) Berechne die Wahrscheinlichkeit in Prozent, dass in der ersten Woche ein Junge den Dienst hat.

P („Junge hat Dienst") = *$\frac{10}{24} = 0{,}41\overline{6} = 41{,}\overline{6}\,\% \approx 41{,}7\,\%$*

c) Berechne ebenso die Wahrscheinlichkeit des Gegenereignisses.

$P(\text{„Mädchen hat Dienst"}) = 100\,\% - 41{,}7\,\% = 58{,}3\,\%$

d) Zum Halbjahr verlassen zwei Mädchen die Klasse. Berechne nun die Wahrscheinlichkeit, dass ein Mädchen für den Dienst gezogen wird.

$P(\text{„Mädchen hat Dienst"}) = \frac{12}{22} = 0{,}\overline{54} = 54{,}\overline{54}\,\% \approx 54{,}5\,\%$

3 Auf 26 kleinen Zetteln, die alle identisch aussehen, steht jeweils einer der Buchstaben des Alphabets. Ein Zettel wird zufällig gezogen. Vervollständige die Tabelle. *Lösungsmöglichkeit:*

Ereignis E	zugehöriges Gegenereignis $\overline{E}$	P (E)	P ($\overline{E}$)
Auf dem gezogenen Zettel steht ein S.	*Auf dem gezogenen Zettel steht kein S.*	$\frac{1}{26}$	$\frac{25}{26}$
Auf dem gezogenen Zettel steht ein Vokal.	*Auf dem gezogenen Zettel steht kein A, E, I, O, U. (Auf dem gezogenen Zettel steht ein Konsonant.)*	$\frac{5}{26}$	$\frac{21}{26}$
Auf dem gezogenen Zettel steht einer der Buchstaben des Wortes „Patricia".	*Auf dem gezogenen Zettel steht keiner der Buchstaben A, C, I, P, R oder T.*	$\frac{6}{26}$	$\frac{20}{26}$

1 Wer soll heute das Geschirr abwaschen? Lea und Tarkan werfen viermal eine 1-€-Münze.

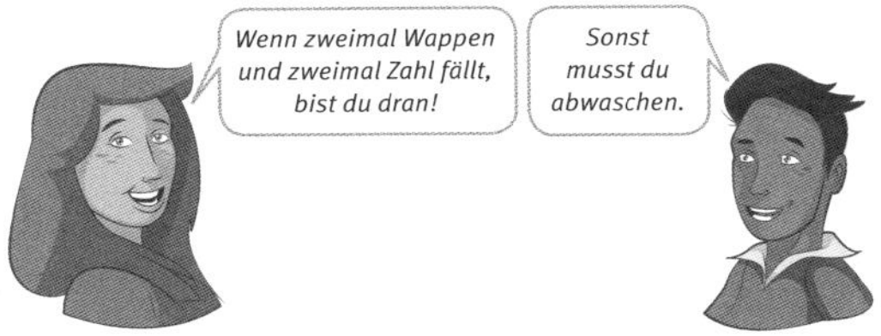

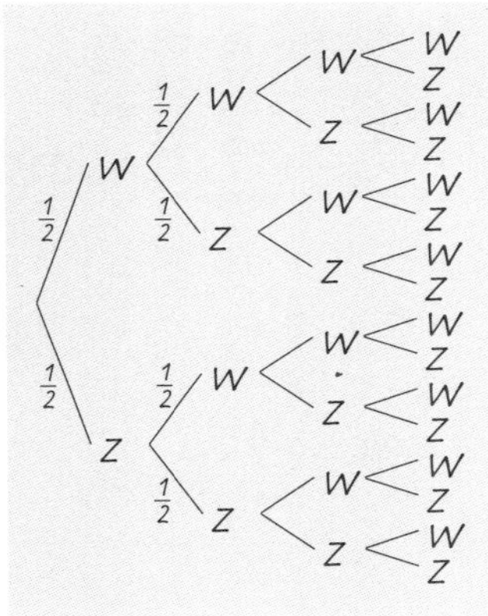

a) Vervollständige das Baumdiagramm und ergänze für die ersten beiden Würfe die zugehörigen Wahrscheinlichkeiten.
b) Wie viele Ergebnisse sind insgesamt möglich?

16

Wie viele sind davon für Lea günstig, wie viele für Tarkan?

Lea: *6* Tarkan: *10*

c) Berechne die Wahrscheinlichkeit, dass Lea bzw. Tarkan abwaschen muss.

P („Abwasch Lea“) = $\frac{6}{16} = 0{,}375 = 37{,}5\,\%$

P(„Abwasch Tarkan“) = 1 − 0,375 = 0,625 oder 100 % − 37,5 % = 62,5 %

d) Tom behauptet: „Dieser Zufallsversuch kann mit Ziehen von Kugeln mit Zurücklegen verglichen werden.“ Begründe, dass Tom Recht hat.

Beim Ziehen von Kugeln mit Zurücklegen ist die Wahrscheinlichkeit für ein bestimmtes Ergebnis immer gleich groß. Die betrachteten Ergebnisse sind in diesem Beispiel Wappen oder Zahl, die zugehörigen Wahschenlichkeiten gleichbleibend 0,5.

2 Auf einem Tisch liegen Schokowürfel wie abgebildet. Ohne hinzusehen nehmen Georgie und Cathy nacheinander je einen Schokowürfel und essen ihn auf.

a) Zeichne dafür ein vollständig beschriftetes Baumdiagramm. Überlege, ob das ein Zufallsversuch mit oder ohne Zurücklegen ist.
b) Berechne die Wahrscheinlichkeit, dass beide Mädchen einen blauen Schokowürfel ziehen.

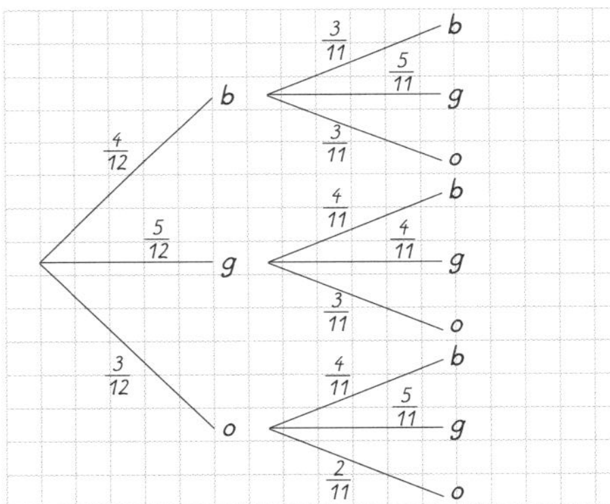

Es handelt sich um einen Zufallsversuch ohne Zurücklegen, weil die Schokowürfel aufgegessen werden.

b) P(„2x blauer Schokowürfel“)

$= \frac{4}{12} \cdot \frac{3}{11}$

$= \frac{12}{132} = \frac{1}{11}$

$= 0{,}0909\ldots \approx 9{,}1\,\%$

1 Das Smartphone hat für Jugendliche eine zentrale Bedeutung.
a) Ergänze die fehlenden Angaben.

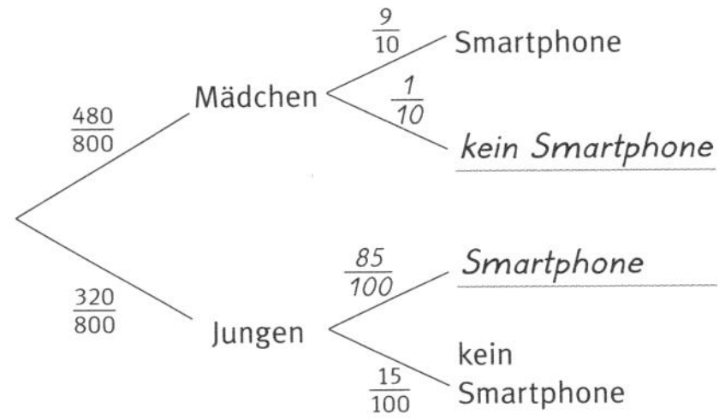

b) Beschreibe den Sachverhalt. Gib auch alle absoluten Zahlen an.

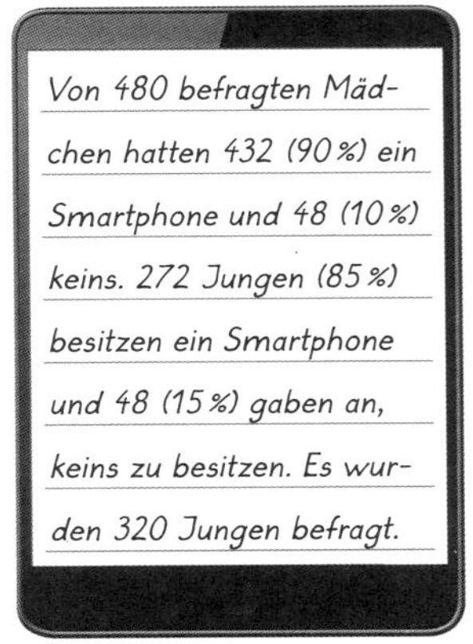

c) Formuliere eine Frage, die zu dieser Rechnung gehört.
$\frac{480}{800} \cdot \frac{9}{10} = \frac{432}{800} = 54\,\%$

Mit welcher Wahrscheinlichkeit besitzt ein zufällig ausgewähltes Mädchen ein Smartphone?

2 Corinna hat zu folgender Aufgabe ein beschriftetes Baumdiagramm gezeichnet:

Aus einer Warensendung äußerlich identischer Bücher wird ein Buch zufällig entnommen.
80 % der Bücher gehören zur Erstauflage, die anderen zur Zweitauflage. 50 % der Erstauflage sowie 10 % der Zweitauflage weisen Mängel auf.
Mit welcher Wahrscheinlichkeit weist ein zufällig entnommenes Buch einen Mangel auf?

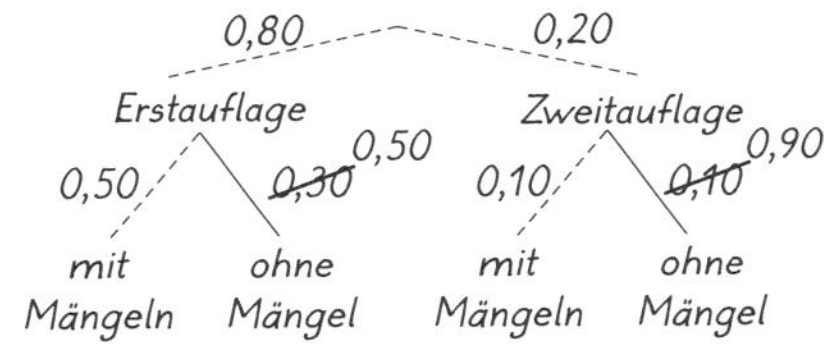

Verbessere den Fehler, den Corinna gemacht hat und beantworte die Rechenfrage. Kennzeichne dazu die Pfade, die zu diesem Ereignis gehören.

P („ein Mangel“) = $0{,}8 \cdot 0{,}5 + 0{,}2 \cdot 0{,}1 = 0{,}42 = 42\,\%$

3 Das Autohaus Frombeck verkauft heute zwei Autos. Der Verkäufer hat eine Statistik geführt: „Auf zehn Autos, die ich in letzter Zeit verkauft habe, kommen drei Elektroautos.“

a) Wie groß ist die Wahrscheinlichkeit für das Ereignis „E_1: Von den heute verkauften Autos ist eines ein Elektroauto und das andere ein Benziner.“? Zeichne ein Baumdiagramm und kreuze alle richtigen Antworten an.

○ P(„E_1“) = $\frac{3}{10} \cdot \frac{7}{10}$

☒ P(„E_1“) = $1 - (\frac{3}{10} \cdot \frac{3}{10} + \frac{7}{10} \cdot \frac{7}{10})$

○ P(„E_1“) = $\frac{3}{10} + \frac{7}{10}$

☒ P(„E_1“) = $\frac{3}{10} \cdot \frac{7}{10} + \frac{7}{10} \cdot \frac{3}{10}$

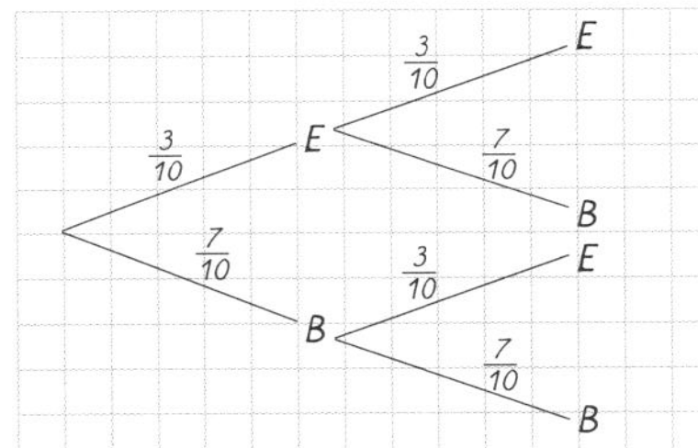

b) Berechne auf zwei verschiedene Arten die Wahrscheinlichkeit für das Ereignis „E_2: Unter den heute verkauften Autos ist mindestens ein Benziner.“

P („E_2“) = $\frac{7}{10} \cdot \frac{7}{10} + \frac{7}{10} \cdot \frac{3}{10} + \frac{3}{10} \cdot \frac{7}{10} = 0{,}49 + 0{,}21 + 0{,}21 = 0{,}91 = 91\,\%$

P („E_2“) = $1 - \frac{3}{10} \cdot \frac{3}{10} = 1 - 0{,}09 = 0{,}91 = 91\,\%$

Wahrscheinlichkeiten mithilfe von Ergebnismengen berechnen

1 Bei einer Geburtstagsfeier befinden sich in einem Saal nur Mädchen, die entweder den Familiennamen Alkan, Swiderski, Dembele oder Hasting tragen. Außerdem heißen die Mädchen mit Vornamen entweder Luisa, Sylvia, Gabriele, Manal oder Josefine.
Kein Mädchenname kommt doppelt vor. Berechne die Wahrscheinlichkeit, zufällig als erste Luisa Dembele zu begrüßen.

P(„LD“) = $\frac{1}{20}$ = 5 %

2 Beim Fußballtoto werden Spielausgänge für 9 Spielpaarungen vorhergesagt.
Heimmannschaft gewinnt: 1 Unentschieden: 0 Gastmannschaft gewinnt: 2

TOTO

1	1	0	2
2	1	0	2
3	1	0	2
4	1	0	2
5	1	0	2
6	1	0	2
7	1	0	2
8	1	0	2
9	1	0	2

a) Auf wie viele Arten kann der Totoschein ausgefüllt werden? Stelle die Anzahl der Möglichkeiten bis zum zweiten Spiel in einem Baumdiagramm dar.

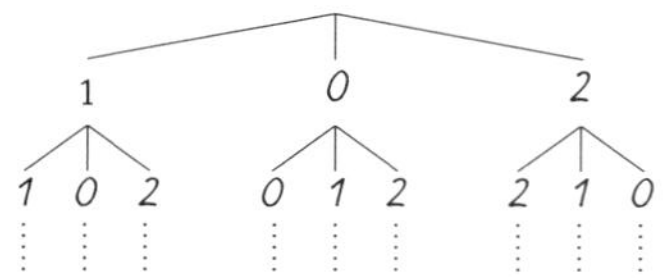

Anzahl der Möglichkeiten bis zum zweiten Spiel:
3^2 = 9 (Möglichkeiten)

Anzahl der Möglichkeiten für alle Spiele:
3^9 = 19 683 (Möglichkeiten)

b) Wie groß ist die Wahrscheinlichkeit, ohne Fußballerfahrung alle 9 Paarungen zufällig richtig zu tippen?

P („alle Paarungen richtig“) = *$\frac{1}{19\,683}$ ≈ 0,005 %*

3 a) Avram, Betül und Claudia sollen sich für ein Familienfoto nebeneinander stellen. Bestimme alle Möglichkeiten, wie die Kinder sich stellen können. Vervollständige dazu die Tabelle und das Baumdiagramm.

A B C	B *A C*	*C B A*
A *C B*	*B C A*	*C A B*

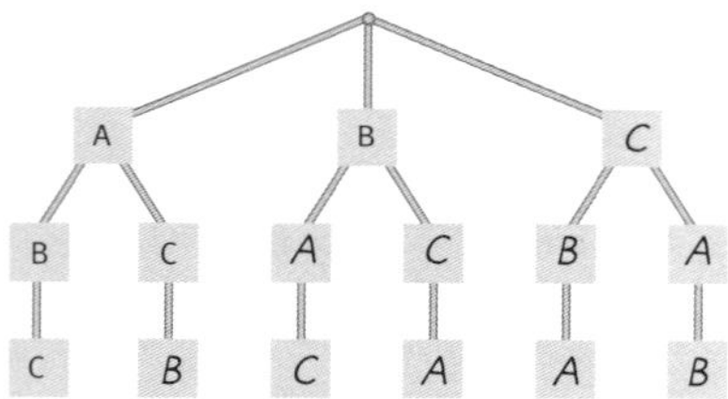

1. Position *3* Möglichkeiten 2. Position *2* Möglichkeiten

3. Position *1* Möglichkeiten Anzahl möglicher Anordnungen: *3 · 2 · 1 = 6*

b) Die kleine Schwester Douaa möchte auch noch auf das Foto und will unbedingt neben Claudia stehen. Bestimme zuerst die Anzahl aller Möglichkeiten und berechne dann die Wahrscheinlichkeit, dass Douaa zufällig neben Claudia steht.

A B C D	*B A C D*	*C A B D*	*D A B C*
A B *D C*	*B A D C*	*C A D B*	*D A C B*
A *C D B*	*B C D A*	*C B A D*	*D B A C*
A C *B D*	*B C A D*	*C B D A*	*D B C A*
A *D C B*	*B D C A*	*C D A B*	*D C A B*
A *D B C*	*B D A C*	*C D B A*	*D C B A*

P („Douaa neben Claudia“) =
$\frac{12}{24}$ = 0,5 = 50 %

c) Bestimme die Anzahl aller Möglichkeiten, sich nebeneinander zu stellen, wenn bei einem Familienfest 10 Personen auf das Foto sollen.

3 628 800 Möglichkeiten

Mit verkürzten Baumdiagrammen arbeiten

1 In den Bergen gilt im Sommer bei der Wettervorhersage des nächsten Tages die folgende Faustregel.

Wenn es heute nicht regnet, dann regnet es auch morgen nicht mit einer Wahrscheinlichkeit von $\frac{5}{6}$.
Wenn es heute regnet, dann regnet es auch morgen mit einer Wahrscheinlichkeit von $\frac{2}{3}$.

Stell dir vor, dass heute Sonntag ist und es nicht regnet.
a) Vervollständige das Baumdiagramm.

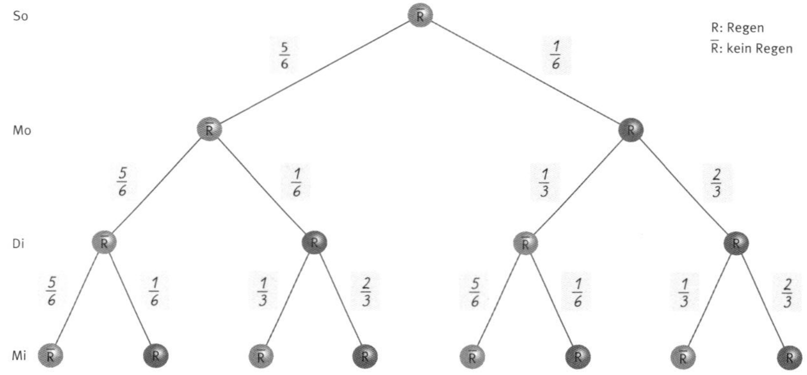

b) Berechne mithilfe des Baumdiagramms die Wahrscheinlichkeit dafür, dass es ...
1 am Dienstag regnet.
2 am Mittwoch nicht regnet.

P(„Regen am Dienstag“)
$= \frac{5}{6} \cdot \frac{1}{6} + \frac{1}{6} \cdot \frac{2}{3}$
$= \frac{5}{36} + \frac{2}{18} = \frac{1}{4} = 25\,\%$

P(„kein Regen am Mittwoch“)
$= \frac{5}{6} \cdot \frac{5}{6} \cdot \frac{5}{6} + \frac{5}{6} \cdot \frac{1}{6} \cdot \frac{1}{3} + \frac{1}{6} \cdot \frac{1}{3} \cdot \frac{5}{6} + \frac{1}{6} \cdot \frac{2}{3} \cdot \frac{1}{3}$
$= \frac{125}{216} + \frac{5}{108} + \frac{5}{108} + \frac{1}{27} = \frac{17}{24}$
$= 0{,}708\overline{3} \approx 71\,\%$

2 Ein mögliches Losverfahren ist das Ziehen von Streichhölzern. Max hält zwei lange Streichhölzer und ein kurzes Streichholz so in der Hand, dass Sonja, Martina und Doris nur die roten Köpfe sehen.
a) Zeichne zu diesem Zufallsversuch ein vereinfachtes Baumdiagramm. Trage die zugehörigen Wahrscheinlichkeiten ein.
b) Bestimme die Wahrscheinlichkeit zu verlieren:
1 für die, die als erste zieht,
2 für die, die als zweite zieht,
3 für die, die als letzte zieht.

a)

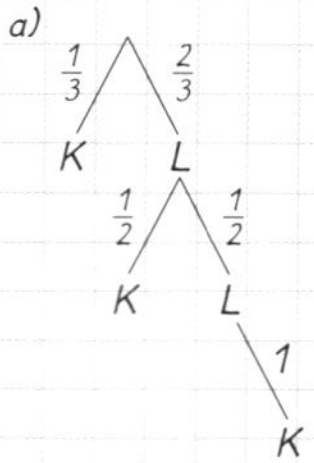

b) ① P(„als erste kurz“) = $\frac{1}{3}$
② Voraussetzung:
① hat ein langes Streichholz gezogen.
⇒ P(„als zweite kurz“) = $\frac{2}{3} \cdot \frac{1}{2} = \frac{1}{3}$
③ Voraussetzung: ① und ② haben lange Streichhölzer gezogen.
⇒ P(„als dritte kurz“) = $\frac{2}{3} \cdot \frac{1}{2} \cdot 1 = \frac{1}{3}$

⇒ Die Wahrscheinlichkeit zu verlieren ist immer gleich.

1 Der Hersteller eines Nasensprays gegen Heuschnupfen behauptet, dass ca. 70 % der behandelten Patienten geheilt (H) werden. Das Spray wird drei Personen mit Heuschnupfen verabreicht.

a) Kreuze die richtigen Aussagen für das dazugehörige Urnenmodell an.
- ☒ In der Urne liegen 7 weiße und 3 schwarze Kugeln.
- ☒ Es wird dreimal eine Kugel gezogen.
- ◯ Es wird ohne Zurücklegen gezogen.

b) Vervollständige das Baumdiagramm.

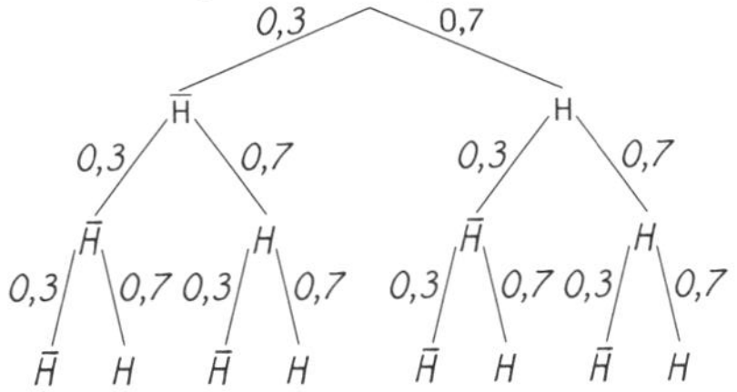

c) Berechne die Wahrscheinlichkeiten für …
E_1: „Bei genau zwei Patienten wirkt das Spray."
E_2: „Mindestens ein Patient wird geheilt."

$P(„E_1") = 3 \cdot (0,7 \cdot 0,3 \cdot 0,7)$
$= 0,441 = 44,1\,\%$

$P(„E_2") = 1 - (0,3 \cdot 0,3 \cdot 0,3)$
$= 1 - 0,027$
$= 0,973$
$= 97,3\,\%$

2 Der Er-Kurs hat 8 Mädchen und 10 Jungen. Gesucht ist jeweils die Wahrscheinlichkeit für ein bestimmtes Geschlecht bei den ersten beiden Schülern auf einer Liste, in die die Namen nach dem Zufallsprinzip eingetragen wurden.

a) Beschreibe das passende Urnenmodell. Male Kugeln in die Urne und kreuze an.
◯ Ziehen mit Zurücklegen ☒ Ziehen ohne Zurücklegen

b) Zeichne ein Baumdiagramm und berechne die Wahrscheinlichkeiten für …
E_1: „Bei den ersten beiden auf der Liste handelt es sich nicht um zwei Jungen."
E_2: „Bei den ersten beiden auf der Liste handelt es sich um ein Mädchen und einen Jungen."

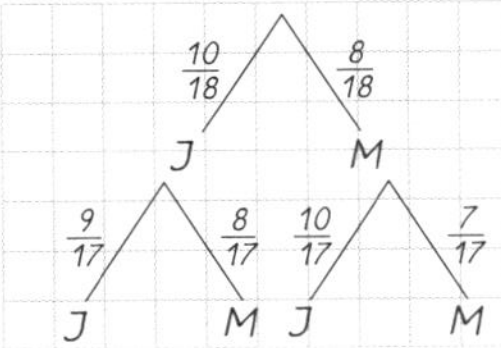

$P(„E_1") = 1 - (\frac{10}{18} \cdot \frac{9}{17})$
$\approx 0,706 = 70,6\,\%$

$P(„E_2") = \frac{10}{18} \cdot \frac{8}{17} + \frac{8}{18} \cdot \frac{10}{17}$
$\approx 0,523 = 52,3\,\%$

3 Lucy möchte von ihren Eltern gerne eine Taschengelderhöhung. Die Eltern sind dazu bereit, falls sie von drei Schachspielen, die sie abwechselnd gegen Vater und Mutter spielen muss, mindestens zwei in Folge gewinnt. Lucy weiß, dass sie in der Regel in 2 von 3 Spielen gegen ihren Vater verliert, aber gegen die Mutter 2 von 3 Spiele gewinnt. Welche Spielreihenfolge sollte sie wählen?

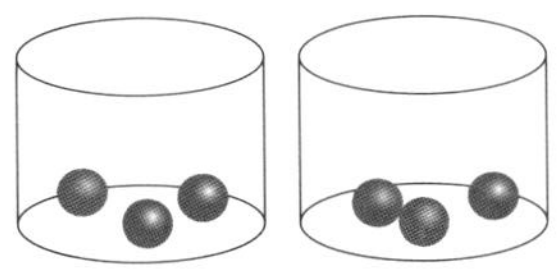

Erkläre die Modelle und zeichne zwei Baumdiagramme. Berechne dann jeweils die Wahrscheinlichkeit für mindestens zwei Siege in Folge. Berücksichtige beim ersten Baumdiagramm die Reihenfolge „Vater – Mutter – Vater", beim zweiten die Reihenfolge „Mutter – Vater – Mutter". Nutze ggf. ein Extrablatt.

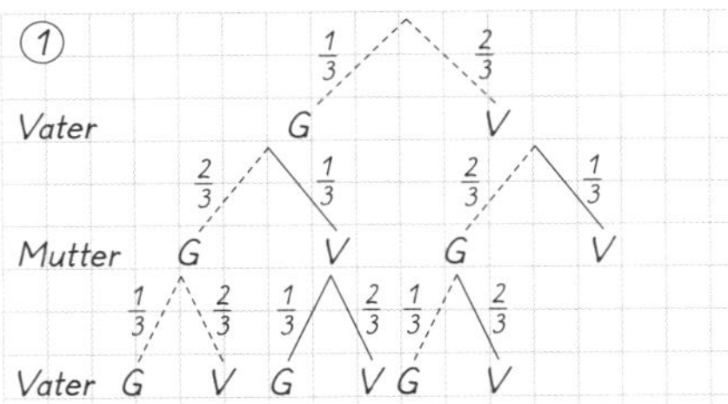

$P(„mind. 2 Siege") = \frac{2}{27} + \frac{4}{27} + \frac{4}{27} = \frac{10}{27} \approx 37\,\%$

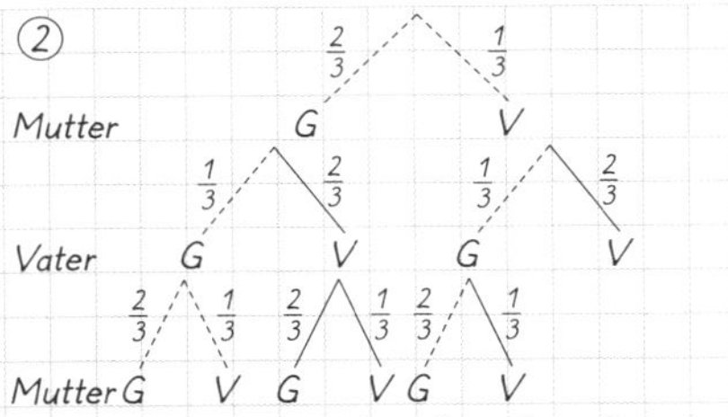

$P(„mind. 2 Siege") = \frac{4}{27} + \frac{2}{27} + \frac{2}{27} = \frac{8}{27} \approx 30\,\%$

Lucy sollte zuerst gegen den Vater spielen.

Terme mit Klammern vereinfachen

1 Multipliziere aus bzw. ergänze den zweiten Faktor durch Ausklammern.

a) $4 \cdot (7x + 8) =$ *$28x + 32$*
b) $4p \cdot (p + 4,5) =$ *$4p^2 + 18p$*
c) $5 \cdot (-2m + 3r) =$ *$-10m + 15r$*
d) $x \cdot (-4x + 2,8) =$ *$-4x^2 + 2,8x$*
e) $2x + 4y - 6z = 2 \cdot ($ *$x + 2y - 3z$* $)$
f) $2x + 4y - 6z = (-2) \cdot ($ *$-x - 2y + 3z$* $)$
g) $3a - 4b - 7c = (-1) \cdot ($ *$-3a + 4b + 7c$* $)$
h) $0,5a - 4b + 3,5c = 0,5 \cdot ($ *$a - 8b + 7c$* $)$

2 a) Ergänze die fehlenden Werte in den Multiplikationstabellen. Notiere darunter den ausmultiplizierten Term und vereinfache.

A

·	12	−a
4a	*48a*	*$-4a^2$*
−1	*−12*	*a*

$(4a - 1) \cdot (12 - a) = 48a - 4a^2 - 12 + a$
$= -4a^2 + 49a - 12$

B

·	*5x*	−4
3x	$15x^2$	*−12x*
2	*10x*	−8

$(3x + 2) \cdot (5x - 4) = 15x^2 - 12x + 10x - 8$
$= 15x^2 - 2x - 8$

b) Multipliziere aus und vereinfache soweit wie möglich.

A $(2x - 3) \cdot (5x + 4) =$ *$10x^2 + 8x - 15x - 12 = 10x^2 - 7x - 12$*
B $(2y - 4) \cdot (1 - 2,5y) =$ *$2y - 5y^2 - 4 + 10y = -5y^2 + 12y - 4$*
C $(x - 1) \cdot (3x + 2) =$ *$3x^2 + 2x - 3x - 2 = 3x^2 - x - 2$*
D $(5x - 0,8) \cdot (4,5x - 3x) =$ *$22,5x^2 - 15x^2 - 3,6x + 2,4x = 7,5x^2 - 1,2x$*

3 Verwende binomische Formeln und löse die Klammern auf.

a) $(2 + t)^2 =$ *$4 + 4t + t^2$*
b) $(x - 11)^2 =$ *$x^2 - 22x + 121$*
c) $(2x - 3) \cdot (2x + 3) =$ *$4x^2 - 9$*
d) $(12t - 0,9s)^2 =$ *$144t^2 - 21,6st + 0,81s^2$*
e) $(0,2 + 1,8p)^2 =$ *$0,04 + 0,72p + 3,24p^2$*
f) $(-\frac{1}{3}v + \frac{1}{2}w)^2 =$ *$\frac{1}{9}v^2 - \frac{1}{3}vw + \frac{1}{4}w^2$*

4 Verbinde wertgleiche Terme.

a) $a^2 + 16ab + 64b^2$ — verbunden mit $(a + 8b)^2$
- $(a + 4b)^2$
- $(a + 8b)^2$
- $16 \cdot (a^2 + 4b^2)$

b) $36 - b^2$ — verbunden mit $(6 + b) \cdot (6 - b)$
- $(b + 6) \cdot (b - 6)$
- $(6 + b) \cdot (6 - b)$
- $(6^2 - b^2) \cdot (6^2 + b^2)$

c) $\frac{1}{4}x^2 - y^2$ — verbunden mit $(\frac{1}{2}x - y) \cdot (\frac{1}{2}x + y)$
- $(\frac{1}{4}x - y) \cdot (\frac{1}{4}x + y)$
- $\frac{1}{4}(x - y) \cdot (x - y)$
- $(\frac{1}{2}x - y) \cdot (\frac{1}{2}x + y)$

d) $\frac{1}{16}s^2 - \frac{1}{2}st + t^2$ — verbunden mit $(\frac{1}{4}s - t)^2$
- $(\frac{1}{4}s - t)^2$
- $(\frac{1}{8}s - t)^2$
- $(\frac{1}{16}s - t)^2$

5 Fülle die Lücken aus.

a) $4x^2 +$ *$12x$* $+ 9 = (2x +$ *3* $)^2$
b) $(1,5x -$ *$0,5$* $) \cdot (1,5x +$ *$0,5$* $) =$ *$2,25x^2$* $- 0,25$
c) $(\frac{3}{4} +$ *x* $)^2 = \frac{9}{16} +$ *$\frac{3}{2}x$* $+ x^2$
d) $4 + 4t +$ *t^2* $= ($ *2* $+ t)^2$

Die Normalparabel untersuchen

1 Kreuze die Punkte an, die auf der Normalparabel mit der Funktionsgleichung $f(x) = x^2$ liegen.
☒ A (3|9) ◯ B (2|6) ☒ C (−3|9) ◯ D (−2|−4) ◯ E (9|3) ☒ F (0|0)

2 Die Punkte A bis J sollen auf der Normalparabel liegen. Streiche nicht mögliche Punkte durch oder gib die fehlenden Koordinaten an.

A (−4| *16*) B (2,4| *5,76*) C (−1,2| *1,44*) D (*4* |16) ~~E (– |−16)~~
F (*√2* |2) G (*1/2* | 1/4) ~~H (– |−√3)~~ I (√3| *3*) J (*x* |x²)

3 a) Zeichne die Normalparabel mindestens im Intervall $-2{,}5 \le x \le 2{,}5$.
b) Kreuze die richtigen Aussagen an. Der Punkt ...

☒ A (−2|−4) liegt unterhalb der Normalparabel.
◯ B (3|3) liegt auf der Normalparabel.
☒ C (2|4) liegt auf der Normalparabel.
◯ D (2,5|6,25) liegt oberhalb der Normalparabel.
☒ E (−2|6) liegt oberhalb der Normalparabel.
◯ F (−1|1,5) liegt unterhalb der Normalparabel.

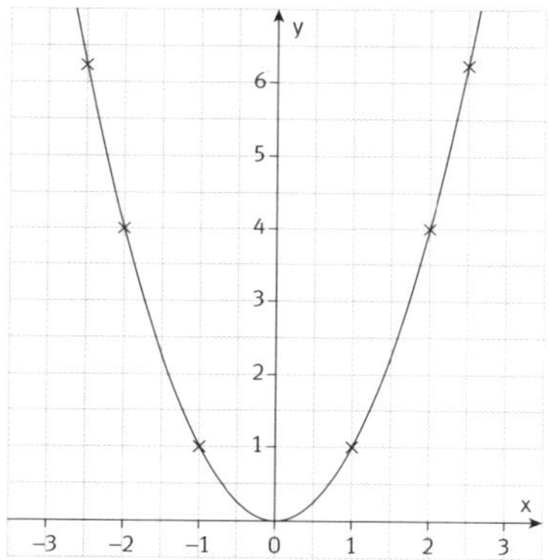

4 Kreuze die richtigen Aussagen zur Normalparabel an.
☒ Der Scheitelpunkt liegt bei (0|0).
◯ Zu jedem x-Wert gibt es zwei Funktionswerte.
☒ Zu jedem Funktionswert gibt es zwei x-Werte.
☒ Die Normalparabel hat nur eine Nullstelle.
☒ Die Normalparabel hat keine negativen Funktionswerte.
◯ Der größte Funktionswert ist beim Scheitelpunkt.
◯ Die Normalparabel ist eine nach unten geöffnete Parabel.
☒ Die Normalparabel verläuft symmetrisch zur y-Achse.
◯ Die Normalparabel verläuft symmetrisch zur x-Achse.

5 Gib einen Funktionswert so an, dass der Punkt P oberhalb der Normalparabel liegt. *Lösungsmöglichkeit:*
a) P(−2| *5*) b) P(2,5| *7*) c) P(0| *0,5*) d) P(−10| *101*) e) P(√3| *4*)

6 Der Graph von $f(x) = -x^2$ ist die an der x-Achse gespiegelte Normalparabel. Setze die Textbausteine *unterhalb des Graphen*, *oberhalb des Graphen* oder *auf dem Graphen* ein.
Der Punkt
a) A (3|−6) liegt *oberhalb des Graphen* .
b) B (−2|−6) liegt *unterhalb des Graphen* .
c) C (−5|−20) liegt *oberhalb des Graphen* .
d) D (1,5|−2,25) liegt *auf dem Graphen* .

Eine Parabel strecken, stauchen und spiegeln

1 Kreuze an, ob der Graph der Funktion $f(x) = ax^2$ nach oben oder nach unten geöffnet ist. Handelt es sich um eine gestreckte oder gestauchte Parabel?

Funktions-gleichung	a) $f(x) = 0{,}2x^2$	b) $f(x) = -1{,}2x^2$	c) $f(x) = -\frac{2}{3}x^2$	d) $f(x) = \frac{7}{5}x^2$	e) $f(x) = -x^2$	f) $f(x) = 2\frac{1}{7}x^2$
nach oben geöffnet	☒	◯	◯	☒	◯	☒
nach unten geöffnet	◯	☒	☒	◯	☒	◯
gestreckt	◯	☒	◯	☒	◯	☒
gestaucht	☒	◯	☒	◯	◯	◯

2 a) Ordne die Graphen den Funktionsgleichungen zu.

B : $f_1(x) = -0{,}2x^2$ *E* : $f_2(x) = -2x^2$
F : $f_3(x) = 1{,}2x^2$ *D* : $f_4(x) = \frac{1}{3}x^2$
A : $f_5(x) = -x^2$ *C* : $f_6(x) = 2{,}5x^2$

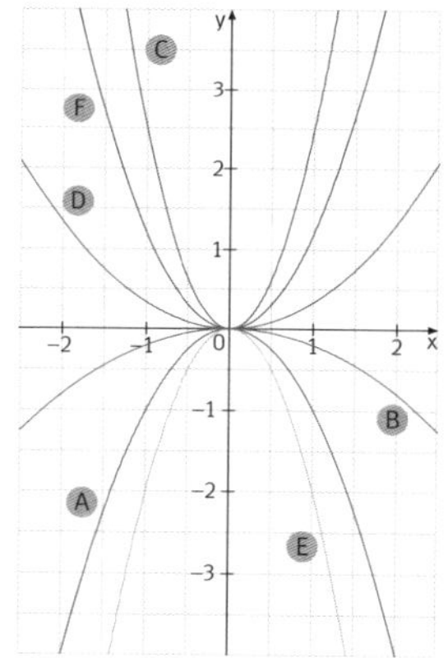

b) Überprüfe rechnerisch, ob die Punkte A und B auf auf dem Graphen von $f_1(x) = -0{,}2x^2$ liegen.

A (4|−3,2)
A in $f_1(x)$: $y = -0{,}2x^2$
$-3{,}2 = -0{,}2 \cdot$ *4²*
−3,2 = *−3,2*
A liegt auf dem Graphen von $f_1(x)$:
☒ wahr ◯ falsch

B (0|−0,2)
B in f₁(x) : y = −0,2x²
−0,2 = −0,2 · 0²
−0,2 = 0 falsche Aussage
B liegt auf dem Graphen von $f_1(x)$:
◯ wahr ☒ falsch

3 Vervollständige die Wertetabelle und zeichne die Graphen in das Koordinatensystem.

x	−3	−2	−1	0	1	2	3
$f_1(x) = -0{,}1x^2$	*−0,9*	*−0,4*	*−0,1*	*0*	*−0,1*	*−0,4*	*−0,9*
$f_2(x) = \frac{2}{5}x^2$	*3,6*	*1,6*	*0,4*	*0*	*0,4*	*1,6*	*3,6*

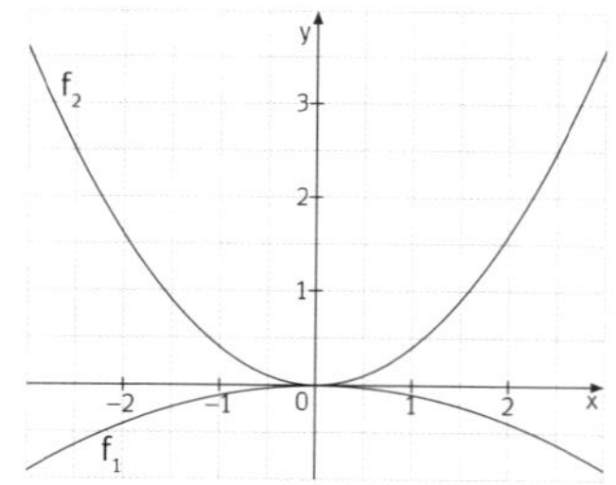

4 Die Punkte Q liegen auf Parabeln mit Funktionsgleichungen der Form $f(x) = ax^2$. Berechne im Kopf oder auf einem Extrablatt den Wert des Faktors a und gib die Funktionsgleichung an.

a) Q (3|−9): f(x) = *−1* x² b) Q (−2|6): f(x) = *1,5x²* c) Q (−3|−63): f(x) = *−7x²*
d) Q (6|12): f(x) = *1/3 x²* e) Q (0,2|0,8): f(x) = *20x²* f) Q (7|−196): f(x) = *−4x²*

Eine Parabel verschieben

1 Die Graphen der gegebenen Funktionen sind jeweils verschobene Normalparabeln. Ordne die Koordinaten der Scheitelpunkte den Funktionsgleichungen zu.

$f_1(x) = x^2 + 4$	$f_2(x) = x^2 - 4$	$f_3(x) = (x-4)^2$	$f_4(x) = (x+4)^2$
S (4|0)	S (0|4)	S (−4|0)	S (0|−4)

2 Gegeben sind verschobene Normalparabeln. Kreuze jeweils die zugehörige Funktionsgleichung an.

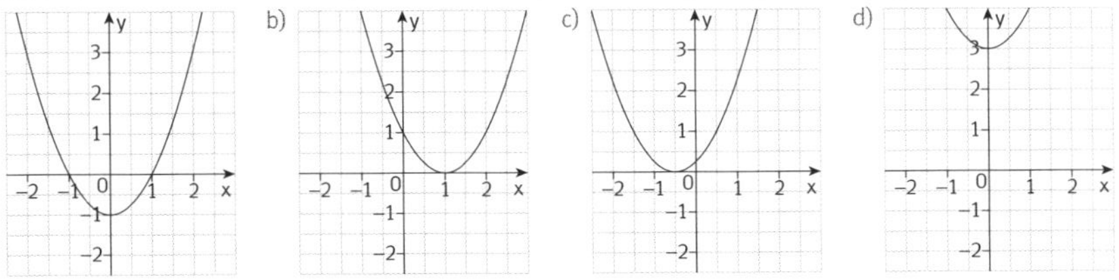

a)
- ◯ $f(x) = x^2 + 1$
- ☒ $f(x) = x^2 - 1$
- ◯ $f(x) = (x+1)^2$
- ◯ $f(x) = (x-1)^2$

b)
- ◯ $f(x) = x^2 + 1$
- ◯ $f(x) = x^2 - 1$
- ◯ $f(x) = (x+1)^2$
- ☒ $f(x) = (x-1)^2$

c)
- ◯ $f(x) = x^2 + 0{,}5$
- ◯ $f(x) = x^2 - 0{,}5$
- ☒ $f(x) = (x+0{,}5)^2$
- ◯ $f(x) = (x-0{,}5)^2$

d)
- ☒ $f(x) = x^2 + 3$
- ◯ $f(x) = x^2 - 3$
- ◯ $f(x) = (x+3)^2$
- ◯ $f(x) = (x-3)^2$

3 Gib jeweils die Funktionsgleichung der verschobenen Normalparabel an.

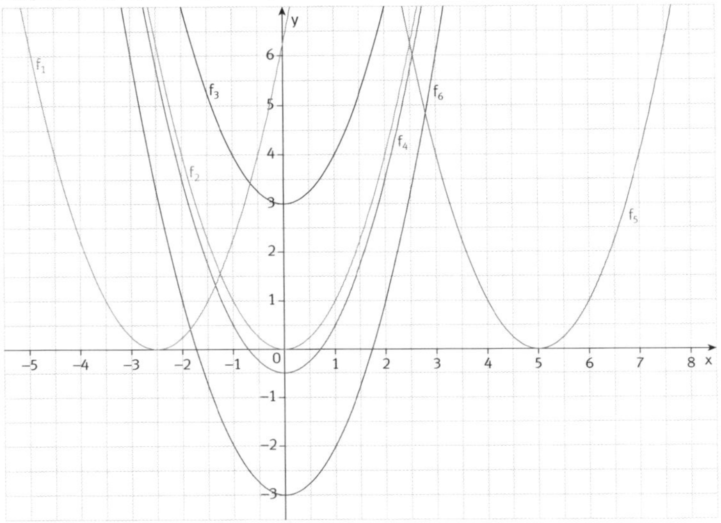

$f_1(x) = (x + 2{,}5)^2$ $f_2(x) = x^2$

$f_3(x) = x^2 + 3$ $f_4(x) = x^2 - 0{,}5$

$f_5(x) = (x - 5)^2$ $f_6(x) = x^2 - 3$

Eine Parabel verändern

1 Gib zu jeder Funktionsgleichung die Koordinaten des Scheitelpunktes S an und ordne die Graphen zu.

$f_1(x) = (x-2)^2 + 1$	$f_2(x) = (x+1)^2 - 2$	$f_3(x) = (x+1)^2 + 2$	$f_4(x) = (x-1)^2 - 2$	$f_5(x) = (x+2)^2 - 1$
S_1 (2 | 1)	S_2 (−1 | −2)	S_3 (−1 | 2)	S_4 (1 | −2)	S_5 (−2 | −1)

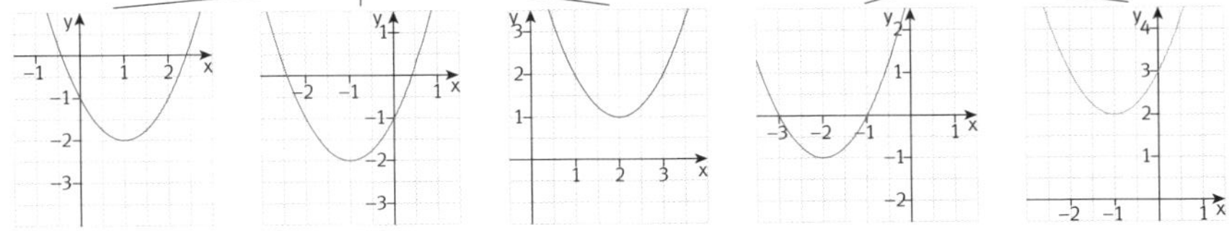

2 Eine Normalparabel wurde verändert. Überprüfe die Funktionsgleichungen und korrigiere gegebenenfalls.

	Beschreibung	Funktionsgleichung	ggf. Korrektur
a)	Die Parabel ist nach unten geöffnet, um den Faktor 2 gestreckt und um eine Einheit nach oben verschoben.	$f(x) = -2x^2 + 1$ ✓	
b)	Die Normalparabel ist nach unten geöffnet, um 1,5 Einheiten nach rechts und um 2,5 Einheiten nach unten verschoben.	~~$f(x) = (x + 1{,}5)^2 - 2{,}5$~~	$f(x) = -(x - 1{,}5)^2 - 2{,}5$
c)	Die Parabel ist nach oben geöffnet, um den Faktor $\frac{1}{4}$ gestaucht und um 3 Einheiten nach links verschoben.	~~$f(x) = \frac{1}{4}x^2 - 3$~~	$f(x) = \frac{1}{4}(x + 3)^2$

3 Eine nach unten geöffnete Normalparabel hat den Scheitelpunkt S (3|6). Überprüfe rechnerisch, ob der Punkt P (5|2) auf dem Graphen liegt.

$f(x) = -(x - 3)^2 + 6$

P in f(x): $2 = -(5 - 3)^2 + 6$

$2 = -4 + 6$

$2 = 2$ ⇒ P liegt auf dem Graphen.

4 Zeichne mit der Zeichenschablone die Graphen der Funktionen f_1 und f_2. Fülle dann die Tabelle aus.

Eigenschaft	a)	b)
Funktionsgleichung	$f_1(x) = (x+2)^2$	$f_2(x) = -(x+1)^2 + 4$
Scheitelpunkt	S (−2|0)	S (−1|4)
steigend/fallend für	$x > -2$ | $x < -2$	$x < -1$ | $x > -1$
Nullstellen	$x_0 = -2$	$x_1 = -3; x_2 = 1$
Schnittpunkt mit der y-Achse	(0|4)	(0|3)
Symmetrieachse	$x = -2$	$x = -1$

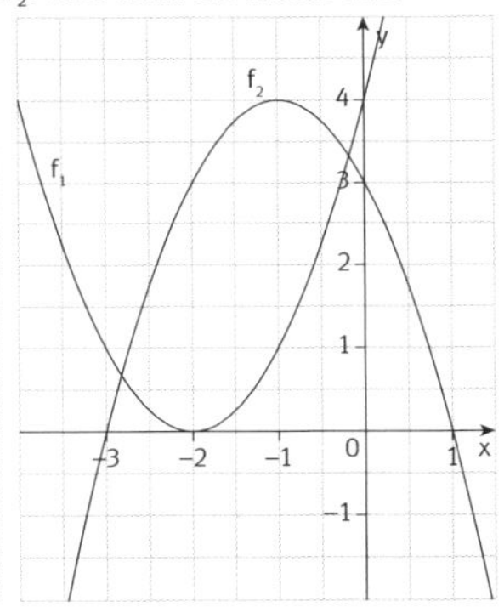

1 a) Lies bei den nebenstehenden Parabeln die Nullstellen ab.

(A) $x_1 =$ *0* $x_2 =$ *2* (B) $x_1 =$ *−1* $x_2 =$ *3*

(C) *x = −2* (D) *keine Nullstellen*

b) Die Nullstellen aus a) sind, falls vorhanden, Lösungen der zugehörigen quadratischen Gleichung. Ordne die quadratischen Gleichungen den Graphen zu, indem du den richtigen Großbuchstaben einträgst.

A $(x-1)^2 - 1 = 0$ *C* $(x+2)^2 = 0$

D $-(x-0{,}5)^2 - 2{,}25 = 0$ *B* $-(x-1)^2 + 4 = 0$

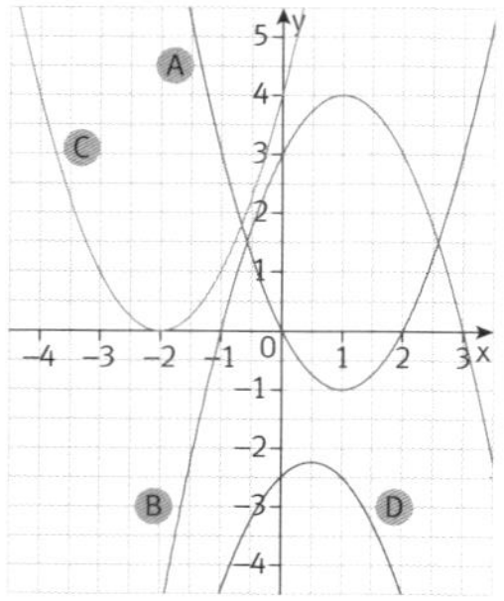

2 a) Zeichne mit der Zeichenschablone den Graphen der Funktion $f(x) = (x-3)^2 - 4$ und gib die Nullstellen an.
b) Überprüfe dein Ergebnis rechnerisch.

$(x-3)^2 - 4 = 0$ | *+ 4*

$(x-3)^2 =$ *4* | *√*

$x_1 - 3 =$ *−2* $x_2 -$ *3 = 2*

$x_1 =$ *1* $x_2 =$ *5*

𝕃 = *{1; 5}*

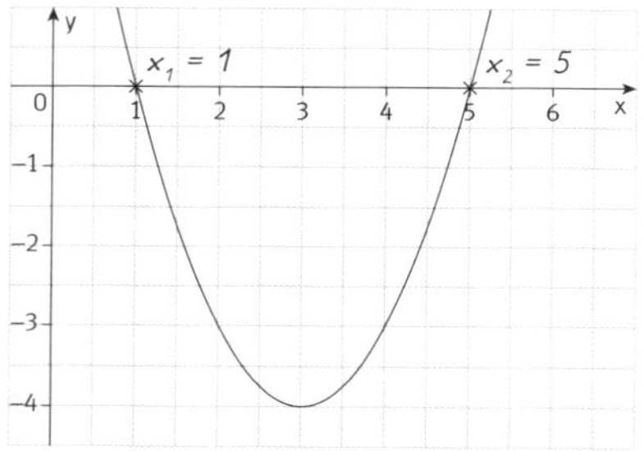

3 a) Zeichne mithilfe der Wertetabelle die vollständigen Graphen der Funktionen in ein gemeinsames Koordinatensystem. Lies die Nullstellen ab.

(1) $f_1(x) = 2x^2 - 4{,}5$ (2) $f_2(x) = -0{,}5x^2 + 2$

x	0	0,5	1	1,5	2	2,5	3
$f_1(x)$	*−4,5*	*−4*	*−2,5*	*0*	*3,5*	*8*	*13,5*
$f_2(x)$	*2*	*1,875*	*1,5*	*0,875*	*0*	*−1,125*	*−2,5*

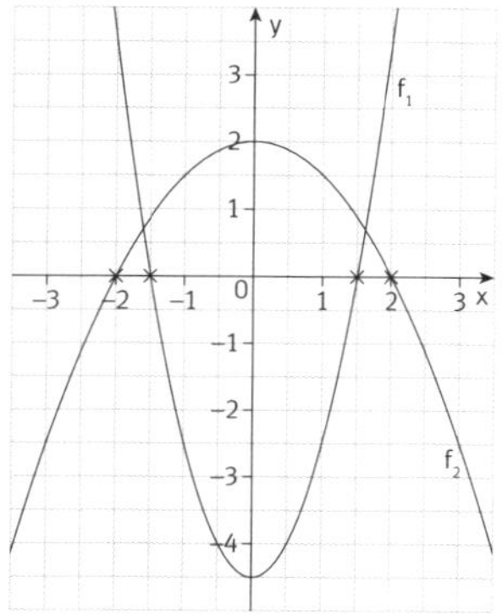

b) Bestimme die Nullstellen auch rechnerisch.

(1) *$2x^2 - 4{,}5 = 0$*
$2x^2 = 4{,}5$
$x^2 = 2{,}25$
$x_{1/2} = \pm 1{,}5$

(2) *$-0{,}5x^2 + 2 = 0$*
$-0{,}5x^2 = -2$
$x^2 = 4$
$x_{1/2} = \pm 2$

4 Löse die Gleichungen rechnerisch und gib die Lösungsmenge an.

a) $6x^2 - 8 = 46$

$6x^2 - 8 = 46$
$6x^2 = 54$
$x^2 = 9$
$x_1 = 3$ $x_2 = -3$
𝕃 = {−3; 3}

b) $5x^2 + 4 = 2 \cdot (2x^2 + 2)$

$5x^2 + 4 = 2 \cdot (2x^2 + 2)$
$5x^2 + 4 = 4x^2 + 4$
$x^2 = 0$
$x = 0$
𝕃 = {0}

c) $2x^2 + 1 = 0{,}5x^2 + 0{,}5$

$2x^2 + 1 = 0{,}5x^2 + 0{,}5$
$1{,}5x^2 = -0{,}5$
$x^2 = -\frac{1}{3}$
𝕃 = { }

1 Quadratische Gleichungen in der Normalform $x^2 + px + q = 0$ können rechnerisch mithilfe der p-q-Formel gelöst werden. Ordne die Lösungsformel den entsprechenden Gleichungen zu und löse anschließend.

a) $x^2 + 2x - 1 = 0$ b) $x^2 - 2x + 1 = 0$ c) $x^2 - 1x - 2 = 0$ d) $x^2 + 1x - 2 = 0$

$x_{1/2} = \frac{1}{2} \pm \sqrt{(\frac{-1}{2})^2 + 2}$	$x_{1/2} = -\frac{2}{2} \pm \sqrt{(\frac{2}{2})^2 + 1}$	$x_{1/2} = \frac{2}{2} \pm \sqrt{(\frac{-2}{2})^2 - 1}$	$x_{1/2} = -\frac{1}{2} \pm \sqrt{(\frac{1}{2})^2 + 2}$
$x_{1/2} = 0{,}5 \pm \sqrt{0{,}25 + 2}$	*$x_{1/2} = -1 \pm \sqrt{1 + 1}$*	*$x_{1/2} = 1 \pm \sqrt{1 - 1}$*	*$x_{1/2} = -0{,}5 \pm \sqrt{0{,}25 + 2}$*
$x_{1/2} = 0{,}5 \pm \sqrt{2{,}25}$	*$x_{1/2} = -1 \pm \sqrt{2}$*	*$x_{1/2} = 1 \pm \sqrt{0}$*	*$x_{1/2} = -0{,}5 \pm \sqrt{2{,}25}$*
$x_{1/2} = 0{,}5 \pm 1{,}5$	*$x_1 = -1 - \sqrt{2}$*	*$x_{1/2} = 1 \pm 0$*	*$x_{1/2} = -0{,}5 \pm 1{,}5$*
$x_1 = -1$; $x_2 = 2$	*$x_2 = -1 + \sqrt{2}$*	*$x_1 = x_2 = 1$*	*$x_1 = -2$; $x_2 = 1$*
𝕃 = {−1; 2}	*𝕃 = {$-1 - \sqrt{2}$; $-1 + \sqrt{2}$}*	*𝕃 = {1}*	*𝕃 = {−2; 1}*

2 Ordne der Beschreibung die Rechenschritte zu.

- Lösungsformel vereinfachen
- p und q identifizieren
- ordnen und zusammenfassen
- zwei Lösungen beachten
- Gleichung in Normalform bringen
- Lösungsformel anwenden
- Lösungsmenge angeben

$3x^2 + 4x - 8 = x^2 - 2x$ | $-x^2 + 2x$
$2x^2 + 6x - 8 = 0$ | : 2
$x^2 + 3x - 4 = 0$
$p = 3$; $q = -4$
$x_{1/2} = -\frac{3}{2} \pm \sqrt{(\frac{3}{2})^2 - (-4)}$
$x_{1/2} = -\frac{3}{2} \pm \sqrt{\frac{25}{4}}$
$x_1 = -\frac{3}{2} - \frac{5}{2} = -\frac{8}{2} = -4$
$x_2 = -\frac{3}{2} + \frac{5}{2} = \frac{2}{2} = 1$
𝕃 = {−4; 1}

3 Ordne die Lösungsmengen zu. Nutze für Nebenrechnungen ein Extrablatt. Die Ergebnisse ergeben ein Lösungswort.

a) $x^2 + 3x - 10 = 0$ 𝕃 = *{−5; 2}* *B*
b) $x^2 - 3x - 10 = 0$ 𝕃 = *{−2; 5}* *L*
c) $-x^2 + x + 12 = 0$ 𝕃 = *{−3; 4}* *E*
d) $x^2 - 6x + 9 = 0$ 𝕃 = *{3}* *I*
e) $4x^2 - 5x + 2 = 0$ 𝕃 = *{ }* *S*
f) $7x^2 - x - 3 = 2x^2 + x$ 𝕃 = *{−0,6; 1}* *T*
g) $2 \cdot (x+1) \cdot (x+3) = 0$ 𝕃 = *{−3; −1}* *I*
h) $\frac{1}{5} \cdot (x - 5{,}5)^2 - 1{,}45 = 1$ 𝕃 = *{2; 9}* *F*
i) $-3x^2 + 4x^2 + \frac{1}{2}x = 2{,}5x$ 𝕃 = *{0; 2}* *T*

I 𝕃 = {3}
T 𝕃 = {0; 2} F 𝕃 = {2; 9} S 𝕃 = { } L 𝕃 = {−2; 5}
E 𝕃 = {−3; 4} T 𝕃 = {−0,6; 1} B 𝕃 = {−5; 2} I 𝕃 = {−3; −1}

Lösungswort: *B L E I S T I F T*

1 Zahlen gesucht! Vervollständige im ersten Beispiel den Lösungsweg und ordne jedem Schritt die passende Überschrift zu. Bearbeite das zweite Beispiel dann genauso.

Gleichung aufstellen	Probe durchführen	Variable festlegen	Terme bilden	Gleichung in Normalform bringen und lösen	Antwortsatz formulieren

Die Summe einer natürlichen Zahl und ihrer Quadratzahl ergibt 132.	Eine Zahl ist um 7 kleiner als die andere Zahl. Das Produkt der beiden Zahlen ist 450.
Variable festlegen / Terme bilden	
natürliche Zahl: x Quadratzahl: x^2	*gesuchte Zahl: x* *andere Zahl: x + 7*
Gleichung aufstellen	
Gleichung: $x + x^2 = 132$	*Gleichung: $x \cdot (x + 7) = 450$*
Gleichung in Normalform bringen und lösen	
$x^2 + x - 132 = 0$ $x_{1/2} = -\frac{1}{2} \pm \sqrt{(\frac{1}{2})^2 + 132}$ $x_{1/2} = -\frac{1}{2} \pm 11{,}5$ $x_1 = -12$ $x_2 = 11$	$x^2 + 7x - 450 = 0$ $x_{1/2} = -\frac{7}{2} \pm \sqrt{(\frac{7}{2})^2 + 450}$ $x_{1/2} = -3{,}5 \pm 21{,}5$ $x_1 = -25$ $x_2 = 18$
Probe durchführen	
Einsetzen von x_1: $-12 + (-12)^2 = 132$ ✓ Einsetzen von x_2: $11 + 11^2 = 132$ ✓	*Einsetzen von x_1: $-25 \cdot (-25 + 7) = 450$ ✓* *Einsetzen von x_2: $18 \cdot (18 + 7) = 450$ ✓*
Antwortsatz formulieren	
Die gesuchte Zahl lautet 11.	*Die gesuchte Zahl ist die −25 oder die 18.*

2 Aus der Geometrie: Erstelle Skizzen und berechne jeweils die Länge der Grundseite und der Höhe.

a) Die Höhe eines Parallelogramms ist um 5 cm kürzer als die Grundseite. Der Flächeninhalt beträgt 84 cm². Skizze:

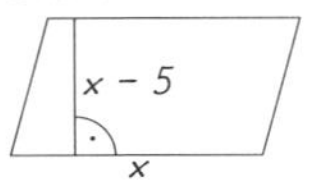

$x(x - 5) = 84$
$x^2 - 5x - 84 = 0$
$x_1 = -7$ (nicht sinnvoll); $x_2 = 12$
Grundseite: 12 cm; Höhe: 7 cm

b) Die Grundseite eines Dreiecks ist um 2 cm kürzer als die Höhe. Der Flächeninhalt beträgt 71,5 cm². Skizze:

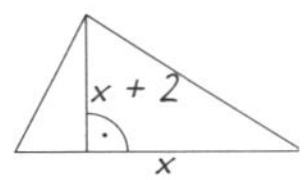

$\frac{1}{2}x(x + 2) = 71{,}5$
$x^2 + 2x - 143 = 0$
$x_1 = -13$ (nicht sinnvoll); $x_2 = 11$
Grundseite: 11 cm; Höhe: 13 cm

Hinweis: Die Skizzen sind nicht maßstabsgetreu.

3 In einem Rechteck unterscheiden sich die beiden Seitenlängen um 3 cm. Die Diagonale ist 15 cm lang. Berechne die Länge der Seiten. Nutze ggf. ein Extrablatt.

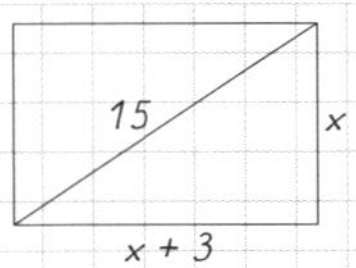

$(x + 3)^2 + x^2 = 15^2$
$x^2 + 6x + 9 + x^2 = 225$
$2x^2 + 6x - 216 = 0$
$x^2 + 3x - 108 = 0$
$x_1 = -12$ (nicht sinnvoll); $x_2 = 9$
Seitenlängen: 9 cm und 12 cm

1 Die Schnittpunkte einer Parabel mit einer Geraden kann man durch Lösen einer quadratischen Gleichung bestimmen. Ordne den Funktionsgleichungen die grafische Darstellung und die zugehörige Lösungsmenge zu.

$f_1(x) = -3(x-1)^2 + 0{,}5$; $g_1(x) = -x + 2$
$f_2(x) = 2(x-1)^2 - 2$; $g_2(x) = -4x$
$f_3(x) = (x-1)^2 - 1$; $g_3(x) = -x + 2$
$f_4(x) = -0{,}5(x-2)^2 + 3$; $g_4(x) = 0{,}5x + 1$

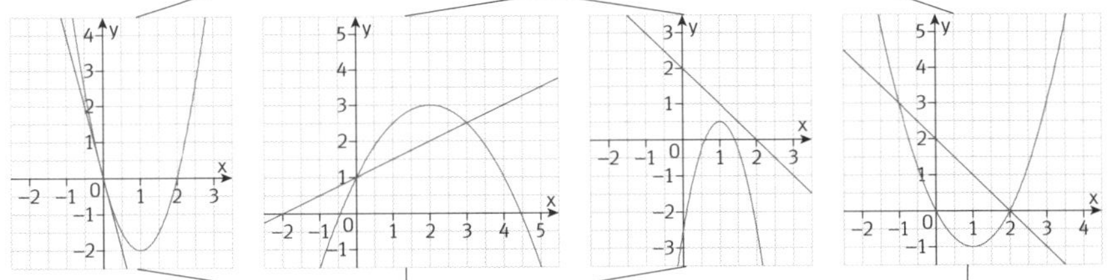

$\mathbb{L} = \{\ \}$ | $\mathbb{L} = \{0; 3\}$ | $\mathbb{L} = \{0\}$ | $\mathbb{L} = \{-1; 2\}$

2 a) Die Koordinaten der Schnittpunkte einer Parabel mit einer Geraden sollen berechnet werden. In welcher Reihenfolge müssen die Schritte ausgeführt werden? Nummeriere mit den Ziffern 1 bis 6.

1 Funktionsgleichung der Parabel ggf. in Normalform umformen	*4* p-q-Formel anwenden	*5* Lösungsmenge angeben
3 Quadratische Gleichung in Normalform bringen	*2* Funktionsterme gleichsetzen	*6* y-Koordinaten der Schnittpunkte berechnen

b) Berechne mithilfe der Schritte (1) bis (6) jeweils die Koordinaten der Schnittpunkte der Parabel mit der Geraden.

$f_1(x) = (x-4)^2 + 3$ $g_1(x) = -2x + 10$	$f_2(x) = -x^2 - 2x + 4{,}5$ $g_2(x) = -x - 1{,}5$	$f_3(x) = 2(x-1)^2 + 5$ $g_3(x) = -3x + 5$
$f_1(x) = x^2 - 8x + 19$	$-x^2 - 2x + 4{,}5 = -x - 1{,}5$	$f_3(x) = 2x^2 - 4x + 7$
$x^2 - 8x + 19 = -2x + 10$	$x^2 + x - 6 = 0$	$2x^2 - 4x + 7 = -3x + 5$
$x^2 - 6x + 9 = 0$	$x_{1/2} = -0{,}5 \pm \sqrt{0{,}5^2 + 6}$	$x^2 - 0{,}5x + 1 = 0$
$x_{1/2} = 3 \pm \sqrt{3^2 - 9}$	$x_1 = -0{,}5 - 2{,}5 = -3$	$x_{1/2} = 0{,}25 \pm \sqrt{0{,}25^2 - 1}$ <0, nicht definiert
$x_1 = x_2 = 3$	$x_2 = -0{,}5 + 2{,}5 = 2$	
$\mathbb{L} = \{3\}$	$\mathbb{L} = \{-3; 2\}$	$\mathbb{L} = \{\ \}$
$y_{1/2}$:	y_1:	Kein Schnittpunkt
$g(3) = -2 \cdot 3 + 10 = 4$	$g(-3) = 3 - 1{,}5 = 1{,}5$	
$P(3\mid4)$	$P_1(-3\mid1{,}5)$	
	y_2:	
	$g(2) = -2 - 1{,}5 = -3{,}5$	
	$P_2(2\mid-3{,}5)$	

1 Eine Flugbahn beim Kugelstoßen wird durch die Funktionsgleichung $h(x) = -0{,}04x^2 + 0{,}8x + 1{,}95$ beschrieben.
Dabei gilt:
x: horizontaler Abstand der Kugel in m vom Abwurfpunkt
h: Höhe der Kugel in m über dem Boden

a) Welche Bedeutung hat h (0)?

Höhe des Abwurfpunktes (1,95 m)

b) Ermittle die Wurfweite der Kugel.

c) Bestimme die aktuelle Höhe der Kugel bei x = 2,5 m.

b) $-0{,}04x^2 + 0{,}8x + 1{,}95 = 0$
$x^2 - 20x - 48{,}75 = 0$
$x_{1/2} = 10 \pm \sqrt{10^2 + 48{,}75}$
$x_1 \approx -2{,}2$ *(nicht sinnvoll)*
$x_2 \approx 22{,}2$
Die Kugel hat eine Wurfweite von ca. 22,2 m.

c) $h(2{,}5) = -0{,}04 \cdot 2{,}5^2 + 0{,}8 \cdot 2{,}5 + 1{,}95$
$h(2{,}5) = 3{,}7$
Die aktuelle Höhe beträgt 3,7 m.

2 Die Flugbahn des Basketballs kann durch eine Parabel beschrieben werden. Der Basketballer wirft den Ball in einer Höhe von 1,70 m ab, die Korböffnung befindet sich in einer Höhe von 3,05 m. Der höchste Punkt der Flugbahn des Balls liegt bei 3,50 m.

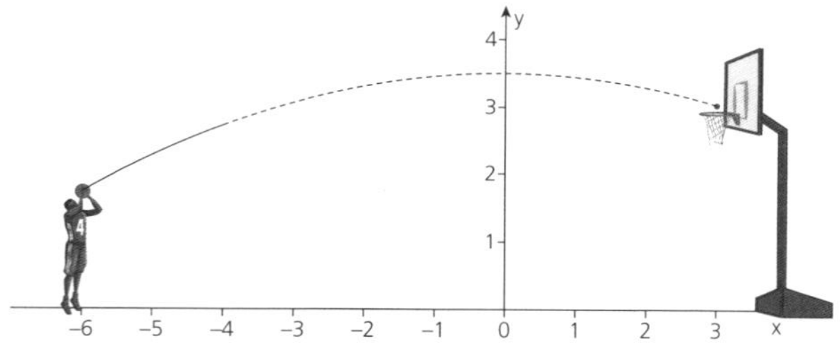

a) Stelle eine Funktionsgleichung der Form $f(x) = ax^2 + c$ auf.

b) Überprüfe rechnerisch, ob der Basketball den Korb trifft.

Abwurfpunkt: P(−6 | 1,7)
höchster Punkt der Flugbahn in 3,50 m Höhe: $\Rightarrow c = 3{,}5$

$1{,}7 = a \cdot (-6)^2 + 3{,}5$
$a = -0{,}05$
$f(x) = -0{,}05x^2 + 3{,}5$

Korb: Q(3 | 3,05)
Q liegt auf dem Graphen, also trifft der Ball den Korb.

3 Eine Zahnradbahn soll aus einem Tunnel kommend eine annähernd parabelförmige Schlucht überqueren und auf der anderen Seite die Fahrt in einem weiteren Tunnel fortsetzen. Die Steigung der Bahn ist konstant.

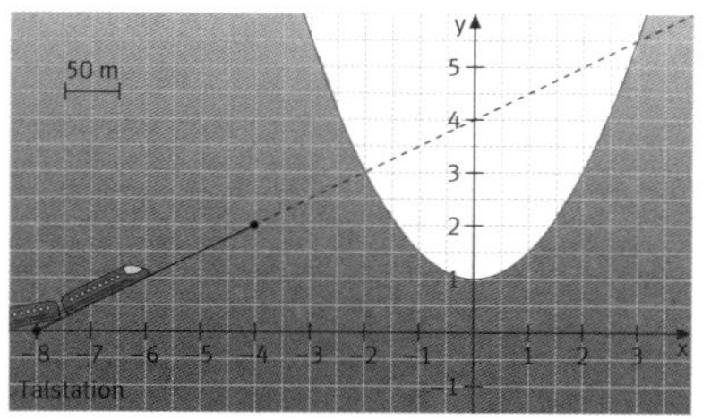

a) Stelle die Funktionsgleichungen auf, die den Verlauf der Zahnradbahn und die Form der Schlucht beschreiben.

f(x) = $0{,}5x^2 + 1$ g(x) = $\frac{1}{2}x + 4$

b) Ermittle rechnerisch: In welcher Höhe über der Talstation verlässt die Bahn den Tunnel (fährt sie wieder in den Tunnel ein)? Überprüfe grafisch.

Schnittpunkte von f und g:
$0{,}5x^2 + 1 = 0{,}5x + 4$
$0{,}5x^2 - 0{,}5x - 3 = 0$
$x^2 - x - 6 = 0$
$x_1 = -2;\ x_2 = 3$ *(einsetzen in g(x))*

$y_1: g(-2) = \frac{1}{2} \cdot (-2) + 4 = 3$ $P_1(-2 | 3)$
$y_2: g(3) = \frac{1}{2} \cdot 3 + 4 = 5{,}5$ $P_2(3 | 5{,}5)$

Übertragung auf den Sachverhalt:
Die Bahn verlässt den Tunnel in 150 m Höhe und fährt in 275 m Höhe wieder hinein.

1. Basisaufgaben – 10 Punkte

1 a) Berechnen Sie

20 − 7 · 2 = *6*

b) Lisa schaut auf ihre Armbanduhr.
Sie überlegt, wie spät es vor 3 Stunden und 15 Minuten war.
Geben Sie diese Uhrzeit an.

11:20 Uhr

c) Zeichnen Sie alle Symmetrieachsen ein.

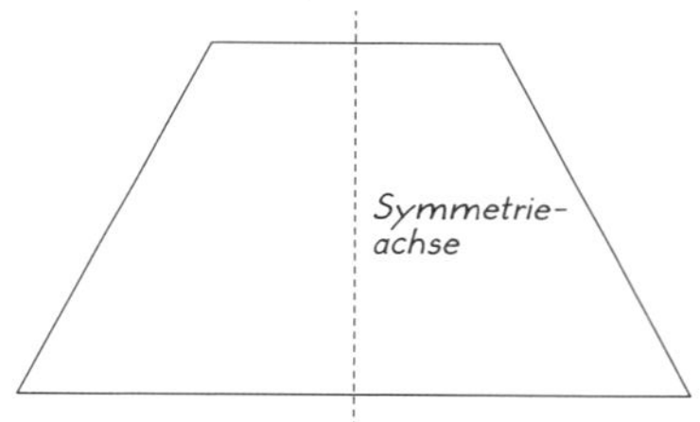

d) Ein Zug fährt von Berlin nach Cottbus.
Geben Sie an, wie oft er stoppt.

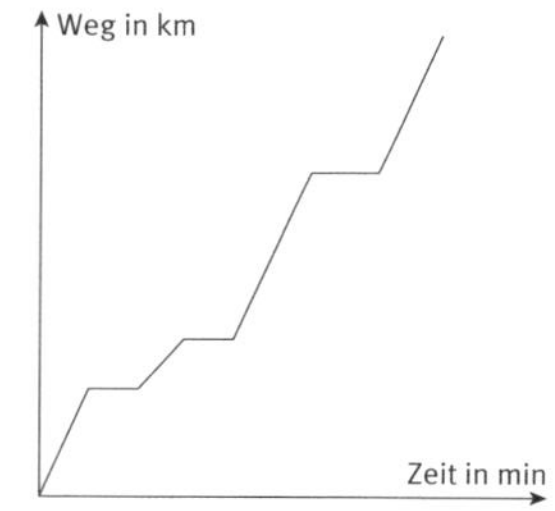

Anzahl der Stopps: 3

e) Jeder sechste Schüler bekommt kein Taschengeld. Kreuzen Sie an, wie viel Prozent das ungefähr sind.

○ 6 % ☒ 16 % ○ 24 % ○ 60 %

f) Überprüfen Sie die Behauptung:
x = 2 ist eine Lösung der Gleichung −2 − 2x = 3x − 12 .

Einsetzen von x = 2 in die Gleichung:

$-2 - 2 \cdot 2 = 3 \cdot 2 - 12$
$-2 - 4 = 6 - 12$
$-6 = -6$ *richtige Aussage => x = 2 ist eine Lösung.*

g) Paul würfelt einmal mit einem fairen Würfel.

- Wie groß ist die Wahrscheinlichkeit, dass Paul die Augenzahl 5 würfelt?

  p(Augenzahl 5) = $\frac{1}{6} \approx 16{,}7\,\%$

- Wie groß ist die Wahrscheinlichkeit, dass Paul eine gerade Zahl würfelt?

  p(gerade Zahl) = $\frac{3}{6} = \frac{1}{2} = 50\,\%$

h) Wie viele verschiedene zweistellige Zahlen können mit diesen Ziffernkarten gelegt werden? Geben Sie die Anzahl der Möglichkeiten an.

1 5 8

Möglichkeiten: 15; 18; 51; 58; 81; 85 => sechs Möglichkeiten

Falls Ziffern doppelt vorkommen dürfen, können zusätzlich die Zahlen 11, 55 und 88 gelegt werden. Dann gibt es neun Möglichkeiten.

Vergleichende Arbeit im Fach Mathematik 2018

2. Auf dem Wochenmarkt – 8 Punkte

1 kg Äpfel
3,20 €

1 kg Fisch
11,00 €

1 kg Möhren
1,95 €

1 kg Kohl
0,80 €

2 a) Ergänzen Sie jeweils den Preis.

Herr Schmidt kauft 3 kg Äpfel. Er bezahlt _9,60_ €.

Frau Boke kauft 750 g Fisch. Sie bezahlt _8,25_ €.

b) Tobias und Ebru kaufen für die Schulküche 10 kg Kohl und 4,5 kg Möhren. Wie kann der Preis für diesen Einkauf berechnet werden? Geben Sie einen Term (Rechenausdruck) an.

$10 \cdot 0{,}80 + 4{,}5 \cdot 1{,}95 \approx 8 + 8{,}78 = 16{,}78$ (€)

c) Anne kauft 250 g Fisch und $\frac{1}{2}$ kg Äpfel. Sie hat 5 €. Reicht das restliche Geld noch für 300 g Möhren? Entscheiden Sie. Schreiben Sie eine Berechnung auf.

d) Eine halbe Stunde bevor der Wochenmarkt schließt, werden die Preise um 80 % gesenkt. Sind die folgenden Aussagen richtig oder falsch? Kreuzen Sie an.

Aussage	richtig	falsch
1 kg Fisch wird jetzt für 8,80 € verkauft.	○	⊠
1 kg Äpfel kostet jetzt nur noch 0,64 €.	⊠	○
Wer jetzt 2 kg Kohl und 1 kg Möhren kauft, spart 2,84 €.	⊠	○

3. Statistik – 8 Punkte

3 Die Mitarbeiter der Schul-Cafeteria erstellen eine Statistik über den Getränkeverkauf im Monat April. Insgesamt werden 800 Liter Getränke verkauft.

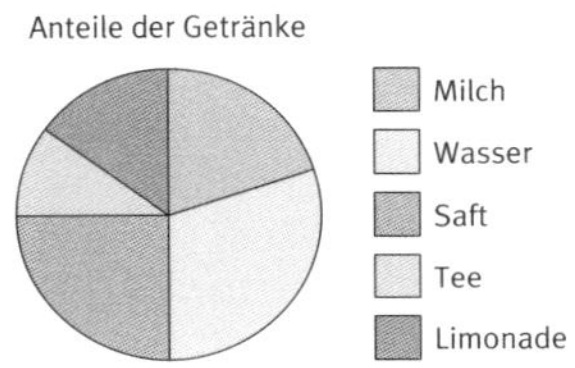

a) Geben Sie an, wie viel Liter Saft ca. verkauft werden.

b) Mara behauptet: „Der Anteil von Tee und Limonade ist zusammen genauso groß wie der Anteil von Saft."
Warum hat Mara Recht? Begründen Sie mit Hilfe des Diagramms.

c) Ergänzen Sie die fehlenden Werte in der Tabelle.

Getränk	Menge in Liter	Anteil in %
Milch	170	_0,2125 = 21,25 %_
Wasser	230	_0,2875 = 28,75 %_
Tee	_92_	11,5 %

d) Im Mai wurde genau doppelt so viel Milch verkauft wie im April. Von den anderen Getränken wurde im Mai genauso viel verkauft wie im April.
Berechnen Sie den Anteil der Milch am Getränkeverkauf im Mai (in Prozent).

4. Flächenberechnung – 7 Punkte

4 Herr Krüger besitzt einen Garten. Die Zeichnung zeigt die Aufteilung des Gartens in Blumenbeet und Rasenfläche.

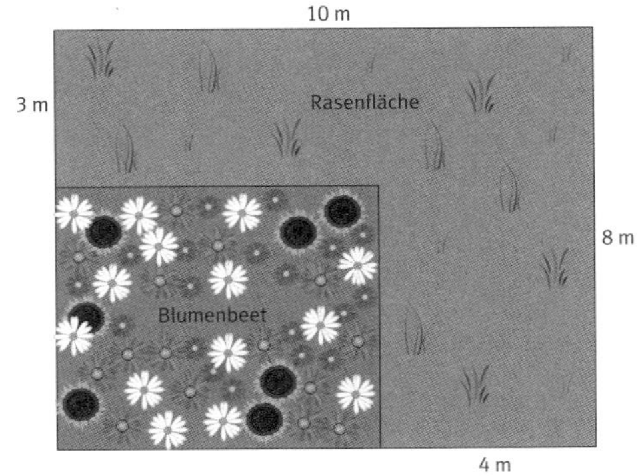

a) Der Flächeninhalt der Rasenfläche soll berechnet werden. Entscheiden Sie, welche der folgenden Terme (Rechenausdrücke) dafür geeignet sind.

Term	geeignet	nicht geeignet
10 m · 8 m – 6 m · 5 m	⊠	○
10 m · 3 m + 4 m · 8 m	○	⊠
6 m · 3 m + 4 m · 8 m	⊠	○

b) Der Umfang der sechseckigen Rasenfläche ist genauso groß wie der Umfang der gesamten Grünfläche. Zeigen Sie rechnerisch, dass diese Behauptung richtig ist.

c) Herr Krüger möchte das Blumenbeet vergrößern. Dadurch soll dann genau die Hälfte des Gartens mit Blumen bepflanzt sein.
Berechnen Sie, wie viele m^2 der Rasenfläche dazu mit Blumen bepflanzt werden müssen.

5. Zufallsversuch – 4 Punkte

5 Aus dem Gefäß wird, ohne hinzusehen, eine Kugel gezogen. Die Kugel wird anschließend zurückgelegt. Ergänzen Sie die Tabelle.

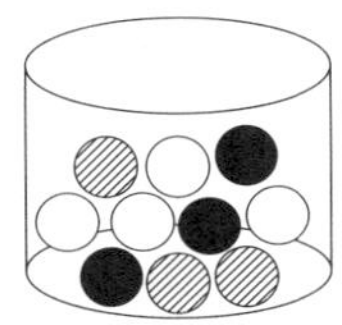

Ergebnis	Wahrscheinlichkeit
Die gezogene Kugel ist gemustert.	_$\frac{3}{10}$_
Die gezogene Kugel ist _weiß_.	_$\frac{2}{5}$_
Die gezogene Kugel ist schwarz oder weiß.	_$\frac{7}{10}$_
Die gezogene Kugel ist nicht schwarz.	_$\frac{7}{10}$_

6. Basketball – 5 Punkte

6 Die Tabelle enthält Daten von sieben ausgewählten Basketball-Spielern von ALBA Berlin in der Saison 2017/18.

Nr.	Name	Größe	Nr.	Name	Größe
1	Joshiko Saibou	1,88 m	11	Akeem Vargas	1,92 m
3	Peyton Siva	1,82 m	13	Marius Grigonis	1,98 m
5	Nils Giffey	2,00 m	15	Bogdan Radosavljevic	2,13 m
10	Tim Schneider	2,08 m	43	Luke Sikma	???

a) Von sieben Spielern ist die Körpergröße bekannt. Ergänzen Sie für diese sieben Spieler die folgende Tabelle.

Minimum	*Spieler 3: 1,82 m*
Maximum	*Spieler 15: 2,13 m*
Spannweite	*0,31 m*

b) Berechnen Sie die Körpergröße des achten Spielers Luke Sikma, wenn das arithmetische Mittel (der Durchschnitt) aller acht Körpergrößen genau 1,98 m beträgt.

$(1{,}88 + 1{,}82 + 2{,}00 + 2{,}08 + 1{,}92 + 1{,}98 + 2{,}13 + x) : 8 = 1{,}98$

$13{,}81 + x = 15{,}84$

$x = 2{,}03\ (m)$

7. Prisma – 9 Punkte

7 Das nebenstehende Bild zeigt das Dachgeschoss eines Hauses. Die Vorderseite und die Rückseite sind dreieckig.

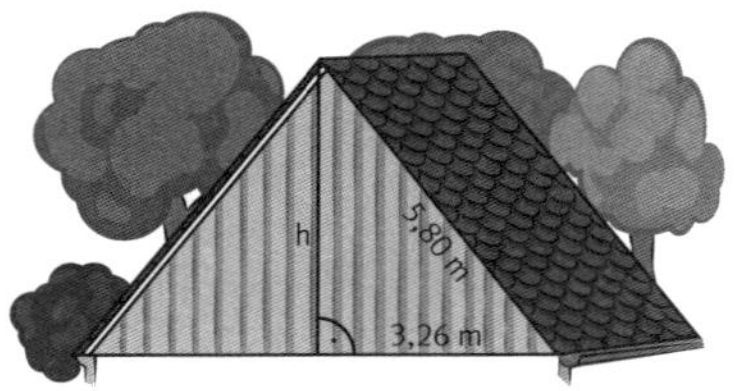

a) Berechnen Sie die Höhe h des Dachgeschosses.

Ein Dachgeschoss hat die Form eines dreiseitigen Prismas. Die nachfolgende Zeichnung zeigt das Schrägbild eines dreiseitigen Prismas. Die Vorderseite und die Rückseite sind gleichschenklige Dreiecke.

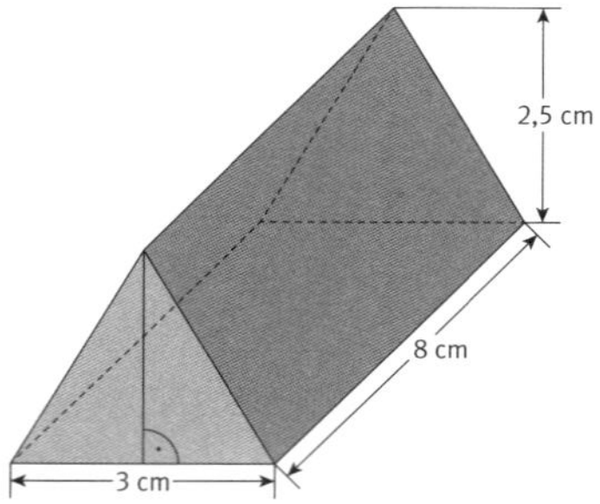

b) Zeichnen Sie ein Netz des dreiseitigen Prismas.

c) Berechnen Sie den Flächeninhalt der dreieckigen Vorderseite des Prismas.

d) Berechnen Sie den Umfang der dreieckigen Vorderseite des Prismas.

Lösung zu 2. Auf dem Wochenmarkt

c) Preis Fisch und Äpfel: $11 \cdot 0{,}25 + 3{,}20 \cdot \frac{1}{2} = 4{,}35$ (€)

Preis: 300 g Möhren: $1{,}95 \cdot 0{,}3 \approx 0{,}59$ (€) *Das Geld reicht knapp.*

Lösung zu 3. Statistik

a) Verkauf Saft: 200 Liter

b) Anteil Saft: $\frac{1}{4}$ *(Mittelpunktswinkel: 90°,* $\frac{1}{4}$ *des gesamten Kreises)*

Die entsprechenden Kreisausschnitte zu den Getränken Tee und Limonade machen gemeinsam ebenfalls $\frac{1}{4}$ *des gesamten Kreises aus. Daher hat Mara Recht.*

d) Verkauf Milch im Mai: 340 l

Verkauf Limonade im im April: $800 - 200 - 170 - 230 - 92 = 108$ (l)

Verkauf gesamt im Mai: $340 + 230 + 92 + 200 + 108 = 970$ (l)

Anteil Milch: $340 : 970 \approx 0{,}351 = 35{,}1\ \%$

Lösung zu 4. Flächenberechnung

b) Umfang sechseckige Rasenfläche: $10\ m + 8\ m + 4\ m + \underbrace{5\ m + 6\ m}_{\text{Grenzen Beet / Rasen}} + 3\ m = 36\ m$

Umfang gesamte Grünfläche: $2 \cdot 10\ m + 2 \cdot 8\ m = 36\ m$

c) Flächeninhalt Garten: $10\ m \cdot 8\ m = 80\ m^2$ *Davon die Hälfte:* $40\ m^2$

Größe der bereits mit Blumen bepflanzten Fläche: $6\ m \cdot 5\ m = 30\ m^2$

Noch zu bepflanzen mit Blumen: $10\ m^2$

Lösung zu 7. Prisma

a) $h = \sqrt{5{,}8^2 - 3{,}26^2}\ m \approx 4{,}8\ m$

b)

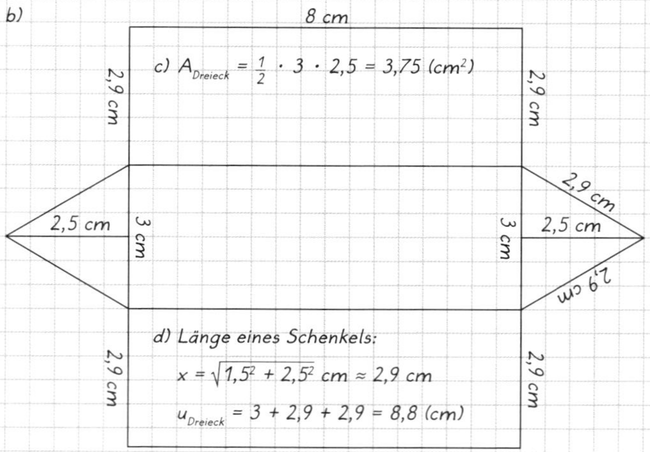

c) $A_{Dreieck} = \frac{1}{2} \cdot 3 \cdot 2{,}5 = 3{,}75\ (cm^2)$

d) Länge eines Schenkels:

$x = \sqrt{1{,}5^2 + 2{,}5^2}\ cm \approx 2{,}9\ cm$

$u_{Dreieck} = 3 + 2{,}9 + 2{,}9 = 8{,}8\ (cm)$